3ird
edition

江 苏 省 本 科 优 秀 培 育 教 材
华东地区大学出版社第九届优秀教材二等奖

概率论与数理统计

主　编　李其琛　曹伟平
副主编　李连庆　郭海兵　张　恒
　　　　高月姣　张滦云

Probability Theory
and Mathematical Statistics

南京大学出版社

图书在版编目（CIP）数据

概率论与数理统计 / 李其琛，曹伟平主编. —3 版.
—南京：南京大学出版社，2018.1(2024.7 重印)
ISBN 978 - 7 - 305 - 19884 - 7

Ⅰ.①概…　Ⅱ.①李…②曹…　Ⅲ.①概率论-高等
学校-教材②数理统计-高等学校-教材　Ⅳ.①O21

中国版本图书馆 CIP 数据核字(2018)第 018111 号

为选用教材教学提供：

免费 教学详解PPT
电子教学方案

详情请咨询：

📞 025-83594087

✉ highwing@yeah.net

出版发行　南京大学出版社
社　　址　南京市汉口路 22 号　　　　邮　编 210093
GAILU LUN YU SHULI TONGJI (DI SAN BAN)
书　　名　概率论与数理统计(第三版)
主　　编　李其琛　曹伟平
责任编辑　蔡文彬　　　　　编辑热线　025 - 83593947
照　　排　南京紫藤制版印务中心
印　　刷　南京京新印刷有限公司
开　　本　787×1092　1/16　印张 14　字数 405 千
版　　次　2018 年 1 月第 3 版　2024 年 7 月第 14 次印刷
ISBN　978 - 7 - 305 - 19884 - 7
定　　价　36.80 元

网址：http://www.njupco.com
官方微博：http://weibo.com/njupco
官方微信号：njupress
销售咨询热线：(025)83594756

前　言

概率论与数理统计是一门研究随机现象的数学学科,在生活中,存在着众多有趣的随机现象.当你用智慧的眼睛去观察这个可爱的世界,就会发现其中的规律,这就是概率与统计的魔力.在我们的意识中,或多或少都能根据观察到的随机现象作一些简单的分析,得到对自己有用的结果.在现代社会,人们可以从大量的随机现象中挖掘信息,转化为数据,依靠先进的分析工具,得出结论或者根据结论作出合理的决策.因此,概率论与数理统计是大学理工科,经济金融、管理等学科的必修课程.

本教材是在国内同类教材的基础上,结合我校多年对本二、本三不同专业讲授概率论与数理统计课程积累的经验编写的一本实用的公共必修课教材.本教材的知识结构体系与国内主流的概率论与数理统计教材基本一致,但内容取材的安排上比较新颖,尽量做到通俗易懂、简单易学,既把握科学研究的需求,又重视实际生活的应用.概率论与数理统计的研究对象、研究方法、思维方式与其他工科数学课程都有较大区别,因此教材力求做到体裁的组织与递进的难度符合学生的认知规律,强调知识的传授与启发式教学相结合,通过实际问题引入基本概念和建立基本定理,激发学生学习的兴趣,增强学生对概率论与数理统计的基本思想、基本方法的理解,逐步巩固学生对本课程的理论知识和应用方法的掌握.

概率论与数理统计历来以抽象难学著称,初学者在学习中会遇到一些困难.因此,我们在例题的编写中尽量清楚阐述解题的思路、方法和步骤,以精选的例题来巩固学生的课堂知识.本教材例题涉及面广,在例题选取和分析上把实用性放在重要位置,注重相关理论知识在科学和生活中的应用.在习题的选择上,主要安排一些由浅入深、有助于加深基本概念和训练基本方法的习题,同时安排一些涉及通讯、信息、经济、管理、医学、农业等方面的习题,使学生在获得概率论与数理统计的基本理论与方法的同时,也掌握一些解决实际问题的方法.

为加强读者对概率统计知识的掌握,在每章末都增加了一些概率与统计学家及其研究成果的简介,有助于读者对概率统计知识的深刻理解,以求使之达到既知其然,又知其所以然的效果.

为便于读者提高知识水平,教材在每一节都配备了适量的练习题,每一章配备了适量的综合习题,全书最后配备了两套综合复习题.

全书共八章,分为两大部分.第一部分为概率论基础,包括前五章内容,第二部分为数理统计,包括后三章内容. 在概率论基础部分,我们将一维随机变量和多维随机变量分为两章,每章均包含离散型和连续型随机变量的有关内容,便于学生将离散型随机变量和连续型随机变量对比学习;在数理统计部分,着重介绍了统计的基本概念及估计的基本思想,略去了一般概率论与数理统计教材中所含的回归分析和方差分析的内容. 教材总体设计为 48 课时.

本书第三版是在 2010 年出版的第二版的基础上修订的,可作为高等学校工科、理科(非数学专业)"概率论与数理统计"课程的教材,也可供工程技术人员参考.

在本书的第一版出版后,我们经过进一步的教学实践,积累了不少经验,并吸收了广大读者的意见,修订稿正是在这一基础上完成的. 我们修改了第一版中存在的不当之处,在内容上作了部分增减,致力于教材质量的提高. 第二版在选材和叙述上有所侧重,尽量做到联系工科专业的实际,注重应用,力图将概念写得清晰易懂,以便于教学. 我们在例题和习题的选择上继续作了努力,这些题目既具有启发性,又有广泛的应用性,从题目的广泛性也可看到本门课程涉及面之广. 为了帮助读者抓住要点,提高学习质量和效率,在章末增写了"本章知识结构图". 知识结构图中所包含的内容,能起到提纲挈领的作用.

此次第三版修订,在前两版基础上,以数字出版平台为依托,全方位融合纸质与数字载体,线上线下开放式生动展现教材内容. 特别是,线上读者圈板块为该课程的网络交互教学与资源共享,做出了尝试.

李大潜院士、马吉薄教授、周明儒教授为本教材的顺利完成提出了许多宝贵的意见;淮海工学院理学院的领导以及全体教师对我们编写教材给予了大力支持;南京大学出版社及编辑为本教材的出版付出了辛勤劳动;南京航空航天大学吴和成教授通读了全书,提出了许多宝贵的意见.

由于我们的水平有限,虽经多次修改,错误和不足仍在所难免,恳请专家及读者批评指正.

李其琛
2018 年 1 月 19 日

目　　录

3

第1章 概率论的基本概念

在公交车站候车时,总希望候车的时间比较短,但到底要等多长时间,事先不能确定;人们买彩票时,总希望自己中大奖,但能否中奖,结果也不确定.在现实生活中,有很多这类事情,其结果具有不确定性.人们还会关注这样的问题:公交车站候车时间少于5分钟的可能性有多大? 彩票中奖的可能性有多大? 等等.

概率论为解决这种不确定性问题提供了有效的方法.本章主要介绍概率论的基本概念.

§1.1 随机试验与随机事件

1.1.1 随机现象与随机试验

客观世界中发生的现象是多种多样的,归纳起来主要有两种:一种是必然现象(也称为确定性现象),另一种是随机现象.

必然现象是指在一定的条件下,必然发生的现象.例如,在一个标准大气压下,水加热到100℃便会沸腾,向上抛一粒石子必然下落,等等.

什么是随机现象? 顾名思义,它是指一个随机的、偶然的自然现象或社会现象,它和必然现象是相对的.

例如,在相同的条件下,向上抛一枚质地均匀的硬币,其结果可能是正面朝上,也可能是反面朝上,不论如何控制抛掷条件,在每次抛掷之前无法确定抛掷是什么结果,这样的试验就出现多于一种的可能结果.又如,同一门大炮对同一目标进行多次射击(同一型号的炮弹),每次炮弹着点可能不尽相同,并且每次射击之前无法肯定炮弹着点的确切位置.再如,重复地从同一生产线上用同一种工艺生产出来的灯泡中抽取一只测量其寿命,每次结果可能不一样,并且每次抽取灯泡之前无法确切知道其寿命,等等.

以上所举的现象都具有随机性,即在一定条件下进行重复试验或观察会出现不同的结果,而且在每次试验之前都无法预测将出现哪一种结果,这种现象称为**随机现象**.

如何来研究随机现象? 随机现象是通过随机试验来研究的.那么,什么是随机试验? 回答这个问题之前,先看几个例子.

【引例】 E_1:抛一枚硬币,观察静止之后哪一面朝上;

E_2:抛掷一颗骰子,观察出现的点数;

E_3:射击比赛,观察射击成绩(环数);

E_4：从一批产品（含有正品和次品）中抽取 3 件产品，检验正品件数；

E_5：记录某公共汽车站某个时刻的候车人数；

E_6：从一批灯泡中抽取一只测量其寿命.

可以发现以上 $E_1 \sim E_6$ 都满足下述条件：

（1）试验可以在相同的条件下重复进行（试验可重复性）；

（2）试验的所有可能结果是明确可知的，并且不止一个（全部结果已知性）；

（3）每次试验总是恰好出现这些可能结果中的一个，但在试验之前却不能确定出现哪一种结果（试验前结果未知性）.

我们称这样的试验是一个**随机试验（random trial）**，为方便起见，也简称为**试验（trial）**，今后讨论的试验都是指随机试验. 随机试验常用符号 E 来表示.

随机试验是一个广泛的数学术语，它包含各种各样的科学实验，也包括对客观事物进行的"观察"、"调查"或者"测量"等等.

1.1.2 样本空间与随机事件

随机试验 E 的所有可能结果组成的集合称为试验 E 的**样本空间（sample space）**，记作 S. 样本空间的元素，即 E 的每个结果，称为**样本点（sample point）**，记作 e.

【例 1.1】 给出引例中随机试验 $E_1 \sim E_6$ 的样本空间.

E_1：$S = \{(\text{正面}), (\text{反面})\}$；

E_2：$S = \{1, 2, \cdots, 6\}$；

E_3：$S = \{0, 1, 2, \cdots, 10\}$；

E_4：$S = \{0, 1, 2, 3\}$；

E_5：$S = \{0, 1, 2, 3, \cdots\}$；

E_6：$S = \{t \mid t \geqslant 0\}$.

样本空间的子集，称为**随机事件**，简称**事件（event）**，一般用 A, B 等大写英文字母表示. 例如，在试验 E_2 中，若 A 为"掷出奇数点"的事件，则 $A = \{1, 3, 5\}$；若 B 为"掷出的点数小于 5"的事件，则 $B = \{1, 2, 3, 4\}$；若 C 为"掷出的点数是 3 的倍数"，则 $C = \{3, 6\}$.

所谓**事件 A 发生**，是指在一次试验中，当且仅当 A 中包含的一个样本点出现. 例如，在试验 E_2 中，若一次试验时出现的点数是"1 点"，则事件 A 和事件 B 发生，而事件 C 没有发生.

只含有一个样本点的随机事件，称为**基本事件**. 例如，试验 E_4 有 4 个基本事件 $\{0\}, \{1\}, \{2\}, \{3\}$.

在每次试验中一定发生的事件称为**必然事件**. 样本空间 S 包含所有的样本点，每次试验它必然发生，因而是一个必然事件. 必然事件用 S 表示.

在每次试验中一定不发生的事件称为**不可能事件**，记为 $\varnothing$. 它是样本空间的一个空子集.

1.1.3 事件之间的关系和运算

事件是一个集合，因此事件之间的关系及其运算可用集合之间的关系及运算来处理. 下面来讨论事件之间的关系及其运算.

设 S 为试验 E 的样本空间，$A,B,A_k(k=1,2,\cdots)$ 为随机事件.

1. 子事件

若事件 A 包含于事件 B 中，则称事件 A 是事件 B 的一个**子事件**，记为 $A\subset B$. $A\subset B$ 时，可知事件 A 发生，则事件 B 必然发生.

对任意事件 A，都有 $\varnothing\subset A\subset S$.

若 $A\subset B$ 且 $B\subset A$，则称事件 A 与事件 B 是**相等**的，记为 $A=B$.

例如，在试验 E_2 中，记 $A=\{$掷出奇数点$\}$，则 $A=\{1,3,5\}$. 记 $B=\{$掷出的点数小于 $6\}$，则 $B=\{1,2,3,4,5\}$. 显然，事件 A 发生时，事件 B 必然发生.

图 1-1 直观地描绘了事件 B 包含事件 A.

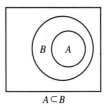

$A\subset B$

图 1-1

2. 和事件

事件 A,B 中至少有一个发生的事件，称为事件 A 与事件 B 的**和事件**，记为 $A\cup B$. 事件 A 与事件 B 的和事件是由 A 与 B 的样本点合并而成的事件，即
$$A\cup B=\{e|e\in A \text{ 或 } e\in B\}.$$

例如，在试验 E_2 中，记 $A=\{$掷出奇数点$\}$，则 $A=\{1,3,5\}$，$B=\{$掷出的点数是 3 的倍数$\}$，则 $B=\{3,6\}$，那么事件 A 与事件 B 的和事件 $A\cup B=\{1,3,5,6\}$.

图 1-2 给出了和事件 $A\cup B$ 的直观表示.

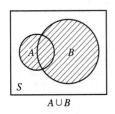

$A\cup B$

图 1-2

同理，n 个事件 $A_1,A_2,\cdots,A_n$ 的和事件可记为 $A_1\cup A_2\cup\cdots\cup A_n$ 或 $\bigcup\limits_{i=1}^{n}A_i$. 可列个事件 $A_1,A_2,\cdots,A_n,\cdots$ 的和事件可记为 $A_1\cup A_2\cup\cdots\cup A_n\cup\cdots$ 或 $\bigcup\limits_{i=1}^{\infty}A_i$.

3. 积事件

事件 A,B 同时发生的事件，称为事件 A 与事件 B 的**积事件**，记为 $A\cap B$，也可简写为 AB. 事件 A 与事件 B 的积事件是由 A 与 B 的公共的样本点所构成的事件，即
$$AB=\{e|e\in A \text{ 且 } e\in B\}.$$

例如，在试验 E_2 中，记 $A=\{$掷出奇数点$\}$，则 $A=\{1,3,5\}$. $B=\{$掷出的点数是素数$\}$，则 $B=\{2,3,5\}$，于是积事件 $AB=\{3,5\}$.

积事件 AB 可以用图 1-3 来直观表示.

同理，n 个事件 $A_1,A_2,\cdots,A_n$ 的积事件可记为 $A_1\cap A_2\cap\cdots\cap A_n$ 或 $\bigcap\limits_{i=1}^{n}A_i$. 可列个事件 $A_1,A_2,\cdots,A_n,\cdots$ 的积事件可记为 $A_1\cap A_2\cap\cdots\cap A_n\cap\cdots$ 或 $\bigcap\limits_{i=1}^{\infty}A_i$.

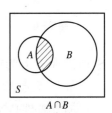

$A\cap B$

图 1-3

4. 差事件

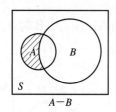

图 1-4

事件 A 发生而事件 B 不发生的事件,称为事件 A 与事件 B 的**差事件**,记为 $A-B$,事件 A 与事件 B 的差事件是由属于 A 而不属于 B 的样本点所构成的事件.即

$$A-B=\{e\mid e\in A\text{ 且 }e\notin B\}.$$

容易推出 $A-B=A-AB$.

例如,在试验 E_2 中,记 $A=\{$掷出奇数点$\}$,则 $A=\{1,3,5\}$. $B=\{$掷出的点数是素数$\}$,则 $B=\{2,3,5\}$,于是差事件 $A-B=\{1\}$.

差事件 $A-B$ 可以用图 1-4 来直观表示.

5. 互不相容(互斥)事件

在一次试验中,若事件 A 和事件 B 不能同时发生,则称事件 A 与事件 B 是**互不相容的**,或称事件 A 与事件 B 是**互斥的**,即

$$A\cap B=\varnothing.$$

特别的,基本事件是两两互不相容的.

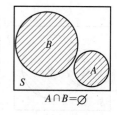

$A\cap B=\varnothing$

图 1-5

例如,在试验 E_2 中,令 $A=\{$掷出的点数至多为 3$\}$,$B=\{$掷出的点数大于 4$\}$,由于 $A=\{1,2,3\}$,而 $B=\{5,6\}$,在组成事件 A,B 的那些试验结果中并无公共(交叉)部分,故 $AB=\varnothing$,亦即事件 A,B 不会同时发生,所以 A,B 是互不相容的.

图 1-5 直观地表示了两事件互不相容的含义.

6. 对立事件

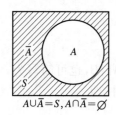

$A\cup\overline{A}=S,A\cap\overline{A}=\varnothing$

图 1-6

若 $A\cap B=\varnothing$ 且 $A\cup B=S$,则称事件 A 与事件 B 互为**对立事件**,或称事件 A 与事件 B 互为**逆事件**.事件 A 与事件 B 互为对立事件,是指事件 A 与事件 B 不能同时发生又不能同时不发生,即每次试验中事件 A 与事件 B 有且仅有一个发生.A 的对立事件记为 $\overline{A}$.

显然

$$\overline{A}=S-A,A\cup\overline{A}=S,A\cap\overline{A}=\varnothing.$$

例如,在试验 E_2 中,记 $A=\{$掷出奇数点$\}$,则 $A=\{1,3,5\}$,$B=\{$掷出偶数点$\}$,则 $B=\{2,4,6\}$,$A\cap B=\varnothing$,$A\cup B=\{1,2,3,4,5,6\}=S$,所以 A,B 互为对立事件,于是 $B=\overline{A}$,$A=\overline{B}$.

图 1-6 直观地表示了两事件对立的含义.

对立事件必为互不相容事件,反之,互不相容的两个事件未必是对立事件.

1.1.4 事件的运算律

设 $A,B,C,A_k(k=1,2,\cdots)$ 为事件,则有:

交换律 $A\cup B=B\cup A,A\cap B=B\cap A.$

结合律　$(A\cup B)\cup C=A\cup(B\cup C),(A\cap B)\cap C=A\cap(B\cap C).$

分配律　$(A\cup B)\cap C=(A\cap C)\cup(B\cap C),(A\cap B)\cup C=(A\cup C)\cap(B\cup C).$

德摩根（De Morgan）律

$$\overline{A\cap B}=\overline{A}\cup\overline{B},\overline{A\cup B}=\overline{A}\cap\overline{B}.$$

一般地说，对有限个事件及可列个事件也有

$$\overline{\bigcup_{k=1}^{n}A_k}=\bigcap_{k=1}^{n}\overline{A_k},\overline{\bigcup_{k=1}^{\infty}A_k}=\bigcap_{k=1}^{\infty}\overline{A_k},\overline{\bigcap_{k=1}^{n}A_k}=\bigcup_{k=1}^{n}\overline{A_k},\overline{\bigcap_{k=1}^{\infty}A_k}=\bigcup_{k=1}^{\infty}\overline{A_k}.$$

【例 1.2】　设 A,B,C 为三个事件，试用 A,B,C 表示下列事件：

(1) A 发生而 B 与 C 都不发生；

(2) A 与 B 都发生而 C 不发生；

(3) A,B,C 都发生；

(4) A,B,C 恰有一个发生；

(5) A,B,C 至少有一个发生；

(6) A,B,C 中不多于两个发生；

(7) A,B 至少有一个发生而 C 不发生；

(8) A,B,C 恰有两个发生；

解　(1) $A\overline{B}\overline{C}$ 或 $A-B-C$；

(2) $AB\overline{C}$ 或 $AB-C$；

(3) ABC；

(4) $A\overline{B}\overline{C}\cup\overline{A}B\overline{C}\cup\overline{A}\overline{B}C$；

(5) $A\cup B\cup C$ 或 $\overline{A}BC\cup\overline{A}B\overline{C}\cup A\overline{B}\overline{C}\cup A\overline{B}C\cup AB\overline{C}\cup\overline{A}\overline{B}C\cup ABC$ 或 $\overline{\overline{A}\,\overline{B}\,\overline{C}}$；

(6) $\overline{A}\overline{B}\overline{C}\cup\overline{A}\overline{B}C\cup\overline{A}B\overline{C}\cup A\overline{B}\overline{C}\cup\overline{A}BC\cup A\overline{B}C\cup AB\overline{C}$ 或 $\overline{ABC}$；

(7) $(A\cup B)\overline{C}$ 或 $\overline{A}B\overline{C}\cup A\overline{B}\overline{C}\cup AB\overline{C}$；

(8) $A\overline{B}C\cup AB\overline{C}\cup\overline{A}BC$.

【例 1.3】　设 $A=\{$甲产品合格$\},B=\{$乙产品合格$\}$，试说明 $A\cup\overline{B},\overline{A\cup B}$ 表示的事件.

解　$A\cup\overline{B}=\{$甲产品合格或乙产品不合格$\}$；

$\overline{A\cup B}=\overline{A}\cap\overline{B}=\{$甲产品和乙产品都不合格$\}$.

练习 1.1　封面扫码查看参考答案 🔍

---

1. 写出下列随机试验的样本空间 S：

(1) 同时掷两枚骰子，记录两枚骰子点数之和；

(2) 某地铁站每隔 5 分钟有一列车通过，乘客对于列车通过该站的时间完全不知道，观察乘客候车的时间；

(3) 将一尺之棰折成三段，观察各段的长度；

(4) 连续抛一枚硬币，直至出现正面为止，观察抛硬币的次数.

2. 若要击落飞机，必须同时击毁 2 个发动机或击毁驾驶舱. 记：$A_1=\{$击毁第 1 个发动机$\}$，$A_2=\{$击毁第 2 个发动机$\}$，$B=\{$击毁驾驶舱$\}$. 试用 A_1,A_2 和 B 表示事件 $\{$飞机被击落}.

3. 设 A,B,C 表示三个随机事件,试将下列事件用 A,B,C 表示出来.

(1) 三个事件都不出现;

(2) 不多于一个事件出现;

(3) 三个事件至少有两个出现;

(4) A,C 至少一个出现,B 不出现.

4. 袋中有 10 个球,分别编有号码 1～10.从中任取 1 球,设 $A=$ {取得球的号码是偶数},$B=$ {取得球的号码是奇数},$C=$ {取得球的号码小于 5},则下述运算表示什么事件:

(1) $A\bigcup B$;　　(2) AB;　　(3) AC;　　(4) $\overline{AC}$;　　(5) $\overline{B\bigcup C}$.

5. 一批产品中有合格品和废品,从中有放回地抽取三次,每次取一件,设 $A_i=$ {第 i 次抽到废品},$i=1,2,3$,试用 A_i 表示下列事件:

(1) 第一次、第二次中至少有一次抽到废品;

(2) 只有第一次抽到废品;

(3) 三次都抽到废品;

(4) 至少有一次抽到合格品;

(5) 只有两次抽到废品.

§1.2　频率与概率

对于随机现象,仅仅考虑它的所有可能结果是没有什么意义的.我们还要关心各种可能结果在一次试验中出现的可能性究竟有多大,从而可以在数量上研究随机现象.

随机现象具有偶然性的一面,在一次试验中的随机事件可能发生,也可能不发生.但是经过长时间的实践与探索,人们发现,在多次重复试验中,某个事件的发生却呈现出明显的规律性.这种规律性为我们用数来表示事件发生的可能性提供了客观的依据,为此我们从事件发生的频率谈起.

1.2.1　频率

设有随机试验 E,在相同的条件下,试验重复进行 n 次,在这 n 次试验中事件 A 发生的次数 n_A 称为事件 A 发生的频数,比值 n_A/n 称为事件 A 发生的**频率**(**frequency**),记作 $f_n(A)$,即 $f_n(A)=n_A/n$.

易知频率具有以下性质:

1° **非负性**.$f_n(A)\geqslant 0$;

2° **规范性**.$f_n(S)=1$;

3° **有限可加性**.若事件 $A_1,A_2,\cdots,A_k$ 两两互不相容,则

$$f_n(A_1\bigcup A_2\bigcup\cdots\bigcup A_k)=f_n(A_1)+f_n(A_2)+\cdots+f_n(A_k).$$

事件 A 发生的频率 $f_n(A)$ 反映了事件 A 发生的频繁程度,$f_n(A)$ 越大,事件 A 发生就越频繁,这就意味着 A 在一次试验中发生的可能性也越大.这种观点引导我们思考这样一个问题:是否可以用频率来表示事件 A 在一次试验中发生的可能性大小?

先看一个例子.

【**例 1.4**】　抛掷一枚均匀对称的硬币,事件 $A=\{$正面朝上$\}$,记录 A 发生的频数及频率,得到数据见表 1-1.

表 1-1

试验序号	$n=5$		$n=50$		$n=500$	
	n_A	$f_n(A)$	n_A	$f_n(A)$	n_A	$f_n(A)$
1	2	0.4	22	0.44	251	0.502
2	3	0.6	25	0.50	249	0.498
3	1	0.2	21	0.42	256	0.512
4	5	1.0	25	0.50	253	0.506
5	1	0.2	24	0.48	251	0.502
6	2	0.4	21	0.42	246	0.492
7	4	0.8	18	0.36	244	0.488
8	2	0.4	24	0.48	258	0.516
9	3	0.6	27	0.54	262	0.524
10	3	0.6	31	0.62	247	0.494

从表 1-1 可以看出,当试验次数较少时,出现正面朝上的频率波动比较大,但是当试验次数增多时,正面朝上发生的频率明显在 0.5 左右波动.

历史上,也有一些统计学者做过类似的试验,根据资料记载,所得数据见表 1-2.

表 1-2

实 验 者	n	n_A	$f_n(A)$
德·摩根	2048	1061	0.5181
蒲　丰	4040	2048	0.5069
K.皮尔逊	12000	6019	0.5016
K.皮尔逊	24000	12012	0.5005

从表 1-2 可以看出,当次数增加时,频率 $f_n(A)$ 总是在 0.5 左右摆动,并且呈现出稳定于 0.5 的趋势.频率的这种稳定性就是平常所说的统计规律性,它揭示了随机现象内在的必然规律性,因此用频率的稳定值来刻画事件 A 发生的可能性的大小是合适的.

1.2.2　概率

定义 1.1(概率的统计定义)　设有随机试验 E,若当试验重复次数 n 充分大时,事件 A 发生的频率 $f_n(A)$ 稳定地在某一数值 p 附近摆动,则称数 p 为事件 A 发生的**概率**(**probability**).

概率的统计观点主要是由奥地利数学家冯·米泽思(R. von Mises)和英国数学家费希

尔(R. A. Fisher)发展的. 样本空间的概念主要是由冯·米泽思引进的. 这个概念使得有可能把概率的严格数学理论建立在测度论之上. 20 世纪 20 年代,在许多学者的影响之下,概率论的测度论方法逐渐形成. 现代概率的数学公理化处理,是由前苏联数学家科尔莫戈罗夫(A. N. Kolmogorov)在 1933 年提出的.

在实际问题中,我们不可能对每个事件都做大量的试验,然后求得事件的频率,用以表征事件发生的可能性大小. 为了进一步研究的需要,统计学家结合了频率的稳定性和相关性以及测度论的相关知识,给出了数学角度的概率定义,也称为概率的公理化定义.

定义 1.2(概率的公理化定义) 设 E 是随机试验,S 为其样本空间,对 E 的每一事件 A 赋予一个实数,记作 $P(A)$,称为事件 A 的**概率(probability)**,如果集合函数 $P(\cdot)$ 满足下列条件:

1° **非负性**. 对于每个事件 A,有 $P(A) \geqslant 0$;

2° **规范性**. 对于必然事件 S,有 $P(S) = 1$;

3° **可列可加性**. 设 $A_1, A_2, \cdots$ 是两两互不相容的事件,即对于 $A_i A_j = \varnothing, i \neq j, i, j = 1, 2, \cdots$,有

$$P(A_1 \bigcup A_2 \bigcup \cdots) = P(A_1) + P(A_2) + \cdots \tag{1-1}$$

由概率定义,可推导出一些重要性质.

1° $P(\varnothing) = 0$.

证明 令 $A_n = \varnothing, n = 1, 2, \cdots$,则 $\bigcup\limits_{n=1}^{\infty} A_n = \varnothing$,且 $A_i A_j = \varnothing, i \neq j, i, j = 1, 2, \cdots$. 由(1-1)式的可列可加性,得

$$P(\varnothing) = P(\bigcup_{n=1}^{\infty} A_n) = \sum_{n=1}^{\infty} P(A_n) = \sum_{n=1}^{\infty} P(\varnothing).$$

由概率的非负性知,$P(\varnothing) \geqslant 0$,故由上式知 $P(\varnothing) = 0$.

2° **(有限可加性)** 若 $A_1, A_2, \cdots, A_n$ 是两两互不相容的事件,则有

$$P(A_1 \bigcup A_2 \bigcup \cdots \bigcup A_n) = P(A_1) + P(A_2) + \cdots + P(A_n). \tag{1-2}$$

证明 令 $A_i = \varnothing, i = n+1, n+2, \cdots$,即有 $A_i A_j = \varnothing, i \neq j, i, j = 1, 2, \cdots$. 由(1-1)式得

$$P(A_1 \bigcup A_2 \bigcup \cdots \bigcup A_n) = P(\bigcup_{i=1}^{\infty} A_i) = \sum_{i=1}^{\infty} P(A_i) = \sum_{i=1}^{n} P(A_i) + 0$$
$$= P(A_1) + P(A_2) + \cdots + P(A_n).$$

3° 设 A, B 是两个事件,若 $A \subset B$,则有

$$P(B-A) = P(B) - P(A), \tag{1-3}$$
$$P(B) \geqslant P(A). \tag{1-4}$$

证明 由 $A \subset B$,知 $B = A \bigcup (B-A)$,$A \bigcap (B-A) = \varnothing$,再由(1-2)式的有限可加性,得

$$P(B) = P(A) + P(B-A),$$

故

$$P(B-A) = P(B) - P(A).$$

又由概率的非负性知,$P(B-A) = P(B) - P(A) \geqslant 0$,故(1-4)式成立.

一般地说,对于事件 A, B,总有 $AB \subset B$,故 $P(B-A) = P(B-AB) = P(B) - P(AB)$.

4° 对于任意事件 A,有 $P(A)\leqslant 1$.

证明　因为 $A\subset S$,由(1-4)式得

$$P(A)\leqslant P(S)=1.$$

5°(**逆事件的概率**)对于任一事件 A,有

$$P(\overline{A})=1-P(A).$$

证明　因 $A\cup\overline{A}=S$,且 $A\cap\overline{A}=\varnothing$,由性质(1-2)式有限可加性,得

$$1=P(S)=P(A\cup\overline{A})=P(A)+P(\overline{A}),$$

即有

$$P(\overline{A})=1-P(A).$$

6°(**加法公式**)对于任意两个事件 A,B,有

$$P(A\cup B)=P(A)+P(B)-P(AB). \tag{1-5}$$

证明　因 $A\cup B=A\cup(B-AB)$,且 $A\cap(B-AB)=\varnothing$,$AB\subset B$,由(1-2)式和(1-3)式得

$$P(A\cup B)=P(A)+P(B-AB)=P(A)+P(B)-P(AB).$$

推广　(1) 对于任意三个事件 A,B,C,有

$$P(A\cup B\cup C)=P(A)+P(B)+P(C)-P(AB)-P(BC)-P(AC)+P(ABC). \tag{1-6}$$

(2) 对于任意 n 个事件 $A_1,A_2,\cdots,A_n$,有

$$P(A_1\cup A_2\cup\cdots\cup A_n)=\sum_{i=1}^{n}P(A_i)-\sum_{1\leqslant i<j\leqslant n}P(A_iA_j)+$$
$$\sum_{1\leqslant i<j<k\leqslant n}P(A_iA_jA_k)+\cdots+(-1)^{n-1}P(A_1A_2\cdots A_n). \tag{1-7}$$

【**例 1.5**】　设随机事件 A,B 及其和事件 $A\cup B$ 发生的概率分别是 $0.4,0.3,0.6$,$\overline{B}$ 表示 B 的对立事件,求 $P(A\overline{B})$.

解　由 $P(A\cup B)=P(A)+P(B)-P(AB)$,得

$$P(AB)=P(A)+P(B)-P(A\cup B)=0.4+0.3-0.6=0.1,$$

所以

$$P(A\overline{B})=P(A)-P(AB)=0.4-0.1=0.3.$$

【**例 1.6**】　设 $P(A)=\dfrac{1}{3}$,$P(B)=\dfrac{1}{2}$. 在下列三种情况下求 $P(B-A)$ 的值:

(1) $AB=\varnothing$; (2) $A\subset B$; (3) $P(AB)=\dfrac{1}{8}$.

解　(1) $AB=\varnothing$,于是 $P(AB)=0$,则

$$P(B-A)=P(B)-P(AB)=\frac{1}{2}-0=\frac{1}{2};$$

(2) $A\subset B$,则

$$P(B-A)=P(B)-P(A)=\frac{1}{2}-\frac{1}{3}=\frac{1}{6};$$

(3) $P(AB)=\dfrac{1}{8}$,则

$$P(B-A)=P(B)-P(AB)=\frac{1}{2}-\frac{1}{8}=\frac{3}{8}.$$

> **练习 1.2**　封面扫码查看参考答案　🔍

1. 已知 $P(A\cup B)=0.6,P(B)=0.3$,则 $P(A\overline{B})=$ _____.

2. 设 A,B 为随机事件,$P(A)=0.7,P(A-B)=0.3$,则 $P(\overline{AB})=$ _____.

3. 已知 $P(A)=P(B)=P(C)=\frac{1}{4},P(AB)=0,P(AC)=P(BC)=\frac{1}{12}$,则事件 $A,B,$ C 都不发生的概率为 _____.

4. 已知 $A\subset B,P(A)=0.2,P(B)=0.3$,求:

(1) $P(\overline{A}),P(\overline{B})$;(2) $P(A\cup B)$;(3) $P(AB)$;(4) $P(A-B)$.

5. 某一企业与甲、乙两公司签订某物资长期供货关系的合同,由以前的统计得知,甲公司能按时供货的概率为 0.9,乙公司能按时供货的概率为 0.75,两公司都能按时供货的概率为 0.7,求至少有一公司能按时供货的概率.

6. 某城市中发行两种报纸 A,B.经调查,在这两种报纸的订户中,订阅 A 报的有 45%,订阅 B 报的有 35%,同时订阅 A,B 报纸的有 10%.现随机抽取一个订户,求:

(1) 只订 A 报的概率;

(2) 只订 1 种报纸的概率.

7. 设 A,B 是两事件且 $P(A)=0.6,P(B)=0.7$.问:

(1) 在什么条件下 $P(AB)$ 有最大值,最大值是多少?

(2) 在什么条件下 $P(AB)$ 有最小值,最小值是多少?

§1.3　古典概型与几何概型

概率论的基本课题之一就是寻求随机事件的概率.本节主要介绍在概率论发展早期受到关注的两类试验模型:古典概型和几何概型.

1.3.1　古典概型

设 S 为随机试验 E 的样本空间,若随机试验 E 具有如下特征:

(1) 试验的样本空间只包含有限个样本点:$S=\{e_1,e_2,\cdots,e_n\}$;

(2) 试验中的每个基本事件发生的可能性相同:$P(\{e_1\})=P(\{e_2\})=\cdots=P(\{e_n\})$.则称此试验模型为**等可能概型**.它在概率论发展初期曾是主要的研究对象,所以也称为**古典概型**(**classical probability model**).古典概型在概率论中占有相当重要的地位,一方面,由于它简单,对它的讨论有助于直观理解概率论的许多基本概念,因此常从讨论古典概型开始引入新的概念;另一方面,古典概型概率的计算在产品质量抽样检查等实际问题以及理论物理的研究中都有重要应用.

下面来讨论古典概型中事件概率的计算公式.

设试验的样本空间为 $S=\{e_1,e_2,\cdots,e_n\}$. 由于在试验中每个基本事件发生的可能性相同,则

$$P(\{e_1\})=P(\{e_2\})=\cdots=P(\{e_n\}).$$

又由于基本事件是两两互不相容的,于是

$$\begin{aligned}
1=P(S)&=P(\{e_1\}\bigcup\{e_2\}\bigcup\cdots\bigcup\{e_n\})\\
&=P(\{e_1\})+P(\{e_2\})+\cdots+P(\{e_n\})=nP(\{e_i\}),
\end{aligned}$$

因此

$$P(\{e_i\})=\frac{1}{n},i=1,2,\cdots,n.$$

若事件 A 包含 k 个基本事件,即 $A=\{e_{i_1}\}\bigcup\{e_{i_2}\}\bigcup\cdots\bigcup\{e_{i_k}\}$,这里 $i_1,i_2,\cdots,i_k$ 是 1, $2,\cdots,n$ 中某 k 个不同的数,则有

$$P(A)=\sum_{j=1}^{k}P(\{e_{i_j}\})=\frac{k}{n}=\frac{A\text{包含的基本事件数}}{S\text{中基本事件的总数}}. \tag{1-8}$$

$(1-8)$式就是古典概型中事件 A 的概率的计算公式.

【例 1.7】　将一枚均匀的硬币抛掷两次,试求至少出现一次正面的概率.

解　这是一个比较简单的古典概型,可直接写出样本空间和事件中的元素. 设 $A=\{$至少出现一次正面$\}$,样本空间 $S=\{$正正,正反,反正,反反$\}$,于是

$$A=\{\text{正正},\text{正反},\text{反正}\}.$$

故由$(1-8)$式知

$$P(A)=\frac{3}{4}.$$

对于比较简单的试验,可以直接写出样本空间 S 和事件 A,然后数出各自所含样本点的个数即可.

对于较复杂的试验,一般不再将 S 中的元素一一列出,而只需利用排列、组合及乘法原理、加法原理的知识分别求出 S 中与 A 中包含的基本事件的个数,再由$(1-8)$式即可求出 A 的概率.

【例 1.8】　设有 5 件产品,其中 3 件是正品,2 件是次品. 今从中抽取两次,每次 1 件,取出后不再放回. 试求:

(1) 两件都是正品的概率;

(2) 一件是正品一件是次品的概率;

(3) 至少有一件是正品的概率.

解　设 $A=\{$两件都是正品$\}$,$B=\{$一件是正品,一件是次品$\}$,$C=\{$至少有一件是正品$\}$,则:

基本事件总数 $n=P_5^2=5\times4=20$;

而 A 所包含的基本事件数 $k_A=P_3^2=3\times2=6$;

B 所包含的基本事件数 $k_B=P_3^1P_2^1+P_2^1P_3^1=3\times2+2\times3=12$;

C 所包含的基本事件数 $k_C=P_3^1P_2^1+P_2^1P_3^1+P_3^2=12+6=18$.

故由$(1-8)$式得:

(1) $P(A)=\dfrac{k_A}{n}=\dfrac{3}{10}$;

(2) $P(B)=\dfrac{k_B}{n}=\dfrac{3}{5}$;

(3) $P(C)=\dfrac{k_C}{n}=\dfrac{9}{10}$.

注：(1) 在例 1.8（3）中，若利用 $P(\overline{C})$ 来求 $P(C)$ 则更为简单. 因为 $\overline{C}=$ ｛两件产品均为次品｝，所以

$$P(C)=1-P(\overline{C})=1-\dfrac{P_2^2}{20}=1-\dfrac{2}{20}=\dfrac{9}{10}.$$

（2）本例也可另外设计样本空间. 若对于取出的两件产品不考虑其先后次序，则有

$$n=C_5^2=\dfrac{5\times4}{2!}=10,k_A=C_3^2=3,k_B=C_3^1C_2^1=6,k_{\overline{C}}=C_2^2=1,$$

于是

$$P(A)=\dfrac{k_A}{n}=\dfrac{3}{10},P(B)=\dfrac{k_B}{n}=\dfrac{3}{5},P(C)=1-P(\overline{C})=1-\dfrac{1}{10}=\dfrac{9}{10}.$$

应特别注意的是，为了便于问题的解决，样本空间可以作不同的设计，但必须满足等可能的要求.

> 由上两例总结出古典概型中事件概率计算的一般步骤：
> 第一步：用字母 A 表示所要求概率的事件；
> 第二步：恰当选取样本空间 S，并计算 S 中所含样本点的总数 n；
> 第三步：计算要求概率的事件 A 中包含样本点的个数 k；
> 第四步：由古典概型计算公式（1-8）得到 $P(A)=\dfrac{k}{n}$.

1.3.2 古典概型的经典问题

下面介绍古典概型中比较经典的几个问题，以此建立数学模型，我们可以用来解决很多相类似的概率问题.

【例 1.9】（分球入盒问题） 将 n 只球随机地放入 $N(n\leqslant N)$ 个盒子中，试求每个盒子中至多有一只球的概率（设盒子的容量不限）.

解 将 n 只球放入 N 个盒子中去，每一种放法是一个基本事件. 易知，这是古典概型问题.

第一步：设 $A=$｛每个盒子中至多有一只球｝；

第二步：因每一只球都可以放入 N 个盒子中的任一个盒子，故共有 $N\times N\times\cdots\times N=N^n$ 种不同的放法；

第三步：每一个盒子中至多一只球共有 $N(N-1)\cdots[N-(n-1)]$ 种不同放法.

第四步：因而所求的概率为

$$p=\dfrac{N(N-1)\cdots[N-(n-1)]}{N^n}=\dfrac{P_N^n}{N^n}.$$

有许多问题和本例具有相同的数学模型. 例如, 假设每人的生日在一年 365 天中的任一天是等可能的, 即都等于 $\frac{1}{365}$, 那么随机选取 $n(n \leqslant 365)$ 个人, 他们的生日各不相同的概率为

$$\frac{365 \times 364 \times \cdots \times (365 - n + 1)}{365^n}.$$

因而, n 个人中至少有两人生日相同的概率为

$$p = 1 - \frac{365 \times 364 \times \cdots \times (365 - n + 1)}{365^n}.$$

经计算可得表 1-3 结果.

表 1-3

n	20	23	30	40	50	64	100
p	0.411	0.507	0.706	0.891	0.970	0.997	0.9999997

从表 1-3 可以看出, 在仅有 64 人的班级里, "至少有两人生日相同"这一事件的概率与 1 相差无几, 因此, 如做调查的话, 几乎总是会出现的.

【**例 1.10**】(**抽签问题**)　袋中有 a 支白签、b 支红签, 依次将签一支支抽出, 取出后不放回. 求: 第 k 次抽到白签的概率 $(1 \leqslant k \leqslant a + b)$.

解　解法一

第一步: 设 $A = \{$第 k 次抽到白签$\}$;

第二步: 把 a 支白签、b 支红签都看作是不同的 (例如设想把它们编号), 若把抽出的签依次放在排列成一直线的 $(a+b)$ 个位置上, 则可能的排列法相当于把 $(a+b)$ 个元素进行全排列, 总数为 $(a+b)!$, 这就是样本点的全体;

第三步: 因为第 k 次抽出白签有 a 种取法, 而 $(a+b-1)$ 次抽签相当于把 $(a+b-1)$ 支签进行全排列, 有 $(a+b-1)!$ 种构成法, 故 $k_A = a \times (a+b-1)!$;

第四步: 所求概率为

$$P(A) = \frac{a \times (a+b-1)!}{(a+b)!} = \frac{a}{a+b}.$$

解法二

第一步: 设 $A = \{$第 k 次抽到白签$\}$;

第二步: 把 a 支白签、b 支红签都看作是没有区别的. 仍把抽出的签依次放在排列成一条直线的 $(a+b)$ 个位置上, 因若把 a 支白签的位置固定下来, 则其他位置必然是放红签, 而白签的位置可以有 C_{a+b}^a 种做法, 这样把样本空间缩小;

第三步: 这时 $k_A = C_{a+b-1}^{a-1}$, 这是因为第 k 次抽出白签, 这个位置必须放白签, 剩下的白签可以在 $(a+b-1)$ 个位置上任取 $(a-1)$ 个位置, 因此共有 C_{a+b-1}^{a-1} 种放法;

第四步: 所以所求的概率

$$P(A) = \frac{C_{a+b-1}^{a-1}}{C_{a+b}^a} = \frac{a}{a+b}.$$

注意考察两种解法的不同, 就会发现主要在于选取样本空间不同. 前一种解法中把签看作是"有个性的", 而在后一种解法中, 则对同色签不加区别, 因此在第一种解法中要顾及各

白签及红签间的顺序而用排列,第二种解法则不注意顺序而用组合,但最后得出了相同的答案.

本题还可用选排列的方法求解.

解法三 设想签是编号的.

第一步:设 $A=\{$第 k 次抽到白签$\}$;

第二步:一支支抽取直至第 k 次抽出白签为止,则基本事件总数是从 $(a+b)$ 支编号的签中选出 k 支签进行排列的个数,即 $n=P_{a+b}^k$;

第三步:A 的发生相当于从 a 支白签中选出一支放在第 k 个位置上,从 $(a+b-1)$ 支签中任选 $(k-1)$ 支签放在前面 $(k-1)$ 个位置上,于是由乘法原理,得 $k_A=P_a^1 P_{a+b-1}^{k-1}$;

第四步:

$$P(A)=\frac{P_a^1 P_{a+b-1}^{k-1}}{P_{a+b}^k}=\frac{a(a+b-1)(a+b-2)\cdots(a+b-k+1)}{(a+b)(a+b-1)(a+b-2)\cdots(a+b-k+1)}$$

$$=\frac{a}{a+b}.$$

这个结果与 k 无关!细想一下,就会发觉这个结果与我们平常的生活经验是一致的.例如,在体育比赛中进行抽签,对各队机会均等,与抽签的先后次序无关,也就是说对参与者来说都是公平的.

【例 1.11】(数整除问题) 在 $1\sim2000$ 数据中随机抽取 1 个整数,问取到的整数不能被 6 和 8 整除的概率是多少?

解 设 $A=\{$取到的整数能被 6 整除$\}$,$B=\{$取到的整数能被 8 整除$\}$,$C=\{$取到的整数不能被 6 和 8 整除$\}$.因为 $333<\frac{2000}{6}<334$,$\frac{2000}{8}=250$,6 与 8 的最小公倍数 24,$83<\frac{2000}{24}<84$,故

$$P(A)=\frac{333}{2000},P(B)=\frac{250}{2000},P(AB)=\frac{83}{2000},$$

$$P(C)=P(\overline{A}\,\overline{B})=P(\overline{A\bigcup B})=1-P(A\bigcup B)$$

$$=1-[P(A)+P(B)-P(AB)]=\frac{3}{4}.$$

【例 1.12】(超几何概型) 如果某批产品中有 a 件正品、b 件次品.从中用放回和不放回两种抽样方式抽取 n 件产品,问其中恰有 $k(k\leqslant n)$ 件次品的概率是多少?

解 (1)放回抽样

第一步:设 $A=\{$其中恰有 k 件次品$\}$;

第二步:从 $(a+b)$ 件产品中有放回地抽取 n 件产品,所有可能的取法有 $(a+b)^n$ 种;

第三步:取出的 n 件产品中有 k 件次品,它们可以出现在不同的位置上.所有可能的取法有 C_n^k 种.对于取定的一种位置,由于取正品有 a 种可能,取次品有 b 种可能,即有 $a^{n-k}b^k$ 种可能,于是取出的 n 件产品中恰有 k 件次品的可能取法共有 $C_n^k a^{n-k}b^k$ 种;

第四步:所求概率为

$$p_1=\frac{C_n^k a^{n-k}b^k}{(a+b)^n}=C_n^k\left(\frac{a}{a+b}\right)^{n-k}\left(\frac{b}{a+b}\right)^k.$$

（2）不放回抽样

第一步：设 $A=\{$其中恰有 k 件次品$\}$；

第二步：从 $(a+b)$ 件产品中抽取 n 件（不计次序）的所有可能的取法有 C_{a+b}^{n} 种；

第三步：在 a 件正品中取 $(n-k)$ 件的所有可能的取法有 C_{a}^{n-k} 种，在 b 件次品中取 k 件的所有可能的取法有 C_{b}^{k} 种；

第四步：所求概率为

$$p_2=\frac{C_a^{n-k}C_b^{k}}{C_{a+b}^{n}}.$$

这个公式称为**超几何分布**的概率公式.

1.3.3　几何概型

古典概型假定试验结果是有限个，这限制了它的适用范围. 一个直接的推广是保留等可能性，而允许试验结果可为无限个，这种试验模型称为几何概型.

定义 1.3　设样本空间是一个有限区域 S. 若样本点落在 S 内的任何区域 G 中的事件 A 的概率与区域 G 的测度（长度、面积或体积等）成正比，则区域 S 内任意一点落在区域 G 内的概率为区域 G 的测度与区域 S 的测度的比值，即

$$P(A)=\frac{G\text{ 的测度}}{S\text{ 的测度}}.$$

这一类概率通常称为**几何概率**.

因为几何概率的定义及计算与几何图形的测度密切相关，所以，我们所考虑的事件应是某种可定义测度的集合，且这类集合的并、交也是事件.

常见的几何概率有以下三种情况.

（1）设线段 l 是线段 L 的一部分. 向线段 L 上任投一点，若点落在线段 l 上的概率与线段 l 的长度成正比，而与线段 l 在线段 L 上的相对位置无关，则点落在线段 l 上的概率为

$$p=\frac{l\text{ 的长度}}{L\text{ 的长度}}.$$

（2）设平面区域 g 是平面区域 G 的一部分. 向区域 G 上任投一点，若点落在区域 g 上的概率与区域 g 的面积成正比，而与区域 g 在区域 G 上的相对位置无关，则点落在区域 g 上的概率为

$$p=\frac{g\text{ 的面积}}{G\text{ 的面积}}.$$

（3）设空间区域 v 是空间区域 V 的一部分，向区域 V 上任投一点. 若点落在区域 v 上的概率与区域 v 的体积成正比，而与区域 v 在区域 V 上的相对位置无关，则点落在区域 v 上的概率为

$$p=\frac{v\text{ 的体积}}{V\text{ 的体积}}.$$

【例 1.13】　随机地向区间 $[0,5]$ 内掷一点，求点落在区间 $[1,3]$ 的概率.

解　"随机地"即表示试验结果的等可能性，点落在区间 $[0,5]$ 内任何区间的概率与该区间的长度成正比，又因试验结果为无限个，于是问题归结为线段上的一个几何概型.

样本空间 L 是区间 $[0,5]$，长度为 5，而 l 是区间 $[1,3]$，长度为 2，由几何概率计算公式有

$$p = \frac{l \text{ 的长度}}{L \text{ 的长度}} = \frac{2}{5}.$$

【例 1.14】 从区间 $(0,1)$ 内任取两个数，求这两个数的积小于 $\frac{1}{4}$ 的概率.

解 设从区间 $(0,1)$ 内任取两个数为 x 与 y，则 x 与 y 的变化范围为
$$G = \{(x,y) \mid 0 < x < 1, 0 < y < 1\}.$$

如图 1-7 所示，样本空间 G 是边长为 1 的正方形，两个数的积小于 $\frac{1}{4}$ 的充要条件为

$$xy < \frac{1}{4}, 0 < x < 1, 0 < y < 1.$$

也就是说，当样本点 (x,y) 落在由双曲线 $xy = \frac{1}{4}$ 及四条直线 $x = 0, x = 1, y = 0, y = 1$ 所围成的区域 g 内时（见图 1-7），两个数的积小于 $\frac{1}{4}$，于是所求的概率

$$p = \frac{g \text{ 的面积}}{G \text{ 的面积}} = \frac{\frac{1}{4} \times 1 + \int_{\frac{1}{4}}^{1} \frac{1}{4x} \mathrm{d}x}{1} = \frac{1}{4} + \frac{1}{2} \ln 2.$$

几何概型讨论的是无限样本空间中的概率问题，其在现实中应用十分广泛.

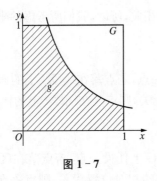

图 1-7

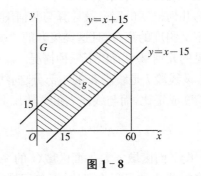

图 1-8

【例 1.15】（约会问题） 一位男生和一位女生约定晚饭后 18:00 到 19:00 之间在教学主楼后的左边第三棵柳树下见面. 双方约定，先到者必须等候另一个人 15 min，过时如另一人仍未到达则离去，问两人见面的机会有多大？

解 设 x 与 y 分别表示男生和女生到达约会地点的时间（为计算方便，从 18 时开始计时，以分钟为单位），建立平面直角坐标系如图 1-8 所示. 所有可能到达时间的组合，即 (x,y) 的所有可能结果构成边长为 60 的正方形. 另外，由题意知，两人能够会面的充要条件是 $|x - y| \leqslant 15$，可能会面的时间组合由图中的阴影部分所表示. 假设两人到达约会地点的时间在这 1 h 中是等可能的，则此约会问题便是一个几何概型问题. 样本空间 G（见图 1-8）为

$$G = \{(x,y) \mid 0 \leqslant x, y \leqslant 60\},$$

两个人能见面的事件 g 为

$$g=\{(x,y)\mid (x,y)\in G, |x-y|\leqslant 15\},$$

故两人能见面的概率

$$p=\frac{g \text{ 的面积}}{G \text{ 的面积}}=\frac{60^2-45^2}{60^2}=\frac{7}{16}.$$

练习 1.3　封面扫码查看参考答案　🔍

1. 将一枚均匀的骰子掷两次,则两次出现的最小点数等于 4 的概率为_____．

2. 在区间$(0,1)$上随机地取一个数 x,则事件"x 到点 $\frac{5}{8}$ 距离小于 $\frac{1}{8}$"的概率为_____．

3. 一个口袋装有 10 个外形相同的球,其中 6 个是白球,4 个是红球,"无放回"地从袋中取出 3 个球,求下述诸事件发生的概率．

(1) $A_1=\{$没有红球$\}$;(2) $A_2=\{$恰有两个红球$\}$;(3) $A_3=\{$至少有两个红球$\}$;

(4) $A_4=\{$至多有两个红球$\}$;(5) $A_5=\{$至少有一个白球$\}$;(6) $A_6=\{$颜色相同的球$\}$．

4. 电话号码由 6 个数字组成,每个数字可以是 $0,1,2,\cdots,9$ 中的任一个数(但第 1 个数字不能为 0),求电话号码由完全不相同的数字组成的概率．

5. 一个寝室住 4 个人,假定每个人的生日在 12 个月中的某一个月是等可能的,求至少有 2 个人的生日在同一个月的概率．

6. 在 1～1000 数据中随机取一整数,问取到的整数能被 4 或 6 整除的概率是多少?

7. 从 5 双不同的鞋子中任取 4 只,问这 4 只鞋子中至少有两只配成一双的概率是多少?

8. 在区间 $[0,1]$ 中随机地取出两个数,求两者之和小于 $\frac{6}{5}$ 的概率．

9. 某码头只能容纳一只船停泊,现预知某日将独立到来两只船,且在 24 h 内各时刻到来的可能性都相等,如果它们需要停靠的时间分别是 3 h 及 4 h,试求一船要在江中等待的概率．

§1.4　条件概率

1.4.1　条件概率

在实际问题中,常常会遇到这样的问题:在已知事件 A 发生的条件下探求事件 B 发生的概率．例如,天气预报,经济预测等等,都是基于既有事件发生的条件下研究另一事件的概率．这时,因为求 B 的概率是在已知 A 发生的条件下,所以称为在事件 A 发生的条件下事件 B 发生的条件概率,记为 $P(B|A)$．

【引例】　掷一粒骰子,已知掷出了偶数点,求掷出的点数小于 3 的概率．

解　设 $A=\{$掷出的是偶数点$\}$,$B=\{$掷出的点数小于 3$\}$,则所求问题就是求概率 $P(B|A)$．

显然试验的样本空间 $S=\{1,2,3,4,5,6\}$,其样本点总数 $n=6$.事件 $A=\{2,4,6\}$.在 A

已经发生的条件下,试验的样本空间发生了变化,样本空间缩小为 A,"掷出了偶数点且点数小于 3"这一事件为 $AB=\{2\}$,记 k_A 为缩小后的样本空间 A 的样本点总数,k_{AB} 表示 AB 的样本点数,则由古典概型可知

$$P(B|A)=\frac{1}{3}=\frac{k_{AB}}{k_A}=\frac{\dfrac{k_{AB}}{n}}{\dfrac{k_A}{n}}=\frac{P(AB)}{P(A)}.$$

由此引入条件概率的一般定义:

定义 1.4 设 A,B 是两个事件,且 $P(A)>0$,称

$$P(B|A)=\frac{P(AB)}{P(A)} \tag{1-9}$$

为在事件 A 发生的条件下事件 B 发生的**条件概率(conditional probability)**.

【例 1.16】 甲、乙两座城市都位于长江的下游,根据近 100 年的气象记录知道:甲、乙两市一年中雨天占的比例分别是 20% 和 18%,两市同时下雨占的比例是 12%. 问:

(1) 乙市为雨天时,甲市也为雨天的概率是多少?

(2) 甲市为雨天时,乙市也为雨天的概率是多少?

解 设事件 $A=\{$甲市为雨天$\}$,$B=\{$乙市为雨天$\}$,则依题意得

$$P(A)=0.2,P(B)=0.18,P(AB)=0.12.$$

因此根据(1-9)式,可以得到:

(1) $P(A|B)=\dfrac{P(AB)}{P(B)}=\dfrac{0.12}{0.18}=0.67$;

(2) $P(B|A)=\dfrac{P(AB)}{P(A)}=\dfrac{0.12}{0.20}=0.6$.

由于条件概率本身就是概率,因此具备概率定义中的三条基本性质:

1° **非负性**:$P(A|B)\geqslant 0$;

2° **规范性**:$P(S|B)=1$;

3° **可列可加性**:若事件 $A_1,A_2,\cdots,A_n,\cdots$ 是两两互不相容的,则有

$$P(\bigcup_{i=1}^{\infty} A_i \mid B)=\sum_{i=1}^{\infty} P(A_i \mid B).$$

同时,概率的一般性质,条件概率也满足,例如:

(1) $P(\overline{A}|B)=1-P(A|B)$;

(2) $P(A_1\bigcup A_2|B)=P(A_1|B)+P(A_2|B)-P(A_1A_2|B)$.

1.4.2 乘法公式

由条件概率的定义容易推得概率的**乘法公式(multiplication formula)**:

(1) 若 $P(A)>0$,则

$$P(AB)=P(A)P(B|A). \tag{1-10}$$

(2) 若 $P(B)>0$,则

$$P(AB)=P(B)P(A|B). \tag{1-11}$$

乘法公式可以推广到 n 个事件的情形:若 $P(A_1A_2\cdots A_n)>0$,则

$$P(A_1A_2\cdots A_n)=P(A_1)P(A_2\mid A_1)P(A_3\mid A_1A_2)\cdots P(A_n\mid A_1A_2\cdots A_{n-1}).\quad(1-12)$$

利用公式(1-10)(1-11)(1-12)可以计算积事件的概率.

【例 1.17】　100 株玉米,已知病株率为 10%,每次检查时从中任选一株,检查后做上标记不再检查,求第三次才取得健康株的概率.

解　设 $A_i=\{$第 i 次取得健康株$\}$,$i=1,2,3$,依题意得

$$P(\overline{A}_1)=\frac{10}{100},P(\overline{A}_2\mid\overline{A}_1)=\frac{9}{99},P(A_3\mid\overline{A}_2\overline{A}_1)=\frac{90}{98},$$

因此,第三次才取到健康株的概率为

$$P(\overline{A}_1\overline{A}_2A_3)=P(\overline{A}_1)P(\overline{A}_2\mid\overline{A}_1)P(A_3\mid\overline{A}_2\overline{A}_1)=\frac{10}{100}\times\frac{9}{99}\times\frac{90}{98}=0.0083.$$

【例 1.18】　元青花(瓷器)以其造型独特,胎体厚重而享有盛誉,假设一件瓷器在过去未被打破,在新的一年中被打破的概率是 0.03.延祐元年时的瓷器保存到现在(约 700 年)的概率为多少?

解　用 $A_i=\{$该瓷器第 i 年没有被打破$\}$,$i=1,2,\cdots,700$,则至今没有被打破的概率是

$$\begin{aligned}p&=P(A_1A_2\cdots A_{700})\\&=P(A_1)P(A_2\mid A_1)\cdots P(A_{700}\mid A_1A_2\cdots A_{699})\\&=(1-0.03)^{700}=5.54\times10^{-10}.\end{aligned}$$

这个概率是如此之小,可见一件瓷器保存至今是非常珍贵的。

【例 1.19】　袋中有 50 个乒乓球,其中 20 个是黄球,30 个是白球,今有两人依次随机地从袋中各取一球,取出后不放回,求:

(1) 已知第一人取到黄球,第二人取到黄球的概率;

(2) 第二人取到黄球的概率.

解　设 $A_1=\{$第一人取到黄球$\}$,$A_2=\{$第二人取到黄球$\}$,因此有:

(1) 第一人取到黄球后,袋中球总数为 49 个,其中黄球 19 个,这时第二人取到黄球的概率为

$$P(A_2\mid A_1)=\frac{19}{49}=0.388.$$

(2) 由于 A_2 的发生是基于第一人取球情况来考虑的,而第一人取球所有的可能结果是取到黄球和取到白球两种,故"第二个人取到黄球"分为"第一人取到黄球,第二人取到黄球"和"第一人取到白球,第二人取到黄球"两种情况,所以有

$$\begin{aligned}P(A_2)&=P(A_1A_2)+P(\overline{A}_1A_2)\\&=P(A_1)P(A_2\mid A_1)+P(\overline{A}_1)P(A_2\mid\overline{A}_1)\\&=\frac{20}{50}\times\frac{19}{49}+\frac{30}{50}\times\frac{20}{49}=\frac{2}{5}.\end{aligned}$$

比较(1)和(2)的结果,显然,在第一人取球情形已知和未知两种条件下,第二人取到黄球的概率是不相同的.

1.4.3　全概率公式

在例 19(2)的计算中,为了计算的简便,我们把"第二人取到黄球的概率"这一事件分解

成"第一人取到黄球,第二人取到黄球"和"第一人取到白球,第二人取到黄球"两个简单事件,然后再利用乘法公式求解.在概率论中,为了计算复杂事件的概率,经常把一个复杂事件分解为若干个互不相容的简单事件的和,通过分别计算简单事件的概率,来求得复杂事件的概率.对这种分解,给出如下的定义.

定义 1.5 设 $A_1, A_2, \cdots, A_n$ 为样本空间 S 的一个事件组,满足:

(1) $A_1, A_2, \cdots, A_n$ 两两互不相容;

(2) $A_1 \bigcup A_2 \bigcup \cdots \bigcup A_n = S$.

则称 $A_1, A_2, \cdots, A_n$ 为样本空间 S 的一个**划分(division)**.

若 $A_1, A_2, \cdots, A_n$ 是样本空间的一个划分,则每次试验中事件 $A_1, A_2, \cdots, A_n$ 中有且仅有一个发生,如图 1-9 所示.

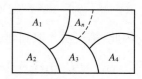

图 1-9

全概率公式(complete probability formula):设 $A_1, A_2, \cdots, A_n$ 为样本空间 S 的一个划分,且 $P(A_i) > 0 (i=1, 2, \cdots, n)$,则对 S 中的任意一个事件 B,都有

$$P(B) = P(A_1)P(B|A_1) + P(A_2)P(B|A_2) + \cdots + P(A_n)P(B|A_n). \quad (1-13)$$

证明 因为

$$B = BS = B(A_1 \bigcup A_2 \bigcup \cdots \bigcup A_n) = BA_1 \bigcup BA_2 \bigcup \cdots \bigcup BA_n.$$

由假设可知 $(BA_i)(BA_j) = \varnothing, i \neq j$,得到

$$P(B) = P(BA_1) + P(BA_2) + \cdots + P(BA_n)$$
$$= P(A_1)P(B|A_1) + P(A_2)P(B|A_2) + \cdots + P(A_n)P(B|A_n).$$

当 $n=2$ 时,全概率公式一般表示为如下形式:

$$P(B) = P(BA) + P(B\overline{A}) = P(A)P(B|A) + P(\overline{A})P(B|\overline{A}). \quad (1-14)$$

【例 1.20】 某保险公司认为,人可以分为两类,一类是容易出事故,另一类则比较谨慎,他们的统计结果表明,一个易出事故的人在一年内出一次事故的概率是 0.4,而对于比较谨慎的人来说这个概率是 0.2.若第一类人占 30%,那么一个新保险客户在他购买保险后一年内将出现一次事故的概率是多少?

解 令 $B = \{$保险客户在一年内出一次事故$\}$,$A = \{$容易出事故的客户$\}$,$\overline{A} = \{$比较谨慎的客户$\}$,由已知条件可知

$$P(A) = 0.3, P(\overline{A}) = 0.7, P(B|A) = 0.4, P(B|\overline{A}) = 0.2,$$

于是由(1-14)式得

$$P(B) = P(A)P(B|A) + P(\overline{A})P(B|\overline{A}) = 0.3 \times 0.4 + 0.7 \times 0.2 = 0.26.$$

【例 1.21】 设某一仓库有一批产品,已知其中 50%,30%,20% 依次是甲、乙、丙厂生产的,且甲、乙、丙厂生产的次品率分别为 $\frac{1}{10}, \frac{1}{15}, \frac{1}{20}$,现从这批产品中任取一件,求取得正品的概率是多少?

解 设 $A_1 = \{$取得的产品由甲厂生产$\}$,$A_2 = \{$取得的产品由乙厂生产$\}$,$A_3 = \{$取得的产品由丙厂生产$\}$,$B = \{$取得的产品是正品$\}$,由已知条件得

$$P(A_1) = \frac{5}{10}, P(A_2) = \frac{3}{10}, P(A_3) = \frac{2}{10}, P(B|A_1) = \frac{9}{10}, P(B|A_2) = \frac{14}{15}, P(B|A_3) = \frac{19}{20},$$

由(1-13)式得

$$P(B)=P(A_1)P(B|A_1)+P(A_2)P(B|A_2)+P(A_3)P(B|A_3)$$

$$=\frac{5}{10}\times\frac{9}{10}+\frac{3}{10}\times\frac{14}{15}+\frac{2}{10}\times\frac{19}{20}=0.92.$$

思考:在例 21 中,假设已知取得的是一个正品,那么它出自甲厂的概率是多少呢? 这个问题,我们可以在下面予以解决.

1.4.4 贝叶斯公式

设 B 是样本空间 S 的一个事件,$A_1,A_2,\cdots,A_n$ 为样本空间 S 的一个划分,且 $P(A_k)>0,k=1,2,\cdots,n,P(B)>0$,则

$$P(A_k|B)=\frac{P(A_kB)}{P(B)}=\frac{P(A_k)P(B|A_k)}{P(A_1)P(B|A_1)+P(A_2)P(B|A_2)+\cdots+P(A_n)P(B|A_n)}.$$

$$(1-15)$$

这个公式称为**贝叶斯公式**(**Bayesian formula**),也称为**后验公式**. 这一公式是英国数学家托马斯·贝叶斯(Thomas Bayes)的成果.

【例 1.21】续 假设已知取得的是一个正品,那么它出自甲厂的概率是多少呢?

解 已知取得的是一个正品,那么它出自甲厂的概率为 $P(A_1|B)$,由(1-15)式得:

$$P(A_1|B)=\frac{P(A_1)P(B|A_1)}{P(A_1)P(B|A_1)+P(A_2)P(B|A_2)+P(A_3)P(B|A_3)}$$

$$=\frac{\frac{5}{10}\times\frac{9}{10}}{\frac{5}{10}\times\frac{9}{10}+\frac{3}{10}\times\frac{14}{15}+\frac{2}{10}\times\frac{19}{20}}\approx0.49.$$

【例 1.22】 A,B,C 三位厨师烤某一种饼,烤坏的概率依次为 4%,2%,5%. 若在他们工作的餐馆,所烤的这种饼中,厨师 A 占 45%,B 占 35%,C 占 20%.

(1) 求任取一块饼,烤坏的概率;

(2) 现取出的饼烤坏了,求它由厨师 A 烤出的概率.

解 (1) 设 $E=\{$饼烤坏了$\}$, $D_1=\{$饼是厨师 A 烤的$\}$, $D_2=\{$饼是厨师 B 烤的$\}$, $D_3=\{$饼是厨师 C 烤的$\}$,则

$$P(D_1)=45\%,P(D_2)=35\%,P(D_3)=20\%,$$

$$P(E|D_1)=4\%,P(E|D_2)=2\%,P(E|D_3)=5\%.$$

(1) 由全概率公式得:

$$P(E)=P(D_1)P(E|D_1)+P(D_2)P(E|D_2)+P(D_3)P(E|D_3)$$

$$=45\%\times4\%+35\%\times2\%+20\%\times5\%=0.035.$$

(2) 由贝叶斯公式知:

$$P(D_1|E)=\frac{P(D_1)P(E|D_1)}{P(D_1)P(E|D_1)+P(D_2)P(E|D_2)+P(D_3)P(E|D_3)}$$

$$=\frac{45\%\times4\%}{0.035}\approx0.514.$$

全概率公式和贝叶斯公式是概率论中的两个重要公式,有着广泛的应用. 若把事件 A_i

理解为"原因",而把事件 B 理解为"结果",则 $P(B|A_i)$ 是原因 A_i 引起结果 B 出现的可能性,$P(A_i)$ 是各种原因出现的可能性. **全概率公式表明综合引起结果的各种原因,导致结果出现的可能性的大小;而 Bayes 公式则反映了当结果出现时,它是由原因 A_i 引起的可能性的大小**,故常用于可靠性问题,如可靠性寿命检验、可靠性维护、可靠性设计等.

练习 1.4　封面扫码查看参考答案 🔍

1. 已知 $P(A)=\frac{1}{4}$,$P(B|A)=\frac{1}{3}$,$P(A|B)=\frac{1}{2}$,则 $P(A\cup B)=$ 　　　(　)

A. $\frac{3}{4}$　　　　B. $\frac{1}{2}$　　　　C. $\frac{1}{3}$　　　　D. $\frac{3}{5}$

2. 某仓库有同样规格的产品 6 箱,甲、乙、丙 3 个厂各生产 3 箱、2 箱和 1 箱.甲、乙、丙 3 个厂的次品率分别为 $\frac{1}{10}$,$\frac{1}{15}$,$\frac{1}{20}$.任取 1 件,取得的是次品的概率是 　　　(　)

A. $\frac{1}{10}$　　　　B. $\frac{1}{15}$　　　　C. $\frac{1}{20}$　　　　D. $\frac{29}{360}$

3. 某人有一笔资金,他投入基金的概率为 0.58,购买股票的概率为 0.28,两项投资都做的概率为 0.19.

(1) 已知他已投入基金,再购买股票的概率是多少?

(2) 已知他已购买股票,再投入基金的概率是多少?

4. 已知 $P(A)=0.5$,$P(B)=0.6$,$P(B|A)=0.8$,求 $P(AB)$,$P(\overline{A}\ \overline{B})$.

5. 已知 $P(\overline{A})=0.3$,$P(B)=0.4$,$P(A\overline{B})=0.5$,求 $P(B|A\cup\overline{B})$.

6. 据以往资料表明,某一 3 口之家,患某种传染病的概率有以下规律:

$P\{孩子得病\}=0.6$,$P\{母亲得病|孩子得病\}=0.5$,$P\{父亲得病|母亲及孩子得病\}=0.4$.

求母亲及孩子得病但父亲未得病的概率.

7. 为了防止意外,在矿井内同时设有甲、乙两种报警系统,每种系统单独使用时,甲系统的有效概率为 0.92,乙系统为 0.93,在甲系统失灵的情况下,乙系统仍有有效概率为 0.85.求:

(1) 发生意外时,这两个报警系统至少有一个有效的概率;

(2) 在乙系统失灵的条件下,甲系统仍有有效的概率.

8. 某学生为找一份新工作希望她的导师提供一份推荐信.她估计如果有一份好的推荐信就有 80% 的机会得到新工作,一般的推荐信有 40% 的机会得到新工作,差的推荐信有 10% 的机会得到新工作.她又估计得到推荐信是好的、一般的、差的概率分别是 0.7,0.2,0.1.问:

(1) 她有多大可能得到新工作?

(2) 已知她得到新工作,收到好的推荐信有多大可能?

(3) 已知她没有得到新工作,她收到差的推荐信的可能有多大?

§1.5　事件的独立性

1.5.1　事件的独立性

设 A,B 是两个事件,根据上节例子可以看出,一般来说 $P(A|B)\neq P(A)$,这表明事件 B 的发生提供了一些信息影响了事件 A 发生的概率. 但是在有些实际问题中 $P(A)$ 与 $P(A|B)$ 是相等的,这种情况表明事件 A 发生的概率不受"事件 B 已发生"这个附加条件影响,也称事件 A 与 B 是**相互独立的**.

【引例】　假设试验 E 为"掷两次硬币,观测正反面情况",事件 $A=\{$第一次出现正面$\}$, $B=\{$第二次出现正面$\}$. E 的样本空间为

$$S=\{正正,正反,反正,反反\}.$$

根据古典概型的计算公式得

$$P(A)=P(B)=\frac{2}{4}=\frac{1}{2},$$

$$P(B|A)=\frac{1}{2},P(AB)=\frac{1}{4}.$$

在此,我们看到 $P(B|A)=P(B)$. 事实上,生活的常识也告诉我们,两次出现正面是相互没有影响的. 这时,由乘法公式可知

$$P(AB)=P(A)P(B|A)=P(A)P(B).$$

由此引出下面的定义.

定义 1.6　对于事件 A 与 B,若

$$P(AB)=P(A)P(B)$$

成立,则称事件 A 与 B 是**相互独立的(mutual independence)**,简称**独立**.

【例 1.23】　设事件 A 与 B 相互独立,并且 $P(A)=0.5,P(B)=0.3$,求 $P(A\bigcup B)$.

解　$P(A\bigcup B)=P(A)+P(B)-P(AB)$
$$=P(A)+P(B)-P(A)P(B)=0.5+0.3-0.5\times 0.3=0.65.$$

在本题中,若不知道 A 与 B 相互独立,则 $P(A\bigcup B)$ 是求不出来的.

关于事件的独立性,有如下的定理.

定理 1.1　若四对事件 A 与 B, $\overline{A}$ 与 B, A 与 $\overline{B}$, $\overline{A}$ 与 $\overline{B}$ 中有一对是相互独立的,则另外三对也是相互独立的.

证明　不妨设 A 与 B 相互独立,则 $P(AB)=P(A)P(B)$.

(1) $P(B\overline{A})=P(B)-P(AB)=P(B)-P(A)P(B)=P(B)[1-P(A)]=P(B)P(\overline{A})$.
因此 $\overline{A}$ 与 B 相互独立.

(2) $P(A\overline{B})=P(A)-P(AB)=P(A)-P(A)P(B)=P(A)[1-P(B)]=P(A)P(\overline{B})$.
因此 A 与 $\overline{B}$ 相互独立.

(3) $\overline{A}$ 与 $\overline{B}$ 也是相互独立的,留作习题,请读者自己证明.

值得说明的是,在实际应用中,两个事件是否相互独立,我们往往从直觉上加以判断,如果两个事件发生与否,彼此间没有影响或者影响很弱,则认为这两个事件是相互独立的. 例

如,连续掷两颗骰子,可以从直觉上看出,这两颗骰子出现的点数是没有影响的,因而是相互独立的. 但是,在有些情况下只凭直觉来判别事件是否相互独立就比较困难了,此时需要从事件相互独立的定义出发进行验证,以下的例子说明了这一点.

【例1.24】 一个家庭中有 3 个小孩,假设事件 $A=\{$家中男孩女孩都有$\}$,事件 $B=\{$家中至多有一个女孩$\}$,问:

(1) 事件 A,B 是否相互独立?

(2) 当这个家庭有两个小孩时,事件 A,B 是否相互独立?

解 (1) 样本空间

$$S=\{(男男男),(男男女),(女男男),(男女男),(女女男),(女男女),(男女女),(女女女)\},$$
$$A=\{(男男女),(女男男),(男女男),(女女男),(女男女),(男女女)\},$$
$$B=\{(男男男),(男男女),(女男男),(男女男)\},$$

则

$$AB=\{恰好一个女孩\}=\{(男男女),(女男男),(男女男)\}.$$

因此

$$P(A)=\frac{6}{8},P(B)=\frac{4}{8},P(AB)=\frac{3}{8}.$$

所以 $P(AB)=\frac{3}{8}=\frac{6}{8}\times\frac{4}{8}=P(A)P(B)$. 因此 A,B 相互独立.

(2) 当这个家庭只有两个小孩的时候,样本空间 $S=\{(男男),(男女),(女男),(女女)\}$,则

$$A=\{(男女),(女男)\},$$
$$B=\{(男男),(男女),(女男)\},$$
$$AB=\{恰好一个女孩\}=\{(男女),(女男)\}.$$

因此

$$P(A)=\frac{2}{4},P(B)=\frac{3}{4},P(AB)=\frac{2}{4}.$$

由于不满足 $P(AB)=P(A)P(B)$,所以 A 与 B 不相互独立.

【例1.25】 在通常情况下,股市中有些股票的涨跌是相互独立的,有些股票是相互联系的. 根据股市的情况假设甲、乙两种股票上涨的概率分别是 0.9 和 0.8,某位股民决定购买这种股票,假设他们涨跌是相互独立的,求买入的股票至少有一种上涨的概率.

解 设 $A=\{$甲股票上涨$\}$,$B=\{$乙股票上涨$\}$,那么 $A\cup B=\{$至少有一种上涨$\}$. 因为 A 与 B 相互独立,所以,有

$$P(A\cup B)=P(A)+P(B)-P(AB)$$
$$=P(A)+P(B)-P(A)P(B)$$
$$=0.9+0.8-0.9\times0.8=0.98.$$

事件的独立与互不相容是两个不同的概念,互不相容表示两个事件不能同时发生,而独立则表示它们彼此不影响.

定义 1.7 设 A,B,C 是三个事件,如果满足:

$$P(AB) = P(A)P(B), P(BC) = P(B)P(C),$$
$$P(AC) = P(A)P(C), P(ABC) = P(A)P(B)P(C),$$

则称这三个事件 A, B, C **相互独立**.

事件的相互独立的概念可推广到多个事件的情形.

定义 1.8　设 $A_1, A_2, \cdots, A_n$ 是 n 个事件,若对任意 $k(1 < k \leqslant n)$,对任意 $1 \leqslant i_1 < i_2 < \cdots < i_k \leqslant n$,都有

$$P(A_{i_1} A_{i_2} \cdots A_{i_k}) = P(A_{i_1})P(A_{i_2}) \cdots P(A_{i_k}),$$

则称事件 $A_1, A_2, \cdots, A_n$ **相互独立**.

n 个事件相互独立,则必须满足 $(2^n - n - 1)$ 个等式.

若 $A_1, A_2, \cdots, A_n$ 相互独立,则将 $A_1, A_2, \cdots, A_n$ 中的任意多个事件换成它们的逆事件,所得的 n 个事件仍然相互独立,因此有:

(1) $P(A_1 A_2 \cdots A_n) = P(A_1)P(A_2) \cdots P(A_n)$;

(2) $P(A_1 \cup A_2 \cup \cdots \cup A_n) = 1 - P(\overline{A_1 \cup A_2 \cup \cdots \cup A_n}) = 1 - P(\overline{A_1} \cap \overline{A_2} \cap \cdots \cap \overline{A_n})$
$$= 1 - P(\overline{A_1})P(\overline{A_2}) \cdots P(\overline{A_n}).$$

【例 1.26】　张、王、赵三同学各自独立地去解一道数学难题,他们的解出的概率分别为 $1/5, 1/3, 1/4$,试求:(1) 恰有一人解出的概率;(2) 难题被解出的概率.

解　设 $A_1 = \{$张同学解出难题$\}$,$A_2 = \{$王同学解出难题$\}$,$A_3 = \{$赵同学解出难题$\}$,由题设知 A_1, A_2, A_3 相互独立.

(1) 令 $A = \{$恰有一人解出难题$\}$,则 $A = A_1 \overline{A_2} \overline{A_3} \cup \overline{A_1} A_2 \overline{A_3} \cup \overline{A_1} \overline{A_2} A_3$,故

$$P(A) = P(A_1 \overline{A_2} \overline{A_3} \cup \overline{A_1} A_2 \overline{A_3} \cup \overline{A_1} \overline{A_2} A_3)$$
$$= P(A_1 \overline{A_2} \overline{A_3}) + P(\overline{A_1} A_2 \overline{A_3}) + P(\overline{A_1} \overline{A_2} A_3)$$
$$= P(A_1)P(\overline{A_2})P(\overline{A_3}) + P(\overline{A_1})P(A_2)P(\overline{A_3}) + P(\overline{A_1})P(\overline{A_2})P(A_3)$$
$$= \frac{1}{5}\left(1 - \frac{1}{3}\right)\left(1 - \frac{1}{4}\right) + \left(1 - \frac{1}{5}\right)\frac{1}{3}\left(1 - \frac{1}{4}\right) + \left(1 - \frac{1}{5}\right)\left(1 - \frac{1}{3}\right)\frac{1}{4} = \frac{13}{30}.$$

(2) 令 $B = \{$难题被解出$\}$,则

$$P(B) = P(A_1 \cup A_2 \cup A_3)$$
$$= 1 - P(\overline{A_1})P(\overline{A_2})P(\overline{A_3})$$
$$= 1 - \left(1 - \frac{1}{5}\right)\left(1 - \frac{1}{3}\right)\left(1 - \frac{1}{4}\right) = \frac{3}{5}.$$

1.5.2　独立性和系统可靠性

元件的可靠性:对于一个元件,它能正常工作的概率称为元件的可靠性.

系统的可靠性:对于一个系统,它能正常工作的概率称为系统的可靠性.

【例 1.27】　设构成系统的每个元件的可靠性均为 $p(0 < p < 1)$,且各元件能否正常工作是相互独立的,如果 6 个元件分别按照 I 先串联后并联(见图 1-10)和 II 先并联后串联(见图 1-11)的两种连接方式构成两个系统,试求它们的可靠性,并且比较两个系统可靠性的大小.

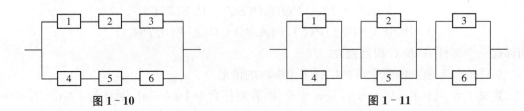

图 1 - 10　　　　　　　　　　　　　　　　图 1 - 11

解　假设 $A_i=\{$第 i 个元件正常工作$\}$,$i=1,2,3,4,5,6$,系统 I 的可靠性为

$p_1=P[(A_1A_2A_3)\bigcup(A_4A_5A_6)]=P(A_1A_2A_3)+P(A_4A_5A_6)-P(A_1A_2A_3A_4A_5A_6)$

$\quad=P(A_1)P(A_2)P(A_3)+P(A_4)P(A_5)P(A_6)-P(A_1)P(A_2)P(A_3)P(A_4)P(A_5)P(A_6)$

$\quad=p^3+p^3-p^6=p^3(2-p^3).$

系统 II 的可靠性为

$p_2=P\{(A_1\bigcup A_4)(A_2\bigcup A_5)(A_3\bigcup A_6)\}$

$\quad=P\{A_1\bigcup A_4\}P\{A_2\bigcup A_5\}P\{A_3\bigcup A_6\}$

$\quad=[P(A_1)+P(A_4)-P(A_1)P(A_4)][P(A_2)+P(A_5)-P(A_2)P(A_5)]\cdot$

$\quad\quad[P(A_3)+P(A_6)-P(A_3)P(A_6)]$

$\quad=(2p-p^2)(2p-p^2)(2p-p^2)=p^3(2-p)^3.$

因 $(2-p)^3=2-p^3+6(p-1)^2>2-p^3$,故 $p_2>p_1$.因此,系统 II 的可靠性 p_2 大于系统 I 的可靠性 p_1.

> **练习 1.5**　封面扫码查看参考答案　🔍

1. 已知事件 A 与 B 独立,且 $P(A)=p$,$P(B)=q$. 求 $P(A\bigcup B)$,$P(A\bigcup\overline{B})$,$P(\overline{A}\bigcup\overline{B})$.

2. 已知事件 A 与 B 独立,且 $P(\overline{A}\overline{B})=\dfrac{1}{9}$,$P(A\overline{B})=P(\overline{A}B)$. 求 $P(A)$,$P(B)$.

3. 三个人独立地去破译一份密码,已知各人能译出的概率分别为 $0.6,0.5,0.4$,问三个人中至少有一个人能将此密码译出的概率是多少?

4. 假若每个人血清中含有肝炎病毒的概率为 0.4%,混合 100 个人的血清,求此血清中含有肝炎病毒的概率.

5. 设有 4 个独立工作的元件 $1,2,3,4$,它们的可靠性分别为 p_1,p_2,p_3,p_4,,将它们分别按图(1)(2)方式连接,求系统的可靠性.

图(1)　　　　　　　　　　　　　　　　　图(2)

6. 若事件 A 与事件 B 相互独立,证明事件 $\overline{A}$ 与事件 $\overline{B}$ 也是相互独立的.

知识结构图

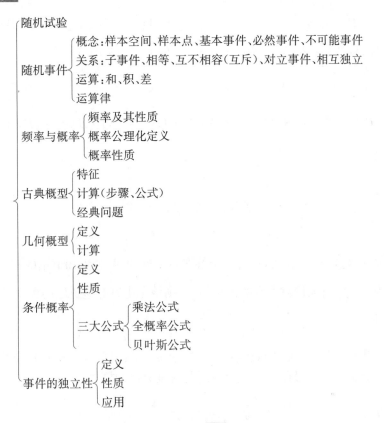

习 题 一

封面扫码查看参考答案

一、选择题

1. 甲、乙两人谈判,设事件 A,B 分别表示甲、乙无诚意,则 $\overline{A}\cup\overline{B}$ 表示　　　　（　　）

  A. 两人都无诚意　　　　　　　　　　B. 两人都有诚意

  C. 至少有一人无诚意　　　　　　　　D. 至少有一人有诚意

2. 设 A,B,C 表示三个随机事件,则 $\overline{ABC}$ 表示　　　　（　　）

  A. A,B,C 都发生　　　　　　　　　B. A,B,C 都不发生

  C. A,B,C 不都发生　　　　　　　　D. A,B,C 中至少有一个发生

3. 设 A,B 为两随机事件,且 $B\subset A$,则下列式子正确的是　　　　（　　）

  A. $P(A\cup B)=P(A)$　　　　　　　　B. $P(AB)=P(A)$

  C. $P(B|A)=P(B)$　　　　　　　　　D. $P(B-A)=P(B)-P(A)$

4. 设 A,B 为任意两个事件,则 $P(A-B)=$　　　　（　　）

  A. $P(A)-P(B)$　　　　　　　　　　B. $P(A)-P(B)+P(AB)$

  C. $P(A)-P(AB)$　　　　　　　　　D. $P(A)+P(\overline{B})-P(A\overline{B})$

5. 设当事件 A,B 同时发生时 C 也发生,则 （　　）

    A. $P(C)=P(AB)$ B. $P(C)\leqslant P(A)+P(B)-1$

    C. $P(C)=P(A\cup B)$ D. $P(C)\geqslant P(A)+P(B)-1$

6. 若事件 A,B 互不相容,且 $P(A)=\dfrac{1}{4},P(B)=\dfrac{1}{8}$,则 $P(A-B)=$ （　　）

    A. $\dfrac{1}{4}$ B. $\dfrac{1}{2}$ C. $\dfrac{3}{4}$ D. $\dfrac{1}{8}$

7. 设 A,B 是样本空间中的两个事件,且 $P(A)=\dfrac{1}{4},P(B)=\dfrac{1}{3},P(A\cup B)=\dfrac{1}{2}$,则 $P(\overline{AB})=$ （　　）

    A. $\dfrac{11}{12}$ B. $\dfrac{5}{12}$ C. $\dfrac{7}{12}$ D. $\dfrac{1}{12}$

8. 一袋中有 6 个白球,4 个红球,任取两球都是白球的概率是 （　　）

    A. $\dfrac{1}{2}$ B. $\dfrac{1}{3}$ C. $\dfrac{1}{4}$ D. $\dfrac{1}{6}$

9. 一道选择题有 m 个答案,只有 1 个答案是正确的,某考生知道正确答案的概率为 p,乱猜的概率为 $1-p$,设他猜对答案的概率为 $\dfrac{1}{m}$,则该考生答对这道题的概率是 （　　）

    A. $p+\dfrac{1}{m}$ B. $p+\dfrac{1}{m}(1-p)$ C. $\dfrac{1}{m}(1-p)$ D. $p-\left(1-\dfrac{1}{m}\right)$

10. 已知男人中有 $p\%$ 是色盲患者,女人中有 $q\%$ 是色盲患者($p>q$),今从男、女人数相等的人群中随机选一人,恰好是色盲患者,则此人是男性的概率是 （　　）

    A. $\dfrac{q}{p+q}$ B. $\dfrac{q}{p-q}$ C. $\dfrac{p}{p+q}$ D. $pq(p+q)\%$

二、填空题

1. 设 A,B,C 为三事件,则事件"A 发生,而 B,C 不发生",可用 A,B,C 的运算关系表示为_____.

2. 一书架上有 5 本小说、3 本诗集以及 1 本字典,今随机选取 3 本,则选中 2 本小说和 1 本诗集的概率是_____.

3. 对目标进行射击,直至击中为止,设每次击中目标的概率为 p,则第 k 次才击中目标的概率为_____.

4. 假设 $P(A)=0.4,P(A\cup B)=0.7$,那么:

(1) 若 A 与 B 互不相容,则 $P(B)=$_____;

(2) 若 A 与 B 相互独立,则 $P(B)=$_____.

5. 随机地向半圆 $0<y<\sqrt{2ax-x^2}$（a 为正常数)内投掷一点,点落在半圆内任何区域的概率与区域的面积成正比,则原点和该点的连线与 x 轴的夹角小于 $\dfrac{\pi}{4}$ 的概率为_____.

三、解答题

1. 设事件 A,B 相互独立,A,C 互不相容,且

$$P(A)=\dfrac{1}{2},P(B)=\dfrac{1}{3},P(C)=\dfrac{1}{4},P(B|C)=\dfrac{1}{8},$$

试求 $P(A\cup B), P(C|A\cup B), P(AB|\overline{C})$.

2. 设 A,B 满足 $P(A)=\dfrac{1}{2}, P(B)=\dfrac{1}{3}$，且 $P(A|B)+P(\overline{A}|\overline{B})=1$，求 $P(A\cup B)$.

3. 100 件产品中有 10 件次品，现从中任取 5 件进行检验，求所取的 5 件产品中至多有 1 件次品的概率.

4. 设某人每次射击的命中率为 0.2，问必须进行多少次独立射击，才能使其至少命中 1 次的概率不小于 0.95?

5. 某建筑物按设计要求使用寿命超过 50 年的概率为 0.8，超过 60 年的概率为 0.7，若该建筑物已经历了 50 年，试求它在 10 年内坍塌的概率.

6. 系统由 n 个元件连接而成，设第 i 个元件正常工作的概率为 $p_i (i=1,2,\cdots,n)$，求：

(1) 当 n 个元件按串联方式连接时，系统正常工作的概率.

(2) 当 n 个元件按并联方式连接时，系统正常工作的概率.

7. 假设每个人的生日在任何月份内是等可能的. 已知某单位中至少有一个人的生日在一月份的概率不小于 0.96，问该单位至少有多少人?

8. 一位学生接连参加同一门课程的两次考试. 第一次考试及格的概率为 p，若第一次考试及格则第二次考试及格的概率也为 p；若第一次考试不及格则第二次考试及格的概率为 $\dfrac{p}{2}$.

(1) 若至少有一次考试及格，则他能取得某种资格，求他取得资格的概率.

(2) 若已知他第二次考试已经及格，求他第一次考试及格的概率.

9. 有朋自远方来访，他乘火车、轮船、汽车、飞机来的概率分别是 0.3, 0.2, 0.1, 0.4. 已知他乘火车、轮船、汽车来的话，迟到的概率分别是 $\dfrac{1}{4}, \dfrac{1}{3}, \dfrac{1}{12}$，而乘飞机来，则不会迟到，结果他迟到了，试问他乘火车来的概率是多少?

10. 在套圈游戏中，甲、乙、丙每投一次套中的概率分别是 0.1, 0.2, 0.3. 已知三个人中某一个人投圈 4 次而套中 1 次，问此投圈者是谁的可能性最大?

11. 设有 n 个颜色互不相同的球，每个球都以概率 $\dfrac{1}{N}$ 分别落在 $N (n\leqslant N)$ 个盒子中，且每个盒子能容纳的球数是没有限制的. 试求下列事件的概率：

(1) $A=\{$指定的 1 个盒子中没有球$\}$；

(2) $B=\{$指定的 n 个盒子中各有一个球$\}$；

(3) $C=\{$恰有 n 个盒子中各有一个球$\}$；

(4) $D=\{$指定的 1 个盒子中恰有 m 个球$\} (m\leqslant n)$.

12. (匹配问题) 某人写了 n 封信给不同的 n 个人，并在 n 个信封上写好了各人的地址，现在每个信封里随意地塞进一封信，试求至少有一封信放对了信封的概率.

排列、组合 公式

1. 全部排列组合公式的推导基于下列两条原理

乘法原理 若进行 A_1 过程有 n_1 种方法,进行 A_2 过程有 n_2 种方法,则进行 A_1 过程后再接着进行 A_2 过程共有 $n_1 \times n_2$ 种方法.

加法原理 若进行 A_1 过程有 n_1 种方法,进行 A_2 过程有 n_2 种方法,假定 A_1 过程与 A_2 过程是并行的,则进行过程 A_1 和过程 A_2 的方法共有 (n_1+n_2) 种.

2. 排列

从包含有 n 个元素的总体中取出 r 个来进行排列,这时既要考虑到取出的元素也要顾及其取出顺序.

这种排列可分为两类:第一种是有放回的选取,这时每次选取都是在全体元素中进行,同一元素可被重复选中;另一种是不放回选取,这时一个元素一旦被取出便立刻从总体中除去,因此每个元素至多被选中一次,在后一种情况,必有 $r \leqslant n$.

(1) 在有放回选取中,从 n 个元素中取出 r 个元素进行排列,这种排列称为有重复的排列,其总数共有 n^r 种.

(2) 在不放回选取中,从 n 个元素中取出 r 个元素进行排列,其总数为

$$P_n^r = n(n-1)(n-2)\cdots(n-r+1).$$

这种排列称为选排列. 特别当 $r=n$ 时,称为全排列.

(3) n 个元素的全排列数为 $P_n = n(n-1)(n-2)\cdots \times 3 \times 2 \times 1 = n!$

3. 组合

(1) 从 n 个元素中取出 r 个元素而不考虑其顺序,称为组合,其总数为

$$C_n^r = \frac{P_n^r}{r!} = \frac{n(n-1)(n-2)\cdots(n-r+1)}{r!} = \frac{n!}{r!(n-r)!}.$$

(2) 分组:若 $r_1+r_2+\cdots+r_k=n$,把 n 个不同的元素分成 k 个部分,第一部分 r_1 个,第二部分 r_2 个……第 k 部分 r_k 个,则不同的分法有 $\dfrac{n!}{r_1! \cdot r_2! \cdots r_k!}$ 种.

4. 排列、组合常用公式

(1) $C_n^m = C_n^{n-m}$.

(2) $C_{n+1}^m = C_n^m + C_n^{m-1}$.

约定:$0!=1$;当 $m>n$ 时,$C_n^m=0$.

(3) $mC_n^m = nC_{n-1}^{m-1}$.

科尔莫戈罗夫(A. N. Kolmogorov,1903—1987)

封面扫码,
带你走进统计学家的传记人生

第 2 章

随机变量及其分布

客观世界充满了随机现象.通过第1章的学习,我们初步了解到随机现象背后隐藏着统计规律,并且从概率的角度对随机事件进行了初步分析.为了更加深入揭示随机现象背后的规律,需要把随机试验的结果数量化,从数量角度来研究随机现象的统计规律性.为此,本章引入"随机变量"这一概念,并考察其分布情况.

§2.1 随机变量与随机变量函数

2.1.1 随机变量

许多随机试验,其结果可以直接用数来表示.例如,公交车站某个时刻的候车人数,产品抽样中出现的次品数,其样本空间 S 的每一个样本点 e 都是实数.

但有些则不是这样.例如,抛硬币的试验,其结果是"正面"和"反面",样本点 e 不再是一个数.这种表示的方式对分析随机试验的结果有很大的局限性.为了全面研究随机试验的结果,利用微积分等数学工具揭示随机现象的统计规律性,我们将随机试验的结果,即将 S 的每个样本点 e 与实数对应起来,使其数量化.

定义 2.1 设随机试验的样本空间为 S,若对于 S 中每一个样本点 e,都有唯一的实数 $X(e)$ 与之对应,则称 $X(e)$ 为**随机变量**(**random variable**),简记为 X.

样本点 e 与实数 $X = X(e)$ 的对应关系如图 2-1 所示.

随机变量 X 可以看成是定义在样本空间上的函数,它的取值依赖样本点.由于在每次试验前试验的结果是不能确定、无法预测的,即这个变量的取值是具有随机性的,所以称这个变量为随机变量.通常用字母 X,Y,Z 等表示.

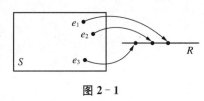

图 2-1

随机变量的取值随试验的结果而定,而各个试验结果的出现具有一定的概率,因此随机变量的取值也就有一定的概率.这些性质说明随机变量不是普通的函数,它与普通函数有着本质的区别.

【例 2.1】 观察一次投篮,有两种可能结果:投中与未投中.投中时,令 $X(e)=1$;未投中时,令 $X(e)=0$.即

$$X = X(e) = \begin{cases} 1, & e = \text{"投中"}, \\ 0, & e = \text{"未投中"}. \end{cases}$$

这样,试验的结果与实数对应起来,则 X 为随机变量,且 $\{X=1\}$ 对应于事件 $\{$一次投篮投中$\}$,而 $\{X=0\}$ 对应于事件 $\{$一次投篮未投中$\}$,于是

$$P\{X=1\}=P\{\text{一次投篮投中}\},P\{X=0\}=P\{\text{一次投篮未投中}\}.$$

【例 2.2】　将一枚硬币抛掷两次,观察出现正面和反面的情况. 样本空间是 $\{$正正,正反,反正,反反$\}$,若以 X 记两次抛掷得到正面的总数,那么对样本空间中的每一个样本点 e,X 都有一个实数与之对应,即

$$X=X(e)=\begin{cases}0,& e=\text{``反反''},\\ 1,& e=\text{``正反''或``反正''},\\ 2,& e=\text{``正正''},\end{cases}$$

则 X 为随机变量,且

$$P\{X=0\}=P\{\text{抛掷硬币出现``反反''}\},$$
$$P\{X=1\}=P\{\text{抛掷硬币出现``正反''或``反正''}\},$$
$$P\{X=2\}=P\{\text{抛掷硬币出现``正正''}\}.$$

【例 2.3】　已知 100 件产品中有 3 件次品,97 件正品. 任取 3 件,观察所取出产品中次品的件数. 样本空间 $S=\{0,1,2,3\}$,定义"$X=k$"为取到 k 件次品,$k=0,1,2,3$,则 X 为随机变量,且

$$P\{X=k\}=P\{\text{取到 }k\text{ 件次品}\},k=0,1,2,3.$$

【例 2.4】　观察公交车站某时刻的候车人数. 样本空间为 $S=\{0,1,2,\cdots\}$,定义"$X=k$"为有 k 个人候车,$k=0,1,2,\cdots$,则 X 为随机变量,且

$$P\{X=k\}=P\{\text{有 }k\text{ 个人候车}\},k=0,1,2,\cdots$$

【例 2.5】　观察某种型号的灯泡的寿命,其样本空间 $S=\{t|t\geqslant0\}$,定义"$X=t$"为所观察的灯泡的寿命,则 X 是随机变量,且

$$P\{X\leqslant t_0\}=P\{\text{灯泡的寿命不超过 }t_0\}.$$

【例 2.6】　向区间 $[0,a]$ 上任意投点,用 X 表示这个点的坐标,则 X 是随机变量,且
$$P\{0\leqslant X\leqslant x_0\}=P\{\text{点的坐标介于 0 和 }x_0\text{ 之间}\}.$$

【例 2.7】　测量某学校学生的平均身高. 若该校最高的学生身高为 1.9 m,最矮的身高为1.5 m. 现随机抽取若干名学生进行测量. 如果用 X 表示测量得到的该校学生的平均身高,则 X 是随机变量,且其所有可能取值都在区间 $[1.5,1.9]$ 上.

随机变量依其取值的特点,可以分为离散型和非离散型两类. 若随机变量的可能取值为有限个或可列无限个,则称其为离散型随机变量. 其特点是随机变量可能取的值可以一一列举出来,如例 1～4. 否则,称为非离散型随机变量. 非离散型随机变量包括的范围很广,情况比较复杂,其中最重要的是实际中常遇到的连续型随机变量,如例 5～7. 现在我们主要讨论离散型随机变量和连续型随机变量.

2.1.2　随机变量的函数

在实际问题中,不仅要研究随机变量,而且往往还要研究随机变量的函数. 例如,电影院每放映一场电影所售出的票数 X 是一个随机变量,而放映一场电影的收入 $Y=kX(k$ 是票价$)$就是售出票数 X 的函数,它当然也是一个随机变量. 又如,圆柱的直径 D 的测量值是一

个随机变量,其截面积 $S=\dfrac{1}{4}\pi D^2$ 就是直径 D 的函数,也是 个随机变量.

定义 2.2 设 X 为随机变量,$y=g(x)$ 是已知函数,则称 $Y=g(X)$ 是随机变量 X 的函数,Y 也是一个随机变量.

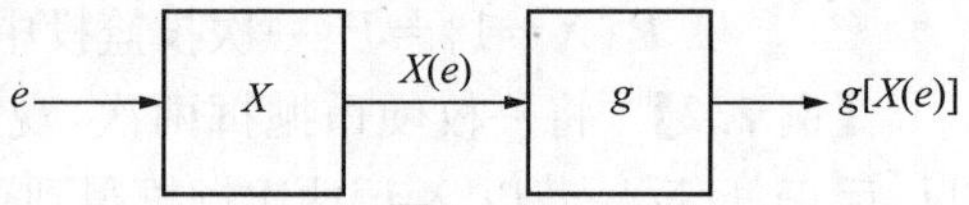

图 2-2

例如,若 X 是随机变量,则 $\sin X^2,e^X$,$2X^3+1,\dfrac{1}{X}$ 等都是随机变量的函数,从而也是随机变量.

事实上,随机变量的函数是样本点 e 的复合函数,对于任一个样本点 e,都有 $g[X(e)]$ 与之对应. 如图 2-2 所示.

> 练习 2.1　封面扫码查看参考答案

1. 随机变量与普通函数有何区别?引入随机变量有何意义?
2. 试写出几个随机变量.
3. 试写出几个随机变量的函数.

§2.2　随机变量的分布函数

研究随机变量时,常会提出下面的问题:随机变量 X 小于给定的 x,或者落在区间 $(x_1,x_2]$ 的概率是多少?例如上节中的例 5,6.为了解决此类问题,下面引入分布函数的概念.

2.2.1　分布函数的定义

定义 2.3 设 X 是随机变量,x 是任意实数,则函数
$$F(x)=P\{X\leqslant x\}$$
称为随机变量 X 的**分布函数**(**distribution function**).

如果把 x 看成是数轴上的点,则 X 的分布函数 $F(x)$ 表示 X 的可能取值落在区间 $(-\infty,x]$ 的概率.如图 2-3 所示,它表示随机变量取值落在数轴阴影部分的概率.它随着 x 的取值不同而变化.

由定义可知,X 的分布函数是定义在 $(-\infty,+\infty)$ 的实函数,X 的取值落在任一区间的概率可以用分布函数表示出来.例如:

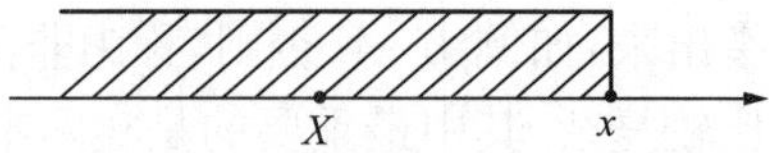

图 2-3

(1) X 的取值落在区间 $(x,+\infty)$ 的概率为 $P\{X>x\}$.

由于事件 $\{X>x\}$ 和 $\{X\leqslant x\}$ 互为对立事件,所以
$$P\{X>x\}=1-P\{X\leqslant x\}=1-F(x). \tag{2-1}$$

(2) X 的取值落在区间 $(x_1,x_2]$ $(x_1<x_2)$ 的概率为

$$P\{x_1 < X \leqslant x_2\} = P\{X \leqslant x_2\} - P\{X \leqslant x_1\} = F(x_2) - F(x_1). \tag{2-2}$$

（3）X 的取值落在区间 $[x_1, x_2]$（$x_1 < x_2$）的概率为

$$P\{x_1 \leqslant X \leqslant x_2\} = F(x_2) - F(x_1) + P\{X = x_1\}. \tag{2-3}$$

2.2.2　分布函数的性质

分布函数 $F(x)$ 具有下列性质：

1° **单调性**　若 $x_1 < x_2$，则 $F(x_1) \leqslant F(x_2)$．

证明　对于任意的实数 x_1, x_2（$x_1 < x_2$），有

$$F(x_2) - F(x_1) = P\{x_1 < X \leqslant x_2\} \geqslant 0,$$

所以 $F(x_1) \leqslant F(x_2)$．

2° **有界性**　$0 \leqslant F(x) \leqslant 1$，且

$$F(-\infty) = \lim_{x \to -\infty} F(x) = 0, \quad F(+\infty) = \lim_{x \to +\infty} F(x) = 1.$$

分布函数 $F(x) = P\{X \leqslant x\}$ 表示 X 的可能取值落在区间 $(-\infty, x]$ 的概率，因为概率的取值范围为 $[0, 1]$，因此 $0 \leqslant F(x) \leqslant 1$．

在图 2-3 中，将区间端点 x 沿数轴无限向左移动（即 $x \to -\infty$），则随机变量 X 落在点 x 左边这一事件不包含任何样本点，即为不可能事件，从而其概率趋于 0，即 $F(-\infty) = 0$；又若将区间端点 x 沿数轴无限向右移动（即 $x \to +\infty$），则随机变量 X 落在点 x 左边这一事件将包含所有样本点，趋于必然事件，从而其概率趋于 1，即 $F(+\infty) = 1$．

3° **右连续性**　$F(x+0) = F(x)$．

若实函数 $F(x)$ 满足以上三个性质，则 $F(x)$ 可以作为某个随机变量的分布函数．

【例 2.8】　在下列函数中，哪些可以作为随机变量的分布函数？

（1）$F(x) = \dfrac{1}{1+x^2}$；（2）$F(x) = \sin x$；（3）$F(x) = \dfrac{2}{\pi} \arctan x + 1$；

（4）$F(x) = \begin{cases} 0, & x \leqslant 0, \\ \dfrac{x}{1+x}, & x > 0. \end{cases}$

解　（1）因为函数 $F(x) = \dfrac{1}{1+x^2}$ 不是单调递增函数，不满足性质 1°，所以不能作为随机变量的分布函数；

（2）满足分布函数性质 3°，但 $\sin x$ 在 $(-\infty, +\infty)$ 不是一个单调递增函数，其取值区间 $[-1, 1]$，$F(-\infty)$ 和 $F(+\infty)$ 都不存在，不满足性质 1° 和 2°，所以不能作为随机变量的分布函数；

（3）满足分布函数性质 1° 和 3°，但 $F(+\infty) = 2 \neq 1$，不满足性质 2°，所以不能作为随机变量的分布函数；

（4）在 $(-\infty, +\infty)$，函数连续且是单调递增函数，$0 \leqslant F(x) \leqslant 1$，$F(-\infty) = \lim_{x \to -\infty} 0 = 0$，

$F(+\infty) = \lim_{x \to +\infty} \dfrac{x}{1+x} = 1$，满足分布函数的所有性质，所以可以作为随机变量的分布函数．

【例 2.9】　设随机变量 X 的分布函数为

$$F(x) = \begin{cases} 0, & x < 0, \\ A\sin x, & 0 \leqslant x \leqslant \dfrac{\pi}{2}, \\ 1, & x > \dfrac{\pi}{2}. \end{cases}$$

求:(1) 常数 A;(2) $P\left\{-1 < X \leqslant \dfrac{\pi}{3}\right\}$.

解 (1) 由分布函数在任意点右连续,故 $F\left(\dfrac{\pi}{2}+0\right) = F\left(\dfrac{\pi}{2}\right)$. 由于

$$F\left(\frac{\pi}{2}+0\right) = \lim_{x \to \frac{\pi}{2}+0} F(x) = 1, F\left(\frac{\pi}{2}\right) = A\sin\frac{\pi}{2} = A,$$

所以 $A = 1$.

(2) 由于 $A = 1$,所以

$$F(x) = \begin{cases} 0, & x < 0, \\ \sin x, & 0 \leqslant x \leqslant \dfrac{\pi}{2}, \\ 1, & x > \dfrac{\pi}{2}. \end{cases}$$

于是

$$P\left\{-1 < X \leqslant \frac{\pi}{3}\right\} = F\left(\frac{\pi}{3}\right) - F(-1) = \sin\frac{\pi}{3} - 0 = \frac{\sqrt{3}}{2}.$$

【例 2.10】 设随机变量 X 的分布函数为 $F(x) = A + B\arctan x, x \in (-\infty, +\infty)$,试求常数 A, B.

解 由分布函数的性质,由 $F(-\infty) = 0, F(+\infty) = 1$,所以

$$F(-\infty) = \lim_{x \to -\infty} F(x) = \lim_{x \to -\infty} (A + B\arctan x) = A - \frac{\pi}{2}B = 0,$$

$$F(+\infty) = \lim_{x \to +\infty} F(x) = \lim_{x \to +\infty} (A + B\arctan x) = A + \frac{\pi}{2}B = 1.$$

解上述方程组可得,$A = \dfrac{1}{2}, B = \dfrac{1}{\pi}$.

练习 2.2 封面扫码查看参考答案 🔍

1. 试说明随机变量分布函数的意义.

2. 若随机变量 X_1, X_2 的分布函数分别为 $F_1(x)$ 与 $F_2(x)$,则 a, b 取何值时,可使 $F(x) = aF_1(x) - bF_2(x)$ 为某随机变量的分布函数. ( )

A. $\dfrac{3}{5}, -\dfrac{2}{5}$ B. $\dfrac{2}{3}, \dfrac{2}{3}$ C. $-\dfrac{1}{2}, \dfrac{3}{2}$ D. $\dfrac{1}{2}, -\dfrac{3}{2}$

3. 分析下列函数中哪些是随机变量 X 的分布函数.

(1) $F_1(x) = \begin{cases} 0, & x < -2, \\ \dfrac{1}{2}, & -2 \leqslant x < 0, \\ 2, & x \geqslant 0; \end{cases}$

(2) $F_2(x) = \begin{cases} 0, & x < 0, \\ \sin x, & 0 \leqslant x < \pi, \\ 1, & x \geqslant \pi; \end{cases}$

(3) $F_3(x) = \begin{cases} 0, & x < 0, \\ x + \dfrac{1}{2}, & 0 \leqslant x < \dfrac{1}{2}, \\ 1, & x \geqslant \dfrac{1}{2}. \end{cases}$

4. 设随机变量 X 的分布函数为

$$F(x) = \begin{cases} A - Be^{-\lambda x}, & x > 0, \\ 0, & x \leqslant 0, \end{cases} \quad (\text{其中 } \lambda > 0).$$

求：(1) A, B；(2) $P\{-1 < X \leqslant 1\}$.

§2.3　离散型随机变量及其分布

2.3.1　离散型随机变量的分布律

在前两节的学习中,我们研究了随机变量及其分布函数,本节我们针对离散型随机变量展开讨论.

定义 2.4　设离散型随机变量 X 可能取值为 $x_1, x_2, \cdots, x_n, \cdots$,且 X 取这些值的概率为

$$P\{X = x_k\} = p_k, k = 1, 2, \cdots, n, \cdots$$

则称上述一系列等式为随机变量 X 的**分布律**(**the law of distribution**).

为了直观起见,有时将 X 的分布律用下表表示.

X	x_1	x_2	$\cdots$	x_n	$\cdots$
p_k	p_1	p_2	$\cdots$	p_n	$\cdots$

【例 2.11】　某人进行投篮,直到投中停止,假设每次命中率为 p,每次命中与否相互独立,令 X 表示停止时所投的次数,求 X 的分布律.

解　由题意知随机变量 X 的所有可能取值为 $1, 2, \cdots$,令 $A_i = \{$第 i 次投中$\}$,则

$$\begin{aligned} P\{X = k\} &= P(\overline{A_1}\,\overline{A_2}\cdots\overline{A_{k-1}}A_k) \\ &= P(\overline{A_1})P(\overline{A_2})\cdots P(\overline{A_{k-1}})P(A_k) \\ &= p\,(1-p)^{k-1}, k = 1, 2, \cdots \end{aligned}$$

所以随机变量 X 的分布律为

$$P\{X=k\}=p(1-p)^{k-1},k=1,2,\cdots$$

【例 2.12】 将 1 枚硬币掷 3 次,令 X 表示"出现的正面次数与反面次数之差",求 X 的分布律.

解 试验的样本点和随机变量 X 具有如下表对应关系.

样本点	正正正	正正反	正反正	反正正	反反正	反正反	正反反	反反反
X	3	1	1	1	-1	-1	-1	-3

因此,X 的所有可能取值为 $-3,-1,1,3$,并且分布律由下表给出.

X	-3	-1	1	3
p_k	$\dfrac{1}{8}$	$\dfrac{3}{8}$	$\dfrac{3}{8}$	$\dfrac{1}{8}$

离散型随机变量分布律计算的一般步骤:

第一步:根据随机试验确定随机变量的所有可能的取值 $x_1,x_2,\cdots,x_n,\cdots$;

第二步:针对每一个取值 x_i,计算出概率 $P\{X=x_i\}=p_i$;

第三步:将分布律表示出来.

由概率的定义知,离散型随机变量 X 的分布律具有以下两个性质:

1° 非负性 $p_k \geqslant 0,k=1,2,\cdots$

2° 归一性 $\displaystyle\sum_k p_k = 1$.

显然,例 11,12 中的分布律都是符合以上的两个性质的.

【例 2.13】 设随机变量 X 的分布律为

$$P\{X=n\}=c\left(\frac{1}{4}\right)^n,n=1,2,\cdots$$

求常数 c.

解 由随机变量分布律的性质可知

$$1=\sum_{n=1}^{\infty}P\{X=n\}=\sum_{n=1}^{\infty}c\left(\frac{1}{4}\right)^n,$$

此级数为等比级数,根据等比级数的求和公式得

$$1=\sum_{n=1}^{\infty}P\{X=n\}=\sum_{n=1}^{\infty}c\left(\frac{1}{4}\right)^n=c\cdot\frac{\dfrac{1}{4}}{1-\dfrac{1}{4}},$$

所以 $c=3$.

2.3.2 常用的离散型随机变量及其分布

下面介绍几种常用的离散型随机变量的分布律.

1. 0-1 分布

定义 2.5 如果随机变量 X 只可能取 0 和 1 两个值,且它的分布律为

$$P\{X=1\}=p, P\{X=0\}=1-p, 0<p<1,$$

则称 X 服从参数为 p 的 **0-1 分布（0-1 distribution）**或**两点分布**. 它的分布律也可以用下表表示.

X	0	1
p_k	$1-p$	p

【**例 2.14**】　设在一次随机试验 E 中, 只有两个结果 A 和 $\overline{A}$, 且

$$P(A)=p, P(\overline{A})=1-p=q.$$

设

$$X=\begin{cases} 1, & \text{若事件 } A \text{ 发生}, \\ 0, & \text{若事件 } A \text{ 不发生}, \end{cases}$$

则 X 服从参数为 p 的 0-1 分布. 具有上述特点的随机试验 E, 被称为 **Bernoulli 试验**, 它是概率统计中最基本也是最重要的一个模型.

在实际应用中, 很多问题都是符合 0-1 分布的模型. 例如, 在产品检验中, 当取得次品时, 随机变量 X 记为 0, 正品时记为 1, 则 X 服从 0-1 分布; 又如在统计出生人口性别时, 将出生男孩记为 1, 出生女孩记为 0, 显然也是一个 0-1 分布模型.

2. 二项分布

定义 2.6　如果随机变量 X 的分布律为

$$P\{X=k\}=C_n^k p^k (1-p)^{n-k}, k=0,1,2,\cdots,n,$$

则称随机变量 X 服从参数为 n, p 的**二项分布（binomial distribution）**, 记为 $X \sim b(n,p)$.

易验证 $P\{X=k\} \geqslant 0, k=0,1,2,\cdots,n; \sum\limits_{k=0}^{n} P\{X=k\}=1$.

【**例 2.15**】　如果我们将 Bernoulli 试验独立重复地进行 n 次, 则我们称之为 **n 重 Bernoulli 试验**, 设在每次试验中

$$P(A)=p, P(\overline{A})=1-p=q.$$

令 X 表示在这 n 重 Bernoulli 试验中事件 A 发生的次数, 求 X 的分布律.

解　随机变量 X 所有可能的取值为 $0,1,2,\cdots,n$. 令 $A_i=\{$第 i 次试验中事件 A 发生$\}$, $i=1,2\cdots,n$, 显然 A_i 是相互独立的.

现在求 $P\{X=k\}, k=0,1,2,\cdots n$.

假设指定 k 次 A 发生, 其余 $n-k$ 次 A 不发生, 例如指定前 k 次发生, 后 $n-k$ 次不发生, 即 $A_1 A_2 \cdots A_k \overline{A_{k+1}} \cdots \overline{A_n}$, 它的概率是

$$\underbrace{p \cdot p \cdots p}_{k\text{个}} \cdot \underbrace{(1-p)(1-p) \cdots (1-p)}_{n-k\text{个}} = p^k (1-p)^{n-k}.$$

这种指定的方式共有 C_n^k 种, 且是两两互不相容的, 因此在 n 重 Bernoulli 试验中事件 A 发生 k 次的概率为 $C_n^k p^k (1-p)^{n-k}$, 即

$$P\{X=k\}=C_n^k p^k (1-p)^{n-k}, k=0,1,2,\cdots,n.$$

从中可以看出随机变量 $X \sim b(n,p)$.

【例 2.16】 一张考卷上有 5 道选择题,每道题列出 4 个可能答案,其中只有一个答案是正确的.某学生靠猜测至少能答对 4 道题的概率是多少?

解 每答一道题相当于做一次 Bernoulli 试验,则答 5 道题相当于做 5 重 Bernoulli 试验.令 $A=\{$答对一道题$\}$,则 $P(A)=\dfrac{1}{4}$.

设 X 表示答对的题目数,则 $X \sim b\left(5,\dfrac{1}{4}\right)$,所以

$$P\{至少能答对 4 道题\}=P\{X \geqslant 4\}=P\{X=4\}+P\{X=5\}$$
$$=C_5^4\left(\frac{1}{4}\right)^4 \cdot \frac{3}{4}+\left(\frac{1}{4}\right)^5=\frac{1}{64}=0.015625.$$

3. 泊松分布

定义 2.7 如果随机变量 X 所有可能取的值为 $0,1,2,\cdots$,它取各个值的概率为

$$P\{X=k\}=\frac{\lambda^k}{k!}e^{-\lambda},k=0,1,2,\cdots$$

其中 $\lambda>0$ 是常数,则称 X 服从参数为 λ 的**泊松分布(Poisson distribution)**,记为 $X \sim P(\lambda)$.

易验证 $P\{X=k\} \geqslant 0,k=0,1,2,\cdots;\displaystyle\sum_{k=0}^{+\infty} P\{X=k\}=1$.

泊松分布也是一个典型的离散型分布,由法国数学家泊松(1837 年)提出,常用于单位时间或单位空间内某事件发生次数的分布.例如,某段时间内电话机接到的呼唤次数,候车的乘客数,放射性物质在某段时间内放射的粒子数,纺纱机的断头数,某页书上的印刷错误的个数,某少见病的患者数的分布等等.泊松分布中的参数 λ,对于不同实际问题取不同的值,取值的多样性决定应用的广泛性.

【例 2.17】 某商店出售某种商品.根据经验,此商品的月销售量 X 服从 $\lambda=3$ 的泊松分布.问在月初进货时要库存多少件此种商品,才能以 99% 的概率满足顾客要求?

解 设月初库存 M 件,依题意

$$P\{X=k\}=\frac{3^k}{k!}e^{-3},k=0,1,2,\cdots$$

则

$$P\{X \leqslant M\}=\sum_{k=0}^{M}\frac{3^k}{k!}e^{-3} \geqslant 0.99.$$

查附录附表 3 可知,M 最小应是 8,即月初进货时要库存 8 件此种商品,才能以 99% 的概率满足顾客要求.

【例 2.18】 假设一个人在一年内感冒的次数服从参数 $\lambda=5$ 的泊松分布,现在有一种感冒药,它对 30% 的人来讲,上述参数 λ 降为 1(疗效显著),对于 45% 的人来讲参数 λ 降为 4(疗效一般),对于其余 25% 的人来讲,是无效的.现在某人服用此药一年,得了 3 次感冒,求药品对他疗效显著的概率.

解 设 $A_1=\{$该药物疗效显著$\}$,$A_2=\{$该药物疗效一般$\}$,$A_3=\{$该药物无效$\}$,$B=\{$此人在一年中得 3 次感冒$\}$,则由贝叶斯公式得

$$P(A_1 \mid B) = \frac{P(A_1)P(B \mid A_1)}{P(A_1)P(B \mid A_1) + P(A_2)P(B \mid A_2) + P(A_3)P(B \mid A_3)}$$

$$= \frac{0.30 \times \frac{1^3}{3!}\mathrm{e}^{-1}}{0.30 \times \frac{1^3}{3!}\mathrm{e}^{-1} + 0.45 \times \frac{4^3}{3!}\mathrm{e}^{-4} + 0.25 \times \frac{5^3}{3!}\mathrm{e}^{-5}} = 0.1301.$$

2.3.3　离散型随机变量的分布函数

在 §2.2 中,我们学习了随机变量的分布函数的定义,下面我们来研究离散型随机变量的分布函数.

设随机变量 X 的分布律为

$$P\{X = x_k\} = p_k, k = 1, 2, \cdots, n, \cdots$$

则根据分布函数的定义有

$$F(x) = P\{X \leqslant x\} = \sum_{x_i \leqslant x} P\{X = x_i\} = \sum_{x_i \leqslant x} p_i.$$

它的函数图像如图 2-4 所示.

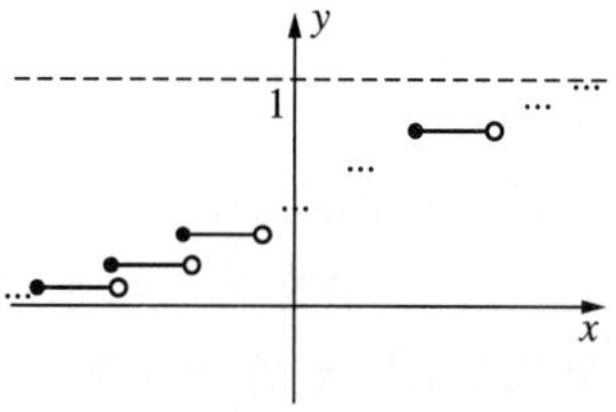

图 2-4

【**例 2.19**】　某类灯泡使用时数在 1000 h 以上的概率是 0.2,用 X 表示 3 个灯泡在使用中寿命超过 1000 h 的个数,求 X 的分布函数.

解　根据题意易知 $X \sim b(3, 0.2)$,则 X 的分布律由下表给出.

X	0	1	2	3
p_k	0.512	0.384	0.096	0.008

它的分布函数为

$$F(x) = \begin{cases} 0, & x < 0, \\ 0.512, & 0 \leqslant x < 1, \\ 0.896, & 1 \leqslant x < 2, \\ 0.992, & 2 \leqslant x < 3, \\ 1, & x \geqslant 3. \end{cases}$$

练习 2.3　封面扫码查看参考答案 🔍

1. 二项分布的背景问题是什么?举例说明.

2. 随机变量 X 的分布律由下表给出.

X	1	2	3
p_k	a	$a^2 + a$	$7a^2$

求参数 a.

3. (1) 随机变量 X 的分布律由下表给出.

X	0	1	2
p_k	0.2	0.7	0.1

求 X 的分布函数 $F(x)$,并且画出分布函数的图像.

(2) 已知随机变量 Y 的分布函数为

$$F(y)=\begin{cases} 0, & y<-1, \\ 0.6, & -1\leqslant y<1, \\ 0.8, & 1\leqslant y<3, \\ 1, & y\geqslant 3, \end{cases}$$

求 Y 的分布律.

4. 一批产品分一、二、三级,其中一级品是二级品的 2 倍,三级品是二级品的 $\frac{1}{2}$,从这批产品中随机地抽取一个检验质量,用随机变量描述检验的可能结果,并写出其分布律.

5. 盒中有 5 个红球,3 个白球,无放回地每次取一球,直到取得红球为止.用 X 表示抽取次数,求 X 的分布律,并计算 $P\{1<X\leqslant 3\}$.

6. 一大楼装有 5 台同类型的供水设备.设每台设备是否被使用相互独立.调查表明在任一时刻 t 每台设备被使用的概率为 0.1.问在同一时刻:

(1) 恰有 2 台设备被使用的概率是多少?

(2) 至少有 3 台设备被使用的概率是多少?

(3) 至多有 3 台设备被使用的概率是多少?

(4) 至少有 1 台设备被使用的概率是多少?

7. 已知一电话交换台每分钟接到的呼唤次数服从参数为 4 的泊松分布.求:

(1) 每分钟恰有 8 次呼唤的概率;

(2) 每分钟呼唤次数大于 8 的概率.

8. 设随机变量 X 服从泊松分布,且 $P\{x=1\}=P\{x=2\}$,求 $P\{x=4\}$.

9. 进行重复独立试验,设每次试验成功的概率为 p,失败的概率为 $q=1-p(0<p<1)$.

(1) 将试验进行到出现一次成功为止,以 X 表示所需的试验次数,求 X 的分布律.(此时称 X 服从以 p 为参数的几何分布)

(2) 将试验进行到出现 r 次成功为止,以 Y 表示所需的试验次数,求 Y 的分布律.(此时称 Y 服从以 r,p 为参数的巴斯卡分布或负二项分布)

(3) 一篮球运动员的投篮命中率为 45%.以 X 表示他首次投中时累计已投篮的次数,写出 X 的分布律,并计算 X 取偶数的概率.

§2.4 连续型随机变量及其分布

【引例】 (1) 古代寓言故事"守株待兔"中,盼望兔子来撞树的等待时间;

(2) 在 §1.3 几何概型的"约会问题"中,男生的等待时间;

(3) 在精密仪器生产过程中,零件尺寸的误差;

（4）在系统可靠性问题中,电子元件出现故障的时刻,或者电子元件使用的寿命.

仔细分析这几个问题,可以发现无论是等待时间、误差,还是寿命,它们有共同特点,取值不再是离散的,这些取值或者在某个有限区间 $[a,b]$ 内,或者在 $(-\infty,\infty)$ 上.下面来讨论这样一种类型的随机变量.

2.4.1　连续型随机变量的概率密度

定义 2.8　对于随机变量 X 的分布函数 $F(x)$,如果存在非负函数 $f(x)$,对任意实数 x 都有

$$F(x)=\int_{-\infty}^{x}f(t)\mathrm{d}t,\tag{2-4}$$

则称 X 为**连续型随机变量**(continuous random variable),其中 $f(x)$ 称为 X 的**概率密度函数**(probability density function),简称**概率密度**.

下面从数学角度来分析函数 $F(x)$ 和 $f(x)$ 的一些性质.

观察(2-4)式,分布函数 $F(x)$ 作为函数 $f(x)$ 的积分,由微积分知识可知,$F(x)$ 是连续函数.也就是说,连续型随机变量 X 的分布函数 $F(x)$ 是连续函数.

根据定义 2.8 知道,概率密度函数 $f(x)$ 有以下性质:

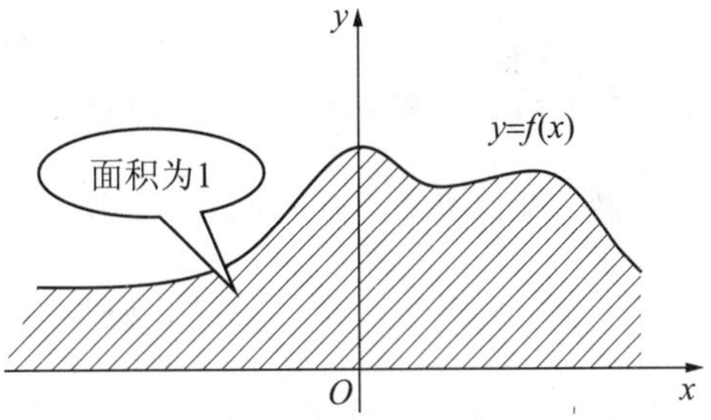

图 2-5

1° **非负性**　$f(x)\geqslant 0,\forall x\in\mathbb{R}$.

2° **规范性**　$\int_{-\infty}^{+\infty}f(t)\mathrm{d}t=1$.

由性质 2° 可知,介于曲线 $y=f(x)$ 与 Ox 轴之间的面积等于1(见图 2-5).

3° $\forall x_1,x_2\in\mathbb{R}(x_1\leqslant x_2)$,有 $P\{x_1<X\leqslant x_2\}=F(x_2)-F(x_1)=\int_{x_1}^{x_2}f(t)\mathrm{d}t$.

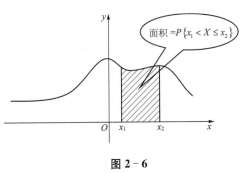

图 2-6

由性质 3° 可知,X 落在区间 $(x_1,x_2]$ 的概率 $P\{x_1<X\leqslant x_2\}$ 等于区间 $(x_1,x_2]$ 上曲线 $y=f(x)$ 之下的曲边梯形的面积(见图 2-6).这里的 x_1,x_2 可以取一般实数,也可以是 $+\infty$ 或者 $-\infty$,即

$$P\{X>x_1\}=P\{x_1<X<+\infty\}=\int_{x_1}^{+\infty}f(x)\mathrm{d}x,$$

$$P\{X\leqslant x_2\}=P\{-\infty<X\leqslant x_2\}=\int_{-\infty}^{x_2}f(x)\mathrm{d}x.$$

4° 若 $f(x)$ 在 x 处连续,则有 $F'(x)=f(x)$.

在 $f(x)$ 的连续点 x 处,由性质 4° 有

$$f(x)=\lim_{\Delta x\to 0+}\frac{F(x+\Delta x)-F(x)}{\Delta x}$$

$$= \lim_{\Delta x \to 0+} \frac{P\{x < X \leqslant x + \Delta x\}}{\Delta x}.$$

5° 对于任何连续型随机变量 X，都有 $P\{X=a\}=0, \forall a \in \mathbb{R}$.

对于性质 5°，事实上，$\Delta x > 0$ 时，事件 $\{X=a\} \subset \{a - \Delta x < X \leqslant a\}$，故

$$0 \leqslant P\{X=a\} \leqslant P\{a - \Delta x < X \leqslant a\} = F(a) - F(a - \Delta x),$$

在上述等式中令 $\Delta x \to 0$，并且由连续型随机变量的分布函数 $F(x)$ 是连续函数，可知 $P\{X=a\}=0, \forall a \in \mathbb{R}$.

结合性质 3° 和 5°，我们可以得到 $\forall x_1, x_2 \in \mathbb{R} (x_1 \leqslant x_2)$，则

$$P\{x_1 < X \leqslant x_2\} = P\{x_1 \leqslant X < x_2\} = P\{x_1 \leqslant X \leqslant x_2\} = P\{x_1 < X < x_2\}$$

【例 2.20】 设连续型随机变量的概率密度函数

$$f(x) = \begin{cases} kx, & 0 \leqslant x < 3, \\ 2 - \dfrac{x}{2}, & 3 \leqslant x \leqslant 4, \\ 0, & \text{其他.} \end{cases}$$

(1) 确定常数 k；(2) 求 X 的分布函数 $F(x)$；(3) 求 $P\left\{1 < X \leqslant \dfrac{7}{2}\right\}$.

解 (1) 由 $\int_{-\infty}^{+\infty} f(x)\mathrm{d}x = 1$，得

$$\int_0^3 kx\,\mathrm{d}x + \int_3^4 \left(2 - \frac{x}{2}\right)\mathrm{d}x = 1,$$

于是 $k = \dfrac{1}{6}$，X 的概率密度为

$$f(x) = \begin{cases} \dfrac{x}{6}, & 0 \leqslant x < 3, \\ 2 - \dfrac{x}{2}, & 3 \leqslant x \leqslant 4, \\ 0, & \text{其他.} \end{cases}$$

(2) X 的分布函数为

$$F(x) = \int_{-\infty}^x f(t)\mathrm{d}t = \begin{cases} \displaystyle\int_{-\infty}^x 0\,\mathrm{d}t, & x < 0, \\ \displaystyle\int_{-\infty}^0 0\,\mathrm{d}t + \int_0^x \frac{t}{6}\,\mathrm{d}t, & 0 \leqslant x < 3, \\ \displaystyle\int_{-\infty}^0 0\,\mathrm{d}t + \int_0^3 \frac{t}{6}\,\mathrm{d}t + \int_3^x \left(2 - \frac{t}{2}\right)\mathrm{d}t, & 3 \leqslant x < 4, \\ 1, & x \geqslant 4. \end{cases}$$

即

$$F(x) = \begin{cases} 0, & x < 0, \\ \dfrac{1}{12}x^2, & 0 \leqslant x < 3, \\ -\dfrac{1}{4}x^2 + 2x - 3, & 3 \leqslant x < 4, \\ 1, & x \geqslant 4. \end{cases}$$

(3) $P\left\{1<X\leqslant\dfrac{7}{2}\right\}=F\left(\dfrac{7}{2}\right)-F(1)=-\dfrac{1}{4}\times\left(\dfrac{7}{2}\right)^2+2\times\dfrac{7}{2}-3-\dfrac{1}{12}=\dfrac{41}{48}.$

【例 2.21】 已知某电子元件的寿命 X(单位:h)的概率密度函数为

$$f(x)=\begin{cases}\dfrac{a}{x^2},&x>1000,\\0,&\text{其他}.\end{cases}$$

(1) 确定常数 a;

(2) 1 只这种电子元件寿命大于 1500 h 的概率 p 为多少?

(3) 在一批这种元件(元件是否损坏相互独立)中,取出 5 只,其中至少有 2 只寿命大于 1500 h 的概率是多少?

解 (1) 由 $\displaystyle\int_{-\infty}^{+\infty}f(x)\mathrm{d}x=1$,得 $\displaystyle\int_{1000}^{+\infty}\dfrac{a}{x^2}\mathrm{d}x=1$,于是 $a=1000$.

(2) 1 只这种电子元件寿命大于 1500 h 的概率

$$p=P\{X>1500\}=\int_{1500}^{+\infty}\dfrac{1000}{x^2}\mathrm{d}x=\dfrac{2}{3}.$$

(3) 设 Y 表示这 5 只元件中寿命大于 1500 小时的元件只数,则 $Y\sim b\left(5,\dfrac{2}{3}\right)$,至少有 2 只寿命大于 1500 h 的概率为

$$\begin{aligned}P\{Y\geqslant2\}&=1-P\{Y<2\}\\&=1-P\{Y=0\}-P\{Y=1\}\\&=1-C_5^0\left(\dfrac{2}{3}\right)^0\left(\dfrac{1}{3}\right)^5-C_5^1\left(\dfrac{2}{3}\right)^1\left(\dfrac{1}{3}\right)^4=\dfrac{232}{243}.\end{aligned}$$

2.4.2　常用的连续型随机变量及其分布

1. 均匀分布

定义 2.9 若连续型随机变量 X 的概率密度函数为

$$f(x)=\begin{cases}\dfrac{1}{b-a},&a<x<b,\\0,&\text{其他},\end{cases}\tag{2-5}$$

则称 X 在区间 (a,b) 上服从**均匀分布**(**uniform distribution**),记作 $X\sim U(a,b)$.

易验证 $f(x)\geqslant0$;$\displaystyle\int_{-\infty}^{+\infty}f(x)\mathrm{d}x=1$.

从定义 2.9,可以发现对于服从均匀分布 $U(a,b)$ 的随机变量 X,取值落在区间 (a,b) 的子区间 $(c,c+l)$ 上的概率为

$$P\{c<X<c+l\}=\int_c^{c+l}f(x)\mathrm{d}x=\int_c^{c+l}\dfrac{1}{b-a}\mathrm{d}x=\dfrac{l}{b-a}.$$

从这个结果可知,X 取值落在区间 $(c,c+l)$ 内的概率恰好是此区间长度 l 与区间 (a,b) 长度 $b-a$ 的比值. 由此可以看出,X 取值落在 $(c,c+l)$ 内的概率仅与区间 $(c,c+l)$ 的长度有关,与区间 $(c,c+l)$ 在 (a,b) 内的位置无关. 换句话说,服从均匀分布 $U(a,b)$ 的随机变量

X,取值落在区间 (a,b) 中任意等长度的子区间之内的可能性是相同的.

由(2-4)式,可以得到 X 的分布函数

$$F(x)=\begin{cases}0, & x<a,\\[2mm]\dfrac{x-a}{b-a}, & a\leqslant x<b,\\[2mm]1, & x\geqslant b.\end{cases} \tag{2-6}$$

图 2-7,2-8 分别是均匀分布的概率密度函数 $f(x)$ 和分布函数 $F(x)$ 的图形.

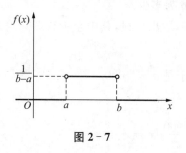 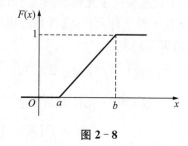

图 2-7   图 2-8

【例 2.22】 已知随机变量 $K\sim U(0,5)$,求 x 的方程 $x^2+2x+(K-2)=0$ 有解的概率 p.

解 因为随机变量 $K\sim U(0,5)$,所以 K 的概率密度为

$$f(t)=\begin{cases}\dfrac{1}{5}, & t\in(0,5),\\[2mm]0, & \text{其他}.\end{cases}$$

方程 $x^2+2x+(K-2)=0$ 有解的充要条件是 $\Delta=4-4(K-2)\geqslant0$,即 $K\leqslant3$,故该方程有解的概率为 $p=P\{K\leqslant3\}=\displaystyle\int_{-\infty}^{3}f(t)\mathrm{d}t=\int_0^3\dfrac{1}{5}\mathrm{d}t=\dfrac{3}{5}$.

均匀分布在实际问题中有着广泛的应用.例如,几何概型问题就可以看作是它的一种应用.在数据处理时,经常要将真值 x 四舍五入为数值 $\hat{x}$,如果在小数点后第 k 位进行四舍五入,则产生的误差 $\varepsilon=x-\hat{x}$ 可以看作服从 $U\left(-\dfrac{1}{2}\times10^{-k},\dfrac{1}{2}\times10^{-k}\right)$ 的随机变量.

2. 指数分布

定义 2.10 若连续型随机变量 X 的概率密度函数为

$$f(x)=\begin{cases}\dfrac{1}{\theta}\mathrm{e}^{-x/\theta}, & x>0,\\[2mm]0, & x\leqslant0.\end{cases} \tag{2-7}$$

则称 X 服从参数为 θ 的**指数分布**(**exponential distribution**),其中参数 $\theta>0$.

易验证 $f(x)\geqslant0$;$\displaystyle\int_{-\infty}^{+\infty}f(x)\mathrm{d}x=1$.

由(2-7)式,可以得到 X 的分布函数为

$$F(x)=\begin{cases}1-\mathrm{e}^{-x/\theta}, & x>0,\\[2mm]0, & x\leqslant0.\end{cases} \tag{2-8}$$

图 2-9,2-10 分别是指数分布的概率密度函数 $f(x)$ 和分布函数 $F(x)$ 的图形.

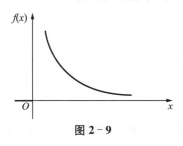

图 2-9

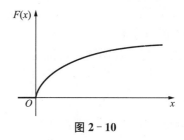

图 2-10

【**例 2.23**】　某个书店早上开门营业时,营业员记录第一个顾客进门时间,发现从开门到等到第一个顾客到达的等待时间 X(以分钟计)服从参数 $\theta = 2.5$ 的指数分布,考虑事件"等待时间至多 3 min"和事件"等待时间至少 4 min"的概率.

解　根据已知条件可知等待时间 X 的概率密度函数为

$$f(x) = \begin{cases} 0.4\mathrm{e}^{-0.4x}, & x > 0, \\ 0, & x \leqslant 0. \end{cases}$$

从而可得

$$P\{等待时间至多 3 \min\} = P\{X \leqslant 3\} = \int_{-\infty}^{3} f(x)\mathrm{d}x = \int_{0}^{3} 0.4\mathrm{e}^{-0.4x}\mathrm{d}x = 1 - \mathrm{e}^{-1.2}.$$

$$P\{等待时间至少 4 \min\} = P\{X \geqslant 4\} = \int_{4}^{+\infty} f(x)\mathrm{d}x = \int_{4}^{+\infty} 0.4\mathrm{e}^{-0.4x}\mathrm{d}x = \mathrm{e}^{-1.6}.$$

【**例 2.24**】　在例 23 中的营业员,还注意记录客流到达情况,发现若开门营业的时刻记为 0,则时间段 $(0, t]$ 内客流人数 $N(t)$ 服从参数 λt 的泊松分布.试确定参数 λ 的值.

解　由条件可知

$$P\{N(t) = k\} = \frac{(\lambda t)^k}{k!}\mathrm{e}^{-\lambda t}, k = 0, 1, 2, \cdots \qquad (2-9)$$

考虑事件"第一个顾客到达之前等待时间 X 大于 t",这与事件"时间段 $(0, t]$ 内客流人数为 0"其实表示同一个事件,所以

$$P\{X > t\} = P\{N(t) = 0\}, \qquad (2-10)$$

从而

$$\int_{t}^{+\infty} f(x)\mathrm{d}x = \frac{(\lambda t)^0}{0!}\mathrm{e}^{-\lambda t}, \qquad (2-11)$$

易得参数 $\lambda = \dfrac{1}{\theta} = 0.4$.

事实上,当时间段 $(0, t]$ 内客流人数 $N(t)$ 服从参数 λt 的泊松分布时,由(2-10)或(2-11)式可以得到首位顾客到达之前等待时间 X 一定服从指数分布.

在生活中有很多有趣的问题和指数分布有关.例如,在本节引例中的古代寓言故事"守株待兔"中,盼望兔子来撞树的等待时间,实际上就可以看作是服从指数分布的随机变量.在可靠性理论中一些产品、设备和系统中,例如电子元件 IC(integrated circuit)芯片,出现第一个故障的时刻(至此时刻的时间长度就是此芯片的寿命),可以认为是服从指数分布的.

3. 正态分布

(1) 正态分布

定义 2.11 若连续型随机变量 X 的概率密度函数为

$$f(x)=\frac{1}{\sqrt{2\pi}\sigma}e^{-\frac{(x-\mu)^2}{2\sigma^2}},x\in\mathbb{R}, \tag{2-12}$$

其中 $\mu,\sigma(\sigma>0)$ 为常数,则称 X 服从参数为 μ,σ 的**正态分布(normal distribution)**或**高斯分布(Gauss distribution)**,记作 $X\sim N(\mu,\sigma^2)$.

易知 $f(x)\geqslant 0$;可证 $\int_{-\infty}^{+\infty}f(x)\mathrm{d}x=1$.

由(2-12)式,可以得到 X 的分布函数为

$$F(x)=\frac{1}{\sqrt{2\pi}\sigma}\int_{-\infty}^{x}e^{-\frac{(t-\mu)^2}{2\sigma^2}}\mathrm{d}t,x\in\mathbb{R}, \tag{2-13}$$

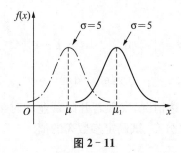

图 2-11   图 2-12

$f(x)$ 的图形如图 2-11 所示,它具有如下性质:

1° 曲线关于 $x=\mu$ 对称.这表明,对于任意 $h>0$ 有

$$P\{\mu-h<X\leqslant\mu\}=P\{\mu<X\leqslant\mu+h\}.$$

2° 当 $x=\mu$ 时,$f(x)$ 取得最大值

$$f(\mu)=\frac{1}{\sqrt{2\pi}\sigma}.$$

3° 在 $x=\mu\pm\sigma$ 处曲线有拐点,并且以 Ox 轴为渐近线.

如果固定 σ,改变 μ 的取值,则图形沿着 Ox 轴平移,而不改变其形状(见图 2-11),可见正态分布的概率密度函数曲线 $y=f(x)$ 完全由参数 μ 所确定,μ 称为**位置参数**.

如果固定 μ,改变 σ 的取值,由于最大值 $f(\mu)=\frac{1}{\sqrt{2\pi}\sigma}$,可知当 σ 越小时,则图形就变得越尖;当 σ 越大时,图形就越扁平(见图 2-12),σ 称为**形状参数**.

正态分布是概率统计中最重要的分布之一.一方面,正态分布是自然界最常用的一种分布,例如测量的误差,炮弹弹落点的分布,人的生理特征的尺寸(身高,体重等),农作物的收获量,工厂产品的尺寸(直径,长度,宽度,高度等)都近似服从正态分布.一般说来,若影响某一数量指标的随机因素很多,而每个因素所起的作用不太大,则这个指标服从正态分布.这一点可以通过第 5 章的极限理论加以证明.另一方面,正态分布具有许多良好的性质,许多

分布可以用正态分布来近似,另外一些分布又可以利用正态分布导出,在数理统计中也有广泛的应用.

(2) 标准正态分布

下面讨论正态分布中一种非常重要的分布——标准正态分布.

当 $\mu=0,\sigma=1$ 时,正态分布称为**标准正态分布**(**standard normal distribution**),记作 $N(0,1)$. 其概率密度函数和分布函数分别用 $\varphi(x),\Phi(x)$ 表示. 即有

$$\varphi(x)=\frac{1}{\sqrt{2\pi}}\mathrm{e}^{-x^2/2},x\in\mathbb{R}, \tag{2-14}$$

$$\Phi(x)=\frac{1}{\sqrt{2\pi}}\int_{-\infty}^{x}\mathrm{e}^{-t^2/2}\mathrm{d}t,x\in\mathbb{R}, \tag{2-15}$$

易知

$$\Phi(-x)=1-\Phi(x). \tag{2-16}$$

人们已经编制了标准正态分布 $\Phi(x)$ 的函数表,可供查用(见附录附表 2). 例如, $\Phi(1.64)=0.9495,\Phi(1.96)=0.975$.

(3) 正态分布标准化

若 $X\sim N(\mu,\sigma^2)$,我们只要通过一个线性变换就可以将它化成标准正态分布.

定理 2.1 若 $X\sim N(\mu,\sigma^2)$,则 $Z=\dfrac{X-\mu}{\sigma}\sim N(0,1)$.

定理 2.1 的证明将在 §2.5 给出.

定理 2.1 建立了一般的正态分布和标准正态分布之间的关系,通过线性变换 $Z=\dfrac{X-\mu}{\sigma}$ 就可以将 X 化成标准正态分布,即正态分布的**标准化**(**standardize**).

若 $X\sim N(\mu,\sigma^2)$,则它的分布函数 $F(x)$ 可以写成

$$F(x)=P\{X\leqslant x\}=P\left\{\frac{X-\mu}{\sigma}\leqslant\frac{x-\mu}{\sigma}\right\}=P\left\{Z\leqslant\frac{x-\mu}{\sigma}\right\}=\Phi\left(\frac{x-\mu}{\sigma}\right).$$

对于任意区间 $(x_1,x_2]$,有

$$P\{x_1<X\leqslant x_2\}=P\left\{\frac{x_1-\mu}{\sigma}<\frac{X-\mu}{\sigma}\leqslant\frac{x_2-\mu}{\sigma}\right\}$$

$$=P\left\{\frac{x_1-\mu}{\sigma}<Z\leqslant\frac{x_2-\mu}{\sigma}\right\}$$

$$=\Phi\left(\frac{x_2-\mu}{\sigma}\right)-\Phi\left(\frac{x_1-\mu}{\sigma}\right).$$

【例 2.25】 已知 $X\sim N(1,4)$. (1) 求 $P\{0<X\leqslant 2\},P\{1<X<1.6\}$;(2) 寻找点 x_0,使得 $P\{X>x_0\}=0.05$.

解 已知 $X\sim N(1,4)$,由定理 2.1 得 $Z=\dfrac{X-1}{2}\sim N(0,1)$.

(1) $P\{0<X\leqslant 2\}=P\left\{\dfrac{0-1}{2}<\dfrac{X-1}{2}\leqslant\dfrac{2-1}{2}\right\}=P\{-0.5<Z\leqslant 0.5\}$

$$=\Phi(0.5)-\Phi(-0.5)=\Phi(0.5)-[1-\Phi(0.5)]=2\Phi(0.5)-1$$

$$=2\times 0.6915-1=0.383,$$

$$P\{1<X<1.6\}=P\{1<X\leqslant 1.6\}=P\left\{\frac{1-1}{2}<\frac{X-1}{2}\leqslant\frac{1.6-1}{2}\right\}$$
$$=P\{0<Z\leqslant 0.3\}=\Phi(0.3)-\Phi(0)$$
$$=0.6179-0.5=0.1179.$$

(2) 因为 $P\{X>x_0\}=P\left\{\frac{X-1}{2}>\frac{x_0-1}{2}\right\}=1-\Phi\left(\frac{x_0-1}{2}\right)$，所以

$$1-\Phi\left(\frac{x_0-1}{2}\right)=0.05,\Phi\left(\frac{x_0-1}{2}\right)=0.95,$$

查附录附表 2 知 $\Phi(1.64)=0.95$，故 $\frac{x_0-1}{2}=1.64$，$x_0=$

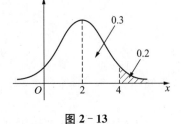

图 2-13

4.28.

【例 2.26】 设 $X\sim N(2,\sigma^2)$，且 $P\{2<X<4\}=0.3$，求 $P\{X<0\}$.

解 $P\{X<0\}=P\left\{\frac{X-2}{\sigma}<\frac{-2}{\sigma}\right\}=\Phi\left(\frac{-2}{\sigma}\right)=1-\Phi\left(\frac{2}{\sigma}\right)$，而

$$P\{2<X<4\}=P\left\{0<\frac{X-2}{\sigma}<\frac{2}{\sigma}\right\}$$
$$=\Phi\left(\frac{2}{\sigma}\right)-\Phi(0),$$

于是 $\Phi\left(\frac{2}{\sigma}\right)-\Phi(0)=0.3$，则

$$\Phi\left(\frac{2}{\sigma}\right)=\Phi(0)+0.3=0.5+0.3=0.8,$$
$$P\{X<0\}=1-\Phi\left(\frac{2}{\sigma}\right)=1-0.8=0.2.$$

(4) 上 α 分位点

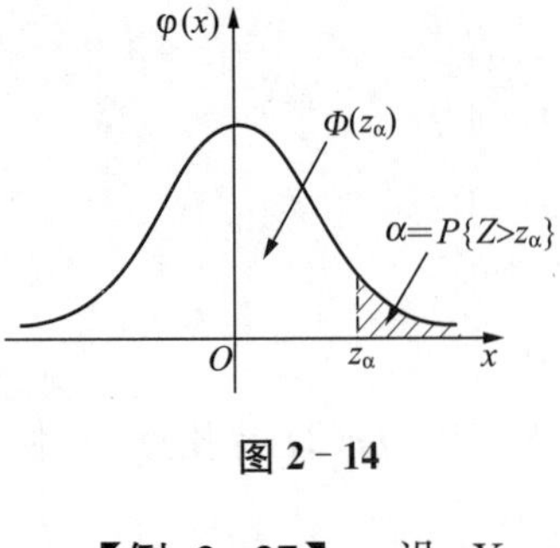

在实际问题中，特别是数理统计问题中，常常遇到给定概率值 α，求满足条件 $P\{X>x_0\}=\alpha$ 的点 x_0，这样的点称为**上 α 分位点**. 对于 $Z\sim N(0,1)$，它的上 α 分位点 z_α 满足 $P\{Z>z_\alpha\}=\alpha$，如图 2-14 所示.

如 $z_{0.05}=1.645$，$z_{0.025}=1.96$，$z_{0.01}=2.326$ 是几个常用的值，由 $\varphi(x)$ 的图形的对称性可知 $z_{1-\alpha}=-z_\alpha$ 成立.

图 2-14

(5) 6σ 原理

【例 2.27】 设 $X\sim N(\mu,\sigma^2)$，求：(1) $P\{|X-\mu|<\sigma\}$；(2) $P\{|X-\mu|<3\sigma\}$；(3) $P\{|X-\mu|<6\sigma\}$.

解 (1) $P\{|X-\mu|<\sigma\}=P\left\{\frac{|X-\mu|}{\sigma}<1\right\}=\Phi(1)-\Phi(-1)=2\Phi(1)-1\approx 0.6826$；

(2) $P\{|X-\mu|<3\sigma\}=P\left\{\frac{|X-\mu|}{\sigma}<3\right\}=\Phi(3)-\Phi(-3)=2\Phi(3)-1\approx 0.9974$；

(3) $P\{|X-\mu|<6\sigma\}=P\left\{\dfrac{|X-\mu|}{\sigma}<6\right\}=\Phi(6)-\Phi(-6)=2\Phi(6)-1\approx0.9999966.$

从例 27 的计算结果可知,在一次试验中,X 落在 $(\mu-\sigma,\mu+\sigma)$ 内有 68.26% 的可能性,落在 $(\mu-3\sigma,\mu+3\sigma)$ 内则有 99.74% 的可能性,落在 $(\mu-6\sigma,\mu+6\sigma)$ 内的可能性高达 99.99966%. 这正是 **6σ** 原理.

在质量控制上,6σ 表示每百万个产品的不良品率(PPM)不大于 3.4,意味着每百万个产品中最多只有 3.4 个不合格品,即合格率是 99.99966%. 在整个企业运作流程中,6σ 是指每百万个机会当中缺陷率或失误率不大于 3.4,这些缺陷或失误包括产品本身以及采购、研发、产品生产的流程、包装、库存、运输、交货期、维修、系统故障、服务、市场、财务、人事、不可抗力等因素.

6σ 原理是质量管理中的重要内容. 6σ(Six Sigma)最早作为一种突破性的质量管理战略在 20 世纪 80 年代末,在摩托罗拉公司成型并付诸实践,3 年后该公司的 6σ 质量战略取得了空前的成功:产品的不合格率从 $6210/10^6$(大约 4σ)减少到 $32/10^6$(5.5σ),在此过程中节约成本超过 20 亿美元. 随后德仪公司和联信公司在各自的制造流程全面推广 6σ 质量战略. 但真正把这一高度有效的质量战略变成管理哲学和实践,从而形成一种企业文化的是通用电气公司. 该公司在 1996 年初开始把 6σ 作为一种管理战略列在其公司三大战略举措之首,在公司全面推行 6σ 的流程变革方法. 而 6σ 也逐渐从一种质量管理方法变成了一个高度有效的企业流程设计、改造和优化技术,继而成为世界上追求管理卓越性的企业最为重要的战略举措,这些公司迅速运用 6σ 的管理思想于企业管理的各个方面,为其在全球化、信息化的竞争环境中处于不败之地建立了坚实的管理和领导基础.

练习 2.4　　封面扫码查看参考答案

1. 正态分布有哪些特点? 什么是"6σ"原理?

2. (1) 设连续型随机变量 X 的概率密度为

$$f(x)=\begin{cases}x, & 0\leqslant x<1,\\ 2-x, & 1\leqslant x<2,\\ 0, & \text{其他}.\end{cases}$$

求 X 的分布函数 $F(x)$,并画出 $f(x)$ 及 $F(x)$ 的图形.

(2) 设连续型随机变量 Y 的分布函数为

$$F(y)=\begin{cases}0, & y<0,\\ y^2, & 0\leqslant y<1,\\ 1, & y\geqslant1.\end{cases}$$

求 Y 的概率密度 $f(y)$,并画出 $f(y)$ 及 $F(y)$ 的图形.

3. 设随机变量 X 的概率密度为

$$f(x)=\begin{cases}2x, & 0<x<a,\\ 0, & \text{其他}.\end{cases}$$

求:(1) 常数 a;(2) X 的分布函数 $F(x)$.

4. 设随机变量 X 的分布函数为

$$F(x)=\begin{cases}0, & x<1,\\ \ln x, & 1\leqslant x<\mathrm{e},\\ 1, & x\geqslant\mathrm{e}.\end{cases}$$

求:(1) $P\{X<2\},P\{0<X\leqslant3\},P\left\{2<X<\dfrac{5}{2}\right\}$;(2) 概率密度 $f(x)$.

5. 若随机变量 $\xi\sim U(1,6)$,求方程 $x^2+\xi x+1=0$ 有实根的概率.

6. 设随机变量 X 在 $(0,3)$ 上服从均匀分布,现对 X 进行 3 次独立试验,求至少有 2 次观察值大于 1 的概率.

7. 设 $X\sim N(0,1)$,借助标准正态分布表计算:

(1) $P\{X<2.2\}$;(2) $P\{X>1.76\}$;(3) $P\{X<-0.78\}$;(4) $P\{|X|<1.55\}$;

(5) $P\{|X|>2.5\}$;(6) $P\{X>x_0\}=0.4052$,求 x_0.

8. 设 $X\sim N(-1,16)$,借助标准正态分布表计算:

(1) $P\{X<2.44\}$;(2) $P\{X>-1.5\}$;(3) $P\{X<-2.8\}$;(4) $P\{|X|<4\}$;

(5) $P\{-5<X<2\}$;(6) $P\{|X-1|>1\}$.

9. 某人从家到工厂去上班,路上所需时间 X(单位:min)的密度函数为

$$f(x)=\begin{cases}\dfrac{1}{2\sqrt{2\pi}}\mathrm{e}^{-\frac{(x-50)^2}{32}}, & x>50,\\ 0, & x\leqslant50.\end{cases}$$

他每天早上 8:00 上班,7:00 离家,求此人每天迟到的概率.

10. 设顾客在某银行的窗口等待服务的时间 X(min)服从指数分布,其概率密度为

$$f_X(x)=\begin{cases}\dfrac{1}{5}\mathrm{e}^{-x/5}, & x>0,\\ 0, & \text{其他}.\end{cases}$$

他在窗口等待服务,若超过 10 min 他就离开.他一个月要到银行 5 次.以 Y 表示一个月内他未等到服务而离开窗口的次数.求 $P\{Y\geqslant1\}$.

§2.5 随机变量函数的分布

设 X 是一个随机变量,$g(x)$ 是一个已知函数,由 §2.1 可知,$Y=g(X)$ 是随机变量 X 的函数,它也是一个随机变量.

下面我们来讨论已知 X 的概率分布,如何确定新的随机变量 $Y=g(X)$ 的概率分布.

当我们提到一个随机变量的"概率分布"时,指的是它的分布函数,或者当随机变量是离散型时,指的是它的分布律,当随机变量是连续型时,指的是它的概率密度函数.

2.5.1 离散型随机变量函数的分布

离散型随机变量 X 的分布律由下表给出.

X	x_1	x_2	$\cdots$	x_n	$\cdots$
p_k	p_1	p_2	$\cdots$	p_n	$\cdots$

则随机变量函数 $Y = g(X)$ 的分布律可由下表求得.

$Y = g(X)$	$g(x_1)$	$g(x_2)$	$\cdots$	$g(x_n)$	$\cdots$
p_k	p_1	p_2	$\cdots$	p_n	$\cdots$

但是要注意,若 $g(x_i)$ 的值相等时,要进行合并,把对应的概率 p_i 相加.

【例 2.28】　离散型随机变量 X 的分布律由下表给出.

X	-1	0	1	2
p_k	0.1	0.3	0.2	0.4

求:(1) $Y = -2X + 1$ 的分布律;(2) $Z = X^2 - 1$ 的分布律.

解　(1) 先填好下表.

$Y = -2X + 1$	3	1	-1	-3
p_k	0.1	0.3	0.2	0.4

整理得 $Y = -2X + 1$ 的分布律见下表.

$Y = -2X + 1$	-3	-1	1	3
p_k	0.4	0.2	0.3	0.1

(2) 先填好下表.

$Z = X^2 - 1$	0	-1	0	3
p_k	0.1	0.3	0.2	0.4

整理得 $Z = X^2 - 1$ 的分布律见下表.

$Z = X^2 - 1$	-1	0	3
p_k	0.3	0.3	0.4

2.5.2　连续型随机变量函数的分布

已知连续型随机变量 X 的概率分布(分布函数或者概率密度函数),如何确定 $Y = g(X)$ 的概率分布,这是我们下面主要讨论的内容.

【例 2.29】　已知连续型随机变量 X 的概率密度函数为

$$f_X(x) = \begin{cases} \dfrac{x}{8}, & x \in (0, 4), \\ 0, & \text{其他}. \end{cases}$$

求：(1) $Y=2X+8$ 的概率密度函数；(2) $Z=-2X$ 的概率密度函数.

解 (1) Y 的分布函数

$$F_Y(y)=P\{Y\leqslant y\}=P\{2X+8\leqslant y\}$$

$$=P\left\{X\leqslant\frac{1}{2}(y-8)\right\}=F_X\left[\frac{1}{2}(y-8)\right],$$

对 $F_Y(y)=F_X\left[\frac{1}{2}(y-8)\right]$ 两边关于 y 求导得

$$f_Y(y)=\frac{1}{2}f_X\left[\frac{1}{2}(y-8)\right],$$

于是 Y 的概率密度函数

$$f_Y(y)=\begin{cases}\dfrac{y-8}{32}, & y\in(8,16),\\ 0, & 其他.\end{cases}$$

(2) Z 的分布函数

$$F_Z(z)=P\{Z\leqslant z\}=P\{-2X\leqslant z\}=P\left\{X\geqslant-\frac{1}{2}z\right\}=1-F_X\left(-\frac{1}{2}z\right),$$

对 $F_Z(z)=1-F_X\left(-\frac{1}{2}z\right)$ 两边关于 z 求导得

$$f_Z(z)=\frac{1}{2}f_X\left(-\frac{1}{2}z\right),$$

于是 Z 的概率密度函数

$$f_Z(z)=\begin{cases}-\dfrac{z}{32}, & z\in(-8,0),\\ 0, & 其他.\end{cases}$$

【**例 2.30**】 设 $X\sim N(\mu,\sigma^2)$，证明：当 $a>0$ 时，$Y=aX+b\sim N(a\mu+b,a^2\sigma^2)$.

证明 Y 的分布函数为

$$F_Y(y)=P\{Y\leqslant y\}=P\{aX+b\leqslant y\}=P\left\{X\leqslant\frac{1}{a}(y-b)\right\}=F_X\left(\frac{1}{a}(y-b)\right),$$

对 $F_Y(y)=F_X\left(\frac{1}{a}(y-b)\right)$ 两边关于 y 求导得

$$f_Y(y)=\frac{1}{a}f_X\left[\frac{1}{a}(y-b)\right],$$

于是 Y 的概率密度函数

$$f_Y(y)=\frac{1}{\sqrt{2\pi}a\sigma}\mathrm{e}^{-\frac{(y-a\mu-b)^2}{2a^2\sigma^2}},y\in\mathbb{R}.$$

所以，$Y=aX+b\sim N(a\mu+b,a^2\sigma^2)$.

注：(1) 若取 $a=\dfrac{1}{\sigma}$，$b=-\dfrac{\mu}{\sigma}$，则可以得到 $Z=\dfrac{X-\mu}{\sigma}\sim N(0,1)$，这正是定理 2.1 的结论.

(2) 事实上，对于 $a<0$，例 30 的结论也是成立的.

对于连续型随机变量 X 的函数 $Y=g(X)$，如果 Y 还是连续型随机变量，则求其概率密度函数可以分下面三步完成：

第一步:建立 Y 的分布函数 F_Y 与 X 的分布函数 F_X 之间的关系等式;

第二步:对建立的等式两边关于 y 求导数,就得到了 Y 的概率密度函数 f_Y 与 X 的概率密度函数 f_X 之间的关系式;

第三步:根据 f_X 表达式,写出 f_Y 表达式.

特别当 $g(x)$ 是严格单调函数时,也可以由以下定理写出 Y 的概率密度函数.

定理 2.2　设随机变量 X 的概率密度函数为 $f_X(x), x \in \mathbb{R}$,又设 $g(x)$ 处处可导且恒有 $g'(x) > 0$ 或者恒有 $g'(x) < 0$,则 $Y = g(X)$ 是连续型随机变量,其概率密度函数为

$$f_Y(y) = \begin{cases} f_X[h(y)] \cdot |h'(y)|, & \alpha < y < \beta, \\ 0, & \text{其他,} \end{cases}$$

其中,$\alpha = \min\{g(-\infty), g(+\infty)\}, \beta = \max\{g(-\infty), g(+\infty)\}, h(y)$ 是 $g(x)$ 的反函数.

注:若定理 2.2 中 X 的概率密度函数为

$$f_X(x) = \begin{cases} f(x), & x \in (a, b), \\ 0, & \text{其他,} \end{cases}$$

且在 (a, b) 内,恒有 $g'(x) > 0$ 或恒有 $g'(x) < 0$,此时结论仍然成立,其中 $\alpha = \min\{g(a), g(b)\}, \beta = \max\{g(a), g(b)\}$.

【例 2.31】　例 2.29 也可以利用定理 2.2 来解答.

(1) $g(x) = 2x + 8, h(y) = \dfrac{1}{2}(y - 8), h'(y) = \dfrac{1}{2}$,则

$$\alpha = \min\{g(0), g(4)\} = 8, \beta = \max\{g(0), g(4)\} = 16.$$

$$f_Y(y) = \begin{cases} f_X[h(y)] \cdot |h'(y)|, & \alpha < y < \beta, \\ 0, & \text{其他,} \end{cases}$$

$$= \begin{cases} \dfrac{y - 8}{32}, & y \in (8, 16), \\ 0, & \text{其他.} \end{cases}$$

(2) $g(x) = -2x, h(z) = -\dfrac{1}{2}z, h'(z) = -\dfrac{1}{2}$,则

$$\alpha = \min\{g(0), g(4)\} = -8, \beta = \max\{g(0), g(4)\} = 0.$$

$$f_Z(z) = \begin{cases} f_X[h(z)] \cdot |h'(z)|, & \alpha < z < \beta, \\ 0, & \text{其他,} \end{cases}$$

$$= \begin{cases} -\dfrac{z}{32}, & z \in (-8, 0), \\ 0, & \text{其他.} \end{cases}$$

问题:离散型随机变量的函数 $Y = g(X)$ 是否仍为离散型随机变量,连续型随机变量的函数 $Y = g(X)$ 是否仍为连续型随机变量呢?

【例 2.32】　随机变量 $X \sim U(-1, 1)$,函数

$$y = g(x) = \begin{cases} -1, & x \leqslant 0, \\ 1, & x > 0. \end{cases}$$

求:$Y = g(X)$ 的概率分布.

解　X 的概率密度函数为

$$f_X(x)=\begin{cases}\dfrac{1}{2}, & x\in(-1,1),\\[2mm]0, & \text{其他}.\end{cases}$$

由条件可知随机变量 $Y=g(X)$ 的可能取值为 $-1,1$,且

$$P\{Y=-1\}=P\{X\leqslant 0\}=\int_{-1}^{0}\frac{1}{2}\mathrm{d}x=0.5,$$

$$P\{Y=1\}=P\{X>0\}=\int_{0}^{1}\frac{1}{2}\mathrm{d}x=0.5.$$

所以,Y 的分布律可由下表给出.

Y	-1	1
p_k	0.5	0.5

【例 2.33】　随机变量 $X\sim U(0,2)$,函数

$$y=g(x)=\begin{cases}x, & 0\leqslant x\leqslant 1,\\1, & 1<x\leqslant 2,\\0, & \text{其他},\end{cases}$$

$Y=g(X)$ 是随机变量 X 的函数,求 Y 的概率分布.

解　X 的概率密度函数为

$$f_X(x)=\begin{cases}\dfrac{1}{2}, & x\in(0,2),\\[2mm]0, & \text{其他},\end{cases}$$

对于 Y 的分布函数 $F_Y(y)=P\{g(X)\leqslant y\}$.

当 $y<0$ 时,$F_Y(y)=P\{\varnothing\}=0$;

当 $0\leqslant y<1$ 时,$F_Y(y)=P\{X\leqslant y\}=\dfrac{y}{2}$;

当 $y\geqslant 1$ 时,$F_Y(y)=P\{S\}=1$.

所以

$$F_Y(y)=\begin{cases}0, & y<0,\\[2mm]\dfrac{y}{2}, & 0\leqslant y<1,\\[2mm]1, & y\geqslant 1.\end{cases}$$

注:(1) 由例 2.32 可以发现,连续型随机变量 X 的函数 $Y=g(X)$ 有可能是离散型随机变量.

(2) 由例 2.33 可以验证,随机变量 Y 不是连续型随机变量也不是离散型随机变量.连续型随机变量 X 的函数 $Y=g(X)$ 有可能既不是连续型随机变量,也不是离散型随机变量.

练习 2.5　**封面扫码查看参考答案** 🔍

1. 随机变量 X 的分布律由下表给出.

X	-1	-0.5	0	1	2
p_k	$\dfrac{1}{8}$	$\dfrac{1}{4}$	$\dfrac{1}{8}$	$\dfrac{1}{6}$	$\dfrac{1}{3}$

求以下随机变量的分布律：

(1) $Y=X+2$；(2) $Y=-X+1$.

2. 随机变量 X 的分布律由下表给出.

X	-2	-1	0	1	3
p_k	$\dfrac{1}{5}$	$\dfrac{1}{6}$	$\dfrac{1}{5}$	$\dfrac{1}{15}$	$\dfrac{11}{30}$

求 $Y=X^2$ 的分布律.

3. 设随机变量 X 的概率密度为

$$f_X(x)=\begin{cases} 2x, & 0<x<1, \\ 0, & \text{其他}. \end{cases}$$

求下列随机变量的概率密度：

(1) $Y=2X$；(2) $Z=-X+1$.

4. 设随机变量 X 在区间 $(0,1)$ 服从均匀分布. 求下列随机变量的概率密度：

(1) $Y=\mathrm{e}^X$；(2) $Z=-2\ln X$.

知识结构图

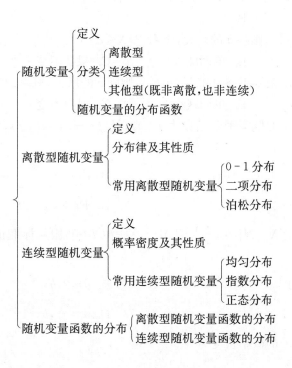

习 题 二

封面扫码查看参考答案 🔍

一、选择题

1. 下表中可以作为离散型随机变量分布律的是 （ ）

A.
X_1	-2	0	2
p_k	$\frac{1}{4}$	$\frac{1}{2}$	$\frac{1}{4}$

B.
X_2	-2	0	2
p_k	$-\frac{1}{4}$	$\frac{3}{4}$	$\frac{1}{2}$

C.
X_3	-2	0	2
p_k	$\frac{1}{4}$	$\frac{3}{4}$	$\frac{1}{2}$

D.
X_4	2	0	2
p_k	$\frac{1}{4}$	$\frac{1}{4}$	$\frac{1}{2}$

2. 设连续型随机变量 ξ 的概率密度函数和分布函数分别为 $f(x),F(x)$，则下列选项中正确的是 （ ）

A. $0 \leqslant f(x) \leqslant 1$ B. $P\{\xi=x\}=F(x)$

C. $P\{\xi \leqslant x\}=F(x)$ D. $P\{\xi=x\}=f(x)$

3. 设 $X \sim b(3,p)$，且 $P\{X=1\}=P\{X=2\}$，则 p 为 （ ）

A. 0.5   B. 0.6   C. 0.7   D. 0.8

4. 设 $X \sim P(\lambda)$，且 $P\{X=3\}=P\{X=4\}$，则 λ 为 （ ）

A. 3   B. 2   C. 1   D. 4

5. 设 $X \sim N(a,\sigma^2)$，则随 σ 的增大，概率 $P\{X \leqslant a-\sigma^2\}$ （ ）

A. 单调增大   B. 单调减少   C. 保持不变   D. 非单调变化

6. 设随机变量 X 服从正态分布 $N(\mu,\sigma^2)$，则随 σ 的增大，概率 $P\{|X-\mu|<\sigma\}$（ ）

A. 单调增大   B. 单调减小   C. 保持不变   D. 增减不定

7. 设随机变量 X 的概率密度函数为 $f(x)$，且 $f(-x)=f(x)$，$F(x)$ 是 X 的分布函数，则对任意实数 a 有 （ ）

A. $F(-a)=1-\int_0^a f(x)\mathrm{d}x$ B. $F(-a)=\frac{1}{2}-\int_0^a f(x)\mathrm{d}x$

C. $F(-a)=F(a)$ D. $F(-a)=2F(a)-1$

8. 已知随机变量 $X \sim N\left(\frac{1}{2},\frac{1}{4}\right)$，且 $Y=aX+b(a>0)$ 服从标准正态分布 $N(0,1)$，则有 （ ）

A. $a=2,b=-1$ B. $a=2,b=1$

C. $a=\frac{1}{2},b=-1$ D. $a=\frac{1}{2},b=1$

9. 设随机变量 X 的概率密度为

$$f(x)=\frac{1}{2\sqrt{\pi}}\mathrm{e}^{-\frac{(x+3)^2}{4}}, -\infty<x<+\infty,$$

则 $Y=(\quad)\sim N(0,1)$. $\hspace{6cm}(\quad)$

 A. $\dfrac{X+3}{2}$ B. $\dfrac{X+3}{\sqrt{2}}$ C. $\dfrac{X-3}{2}$ D. $\dfrac{X-3}{\sqrt{2}}$

二、填空题

1. 设离散型随机变量 X 的分布律为 $P\{X=i\}=\dfrac{a}{N}$, $i=1,2,\cdots,N$, 则 $a=$ _____.

2. 设离散型随机变量 X 的分布律为 $P\{X=k\}=a\dfrac{\lambda^k}{k!}$, $k=0,1,2,\cdots$, 则 $a=$ _____.

3. 设随机变量 $X\sim b(2,p)$, $Y\sim b(3,p)$, 若 $P\{X\geqslant 1\}=\dfrac{5}{9}$, 则 $P\{Y\geqslant 1\}=$ _____.

4. 某射手每次射击击中目标的概率为 0.8. 他连续射击, 直至第 1 次击中目标为止. 设 X 是射击击中时的射击次数, 则 $P\{X=i\}=$ _____ , $i=1,2,\cdots$

5. 设随机变量 X 的分布函数为

$$F(x)=\begin{cases} 0, & x<0, \\ A\sin x, & 0\leqslant x\leqslant \dfrac{\pi}{2}, \\ 1, & x>\dfrac{\pi}{2}, \end{cases}$$

则 $P\left\{|X|<\dfrac{\pi}{6}\right\}=$ _____.

6. 设随机变量 X 服从正态分布 $N(\mu,\sigma^2)$ $(\sigma>0)$, 且二次方程 $y^2+4y+X=0$ 无实根的概率为 $\dfrac{1}{2}$, 则 $\mu=$ _____.

7. 设随机变量 X 服从正态分布 $N(10,0.02^2)$, 已知 $\varPhi(2.5)=0.9938$, 则 X 落在 $(9.95,10.05)$ 内的概率为 _____.

三、解答题

1. 随机变量的分布函数、分布律、概率密度函数有何联系与区别?

2. 判断下列各命题是否正确, 如不正确指出错误并改正之.

(1) 设 X 是一个随机变量, 则 $P\{X\leqslant 0\}=P\{X<0\}=\dfrac{1}{2}$;

(2) 设随机变量 $X\sim U(0,2)$, 则 X 的分布函数为 $F(x)=\begin{cases} \dfrac{x}{2}, & 0<x<2, \\ 0, & \text{其他}; \end{cases}$

(3) 设 X 是一个随机变量, a,b 是常数, 则 $P\{a<X\leqslant b\}=P\{a\leqslant X<b\}$;

(4) 设 $F(x)$ 是随机变量 X 的分布函数, 则有 $F(-\infty)=0$, $F(+\infty)=1$.

3. 随机变量 X 的分布律由下表给出.

X	-1	0	1	2	3
p_k	0.25	0.15	a	0.35	b

问: (1) a,b 应满足什么条件?

(2) 当 $a=0.2$ 时,求 b,并求 $P\{X^2>1\}$,$P\{X\leqslant 0\}$,$P\{X=1.2\}$,X 的分布函数 $F(x)$ 及 $Y=X^2-1$ 的分布律.

4. 已知随机变量 X 的概率密度为

$$f(x)=\begin{cases} ax+b, & 0<x<1, \\ 0, & 其他, \end{cases}$$

且 $P\left\{X>\dfrac{1}{2}\right\}=\dfrac{5}{8}$.

(1) 求 a,b;(2) 计算 $P\left\{\dfrac{1}{4}<X\leqslant\dfrac{1}{2}\right\}$.

5. 已知某品牌手机电池使用寿命 X 的概率密度为(单位:年)

$$f(x)=\begin{cases} \dfrac{1}{3}e^{-\frac{1}{3}x}, & x>0, \\ 0, & x\leqslant 0. \end{cases}$$

求一批产品中的 5 个电池在使用 3 年后,恰好有 3 个电池需要更换的概率.

6. 设某城市男子身高 $X\sim N(170,36)$(单位:cm)

(1) 问应如何选择公共汽车车门的高度使男子与车门碰头的概率小于 0.01?

(2) 若某车门高 182 cm,求 4 个男子中恰有 1 男子与车门碰头的概率.

7. 设随机变量 $X\sim U(a,b)$,证明:$Y=cX+d(c\neq 0)$ 也服从均匀分布.

8. 某年全国高考考生的总成绩(按 5 门课计算)$X\sim N(360,60^2)$. 按高考成绩分成等级,若总分高于 420 分为一等(重点本科),总分在 360~420 之间为二等(本二),总分在 315~360 之间进入三等(本三),总分低于 315 分为四等(落榜),求按等级分的随机变量 Y 的分布律.

封面扫码，
带你走进统计学家的传记人生

雅克布·伯努利(Jacob Bernoulli，1654—1705)

多维随机变量及其分布

前一章我们讨论了一维随机变量及它的分布,但是在实际应用中,有些随机现象需要同时用两个或两个以上的随机变量来描述.例如,研究某地区学龄前儿童的发育情况时,有时要取儿童的身高 H 和体重 W 这两个随机变量来描述;又如,研究水稻产量时,要考虑光照、气温和降水等三个变量;再如,在制定服装的国家标准时,需同时考虑人体的上身长、臂长、胸围、下肢长、腰围、臀围等多个变量.在这些情况下,我们不但要研究多个随机变量各自的统计规律,而且还要研究它们之间的统计相依关系,因而还需考察它们的联合取值的统计规律,即多维随机变量的分布.

§3.1　二维随机变量及其函数

3.1.1　二维随机变量

定义 3.1　设 S 为随机试验 E 的样本空间,对于 S 中的每一个样本点 e,令 $X=X(e)$,$Y=Y(e)$ 是定义在 S 上的一维随机变量,称向量 (X,Y) 为**二维随机变量**.

与一维随机变量类似,二维随机变量的取值随随机试验结果而定,而试验的各个结果出现有一定的概率,因此二维随机变量的取值有一定的概率.

【例 3.1】　设某班级有 40 人,其中男生 24 人,女生 16 人,男生中有 10 人近视,女生中有 8 人近视,现从该班级中任抽一人,令

$$X=\begin{cases}1,\text{抽到男生},\\0,\text{抽到女生},\end{cases}\qquad Y=\begin{cases}1,\text{抽到近视学生},\\0,\text{抽到非近视学生},\end{cases}$$

则可将 X,Y 组成二维随机变量 (X,Y),试验的结果可与它的取值对应起来,所有可能为 $(0,0),(0,1),(1,0),(1,1)$.这里事件 $\{(X,Y)=(0,0)\}$ 对应于事件{抽到非近视女生},也可以写成 $\{X=0,Y=0\}$,于是有

$$P\{X=0,Y=0\}=P\{\text{抽到非近视女生}\},$$
$$P\{X=0,Y=1\}=P\{\text{抽到近视女生}\},$$
$$P\{X=1,Y=0\}=P\{\text{抽到非近视男生}\},$$
$$P\{X=1,Y=1\}=P\{\text{抽到近视男生}\}.$$

【例 3.2】　保险公司每年受理的理赔案件数 X 是一个随机变量,而每一个案件的理赔额 Y 也是一个随机变量,可将 X,Y 组成二维随机变量 (X,Y),它反应了保险公司整年的理赔情况.于是事件 $\{X\leqslant 100,Y\leqslant 1000\}$ 对应于事件{受理的案件小于等于 100 起,并且理赔额

小于等于 1000 元}，从而有

$$P\{X\leqslant 100, Y\leqslant 1000\}=P\{受理的案件小于等于 100 起，并且理赔额小于等于 1000 元\}.$$

3.1.2　二维随机变量的函数

设 (X,Y) 为定义在 S 上的二维随机变量，$g(x,y)$ 为二元函数，则 $Z=g(X,Y)$ 为 $g(x,y)$ 与 $X=X(e)$，$Y=Y(e)$ 的复合函数，称之为二维随机变量 (X,Y) 的函数. 例如：

(1) 当 $g(x,y)=x+y$，则 $Z=X+Y$；

(2) 当 $g(x,y)=xy$，则 $Z=XY$；

(3) 当 $g(x,y)=\max\{x,y\}$，则 $Z=\max\{X,Y\}$；

(4) 当 $g(x,y)=\dfrac{x}{y}$，则 $Z=\dfrac{X}{Y}$.

这些都是二维随机变量的函数，它们的分布将在本章最后一节讨论.

3.1.3　n 维随机变量

设 $X_1,X_2,\cdots,X_n$ 为定义在同一样本空间 S 上的 n 个随机变量，则称向量 $(X_1,X_2,\cdots,X_n)$ 为 n 维随机变量.

【例 3.3】　抽取小麦划分等级，可以考察它们的杂质、水分和不饱满颗粒数，将它们分别记为 X,Y 和 Z，显然 (X,Y,Z) 为一个三维随机变量。若规定杂质小于 1%，水分小于 0.5% 且不饱满颗粒数小于 6% 的小麦为一等品，则事件 $\{X\leqslant 1\%, Y\leqslant 0.5\%, Z\leqslant 6\%\}$ 对应抽到的是一等品，于是

$$P\{X\leqslant 1\%, Y\leqslant 0.5\%, Z\leqslant 6\%\}=P\{抽到一等品\}.$$

若 $f(x_1,x_2,\cdots,x_n)$ 为多元函数，则 $Z=f(X_1,X_2,\cdots,X_n)$ 为 $f(x_1,x_2,\cdots,x_n)$ 与 $X_i=X_i(e)(i=1,2,\cdots,n)$ 的复合函数，称之为多维随机变量 $(X_1,X_2,\cdots,X_n)$ 的函数，如

$$Z=\lg(X_1+X_2+\cdots+X_n),\ Z=X_1^2+X_2^2+\cdots+X_n^2.$$

常见的多维随机变量的函数有最大值、最小值函数为

$$\max\{X_1,X_2,\cdots,X_n\},\ \min\{X_1,X_2,\cdots,X_n\}.$$

练习 3.1　封面扫码查看参考答案 🔍

---

1. 为什么引入二维随机变量的概念？

2. 举几个多维随机变量的例子.

§3.2　二维随机变量的分布

类似于一维随机变量，本节将讨论二维离散型随机变量和二维连续型随机变量的分布.

3.2.1　二维随机变量的分布函数

定义 3.2　设 (X,Y) 是二维随机变量，对于任意实数 x,y，称二元函数 $F(x,y)=$

$P\{X \leqslant x, Y \leqslant y\}$ 为二维随机变量 (X,Y) 的**分布函数**,或称为随机变量 X 与 Y 的**联合分布函数**.

如果把二维随机变量 (X,Y) 看作平面上坐标为 (X,Y) 的随机点,那么分布函数 $F(x,y)$ 在 (x,y) 处的函数值就是随机点 (X,Y) 落在以点 (x,y) 为顶点而位于该点左下方的无穷矩形域内的概率,如图 3-1 所示.

随机点落在矩形区域(见图 3-2)的概率也可以用分布函数表示为

$$P\{x_1 < X \leqslant x_2, y_1 < Y \leqslant y_2\} = F(x_2, y_2) - F(x_2, y_1) - F(x_1, y_2) + F(x_1, y_1).$$

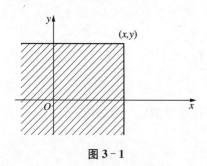

图 3-1

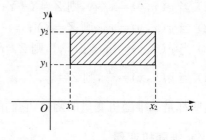

图 3-2

二维随机变量的分布函数的性质

1° **有界性** $0 \leqslant F(x,y) \leqslant 1$,且对于任意固定的 y 有

$$F(-\infty, y) = \lim_{x \to -\infty} F(x,y) = 0;$$

对于任意固定的 x,有

$$F(x, -\infty) = \lim_{y \to -\infty} F(x,y) = 0;$$

$$F(-\infty, -\infty) = \lim_{\substack{x \to -\infty \\ y \to -\infty}} F(x,y) = 0; F(+\infty, +\infty) = \lim_{\substack{x \to +\infty \\ y \to +\infty}} F(x,y) = 1.$$

事实上,以上的结论可以从几何上加以说明,例如,当 $x \to -\infty$ 时,即将图 3-1 的无穷矩形右边边界向左无限平移,那么事件 $\{X \leqslant x, Y \leqslant y\}$ 趋于不可能事件,而其概率为

$$F(x,y) = P\{X \leqslant x, Y \leqslant y\} \to 0.$$

类似的可以得到其他几个结论.

2° **单调性** $F(x,y)$ 是关于变量 x,y 的不减函数,即:

对于任意固定的 y,当 $x_1 \leqslant x_2$ 时,有 $F(x_1, y) \leqslant F(x_2, y)$;

对于任意固定的 x,当 $y_1 \leqslant y_2$ 时,有 $F(x, y_1) \leqslant F(x, y_2)$.

事实上,对于任意固定的 y,有

$$F(x_2, y) - F(x_1, y) = P\{x_1 < X \leqslant x_2, Y \leqslant y\} \geqslant 0,$$

所以

$$F(x_1, y) \leqslant F(x_2, y).$$

同理可证固定 x 的情形.

3° **右连续性**   对于任意的 x, y,有 $F(x+0, y) = F(x,y), F(x, y+0) = F(x,y)$.

4° **非负性**   对于任意 $x_1 \leqslant x_2, y_1 \leqslant y_2$,有

$$F(x_2, y_2) - F(x_2, y_1) - F(x_1, y_2) + F(x_1, y_1) \geqslant 0.$$

3.2.2   二维离散型随机变量

定义 3.3   如果二维随机变量 (X,Y) 可能取的值只有有限对或可列对,并且所有可能

取的值为 $(x_i, y_j), i, j = 1, 2, \cdots$, 则称

$$P\{X = x_i, Y = y_j\} = p_{ij}, i, j = 1, 2, \cdots$$

为二维随机变量 (X, Y) 的**分布律**或随机变量 X 与 Y 的**联合分布律**.

显然, 如果 (X, Y) 是二维离散型随机变量, 则 X, Y 均为一维离散型随机变量; 反之亦成立.

二维离散型随机变量 (X, Y) 的分布律有时也可列表如下:

X \ Y	y_1	y_2	$\cdots$	y_j	$\cdots$
x_1	p_{11}	p_{12}	$\cdots$	p_{1j}	$\cdots$
x_2	p_{21}	p_{22}	$\cdots$	p_{2j}	$\cdots$
$\vdots$	$\vdots$	$\vdots$		$\vdots$	
x_i	p_{i1}	p_{i2}	$\cdots$	p_{ij}	$\cdots$
$\vdots$	$\vdots$	$\vdots$		$\vdots$	

由 p_{ij} 的定义及概率的性质知 p_{ij} 具有以下性质:

1° **非负性** $p_{ij} \geqslant 0, i, j = 1, 2, \cdots$

2° **规范性** $\sum\limits_{i} \sum\limits_{j} p_{ij} = 1$.

如果 (X, Y) 是二维离散型随机变量, 那么它的分布函数可按下式求得

$$F(x, y) = \sum_{x_i \leqslant x} \sum_{y_j \leqslant y} p_{ij},$$

这里和式是对一切满足不等式 $x_i \leqslant x, y_j \leqslant y$ 的 i, j 来求和的.

【**例 3.4**】 连续抛两次硬币, 令随机变量 X 表示出现正面次数, 随机变量 Y 表示出现反面次数, 求 (X, Y) 的分布律及 $P\{X \leqslant 2, Y \leqslant 1\}$.

解 该试验的样本空间为 {正正, 正反, 反正, 反反}, 得 (X, Y) 的分布律为

$$P\{X = 0, Y = 0\} = 0, P\{X = 0, Y = 1\} = 0, P\{X = 2, Y = 0\} = \frac{1}{4},$$

$$P\{X = 1, Y = 0\} = 0, P\{X = 1, Y = 1\} = \frac{1}{2}, P\{X = 1, Y = 2\} = 0,$$

$$P\{X = 2, Y = 0\} = \frac{1}{4}, P\{X = 2, Y = 1\} = 0, P\{X = 2, Y = 2\} = 0,$$

即可列成下表.

X \ Y	0	1	2
0	0	0	$\frac{1}{4}$
1	0	$\frac{1}{2}$	0
2	$\frac{1}{4}$	0	0

从而 $P\{X\leqslant 2,Y\leqslant 1\}=\dfrac{1}{2}+\dfrac{1}{4}=\dfrac{3}{4}$.

【例 3.5】 口袋中有大小形状相同的 6 个球,其中 2 个红球、4 个白球,从袋中无放回地取两次球. 设随机变量

$$X=\begin{cases}0,第一次取红球,\\1,第一次取白球,\end{cases}\qquad Y=\begin{cases}0,第二次取红球,\\1,第二次取白球,\end{cases}$$

求 (X,Y) 的分布律及 $F(0.5,1)$.

解 利用概率的乘法公式及条件概率的定义,可得二维随机变量 (X,Y) 的分布律:

$$P\{X=0,Y=0\}=P\{第一次取到红球,第二次取到红球\}=\dfrac{2}{6}\times\dfrac{1}{5}=\dfrac{1}{15};$$

$$P\{X=0,Y=1\}=P\{第一次取到红球,第二次取到白球\}=\dfrac{2}{6}\times\dfrac{4}{5}=\dfrac{4}{15};$$

$$P\{X=1,Y=0\}=P\{第一次取到白球,第二次取到红球\}=\dfrac{4}{6}\times\dfrac{2}{5}=\dfrac{4}{15};$$

$$P\{X=1,Y=1\}=P\{第一次取到白球,第二次取到白球\}=\dfrac{4}{6}\times\dfrac{3}{5}=\dfrac{2}{5}.$$

把 (X,Y) 的分布律写成如下表格的形式.

X \ Y	0	1
0	$\dfrac{1}{15}$	$\dfrac{4}{15}$
1	$\dfrac{4}{15}$	$\dfrac{2}{5}$

则 $F(0.5,1)=P\{X\leqslant 0.5,Y\leqslant 1\}=P\{X=0,Y=0\}+P\{X=0,Y=1\}=\dfrac{1}{15}+\dfrac{4}{15}=\dfrac{1}{3}$.

3.2.3 二维连续型随机变量

1. 二维连续型随机变量的分布

定义 3.4 设 (X,Y) 是二维随机变量,如果存在一个非负函数 $f(x,y)$,使得对于任意实数 x,y,都有

$$F(x,y)=P(X\leqslant x,Y\leqslant y)=\int_{-\infty}^{y}\int_{-\infty}^{x}f(u,v)\mathrm{d}u\mathrm{d}v,$$

则称 (X,Y) 是**二维连续型随机变量**,函数 $f(x,y)$ 称为二维连续型随机变量 (X,Y) 的**概率密度**或随机变量 **X 与 Y 的联合概率密度**.

由定义 3.4,X 与 Y 的联合概率密度 $f(x,y)$ 具有以下性质:

1° **非负性** $f(x,y)\geqslant 0$;

2° **规范性** $\displaystyle\int_{-\infty}^{+\infty}\int_{-\infty}^{+\infty}f(x,y)\mathrm{d}x\mathrm{d}y=1$;

$3°\ P\{(X,Y)\in G\}=\underset{(x,y)\in G}{\iint}f(x,y)\mathrm{d}x\mathrm{d}y$,其中 G 为 XOY 平面上的任意一个区域;

$4°$ 如果二维连续型随机变量 (X,Y) 的概率密度 $f(x,y)$ 在点 (x,y) 连续, (X,Y) 的分布函数为 $F(x,y)$,则

$$\frac{\partial^2 F(x,y)}{\partial x\partial y}=f(x,y).$$

注:二元函数 $z=f(x,y)$ 在几何上表示一个曲面,通常称这个曲面为**分布曲面**.由性质 $2°$ 知,介于分布曲面和 XOY 平面之间的空间区域的全部体积等于 1;由性质 $3°$ 知, (X,Y) 落在区域 G 内的概率等于以 G 为底、曲面 $z=f(x,y)$ 为顶的柱体体积.

这里的性质 $1°,2°$ 是联合概率密度的基本性质.任何一个二元实函数 $f(x,y)$,若它满足性质 $1°,2°$,则它可以成为某二维随机变量的概率密度.

【例 3.6】　设二维随机变量 (X,Y) 的概率密度

$$f(x,y)=\begin{cases}kx, & 0\leqslant x\leqslant y\leqslant 1,\\ 0, & \text{其他}.\end{cases}$$

求:(1) 常数 k ;(2) $P\{X+Y\leqslant 1\}$.

解　(1) 由性质 $2°$ 知 $\int_{-\infty}^{+\infty}\int_{-\infty}^{+\infty}f(x,y)\mathrm{d}x\mathrm{d}y=1$,得 $\int_0^1\int_x^1 kx\mathrm{d}y\mathrm{d}x=\dfrac{k}{6}=1$,所以 $k=6$.

(2) 由性质 $3°$ 知 $P\{(X,Y)\in G\}=\underset{G}{\iint}f(x,y)\mathrm{d}x\mathrm{d}y$ 知

$$P\{X+Y\leqslant 1\}=\underset{x+y\leqslant 1}{\iint}6x\mathrm{d}x\mathrm{d}y=6\int_0^{\frac{1}{2}}x\mathrm{d}x\int_x^{1-x}\mathrm{d}y=\frac{1}{4}.$$

【例 3.7】　设二维随机变量 (X,Y) 的概率密度

$$f(x,y)=\begin{cases}x^{-2}y^{-2}, & x>1,y>1,\\ 0, & \text{其他},\end{cases}$$

求 (X,Y) 的分布函数.

解　由 $F(x,y)=\int_{-\infty}^{y}\int_{-\infty}^{x}f(u,v)\mathrm{d}u\mathrm{d}v$,得:

当 $x\leqslant 1$ 或 $y\leqslant 1$ 时, $f(x,y)=0$,则 $F(x,y)=0$;

当 $x>1,y>1$ 时,则

$$F(x,y)=\int_{-\infty}^{x}\int_{-\infty}^{y}f(u,v)\mathrm{d}u\mathrm{d}v=\int_1^x\mathrm{d}v\int_1^y u^{-2}v^{-2}\mathrm{d}u=\left(1-\frac{1}{x}\right)\left(1-\frac{1}{y}\right),$$

所以 (X,Y) 的分布函数

$$F(x,y)=\begin{cases}\left(1-\dfrac{1}{x}\right)\left(1-\dfrac{1}{y}\right), & x>1,y>1,\\ 0, & \text{其他}.\end{cases}$$

2. 常用的二维连续型随机变量

(1) 二维均匀分布

设 (X,Y) 为二维随机变量,具有概率密度

$$f(x,y)=\begin{cases} \dfrac{1}{A}, & \text{当}(x,y)\in G, \\ 0, & \text{当}(x,y)\notin G, \end{cases}$$

其中 G 是平面上的一个有界区域,其面积为 $A(A>0)$,则称二维随机变量 (X,Y) 在 G 上服从**二维均匀分布**.

(2) 二维正态分布

若二维随机变量 (X,Y) 的概率密度为

$$f(x,y)=\frac{1}{2\pi\sigma_1\sigma_2\sqrt{1-\rho^2}}\exp\left\{\frac{-1}{2(1-\rho^2)}\left[\frac{(x-\mu_1)^2}{\sigma_1^2}-2\rho\frac{(x-\mu_1)(y-\mu_2)}{\sigma_1\sigma_2}+\frac{(y-\mu_2)^2}{\sigma_2^2}\right]\right\}$$

$$(-\infty<x<+\infty,-\infty<y<+\infty).$$

其中 $\mu_1,\mu_2,\sigma_1,\sigma_2,\rho$ 都是常数,且 $\sigma_1>0,\sigma_2>0,|\rho|<1$,则称随机变量 (X,Y) 服从参数为 μ_1, $\mu_2,\sigma_1,\sigma_2,\rho$ 的**二维正态分布**,记为 $N(\mu_1,\mu_2,\sigma_1^2,\sigma_2^2,\rho)$.

练习 3.2　封面扫码查看参考答案🔍

1. 一个大袋子中装有 3 个橘子,2 个苹果,3 个梨,今从袋中随机取出 4 个水果,X 为橘子数,Y 为苹果数,求:(X,Y) 的分布律.

2. 已知二维随机变量 (X,Y) 的分布函数为

$$F(x,y)=\begin{cases} 1-3^{-x}-3^{-y}+3^{-x-y}, & x\geqslant 0,y\geqslant 0, \\ 0, & \text{其他}. \end{cases}$$

求:(X,Y) 的概率密度 $f(x,y)$.

3. 二维连续随机变量 (X,Y) 的分布函数为

$$F(x,y)=A\left(B+\arctan\frac{x}{2}\right)\left(C+\arctan\frac{y}{3}\right).$$

求:(1) A,B,C;

(2) (X,Y) 的概率密度 $f(x,y)$.

4. 二维随机变量 (X,Y) 的概率密度为

$$f(x,y)=\begin{cases} 2x\mathrm{e}^{-y}, & 0<x<1,y>0, \\ 0, & \text{其他}. \end{cases}$$

求:$P\{X+Y\leqslant 1\}$.

5. 设二维随机变量 (X,Y) 的概率密度为

$$f(x,y)=\begin{cases} Axy\mathrm{e}^{-(x+y)}, & x\geqslant 0,y\geqslant 0, \\ 0, & \text{其他}. \end{cases}$$

求:(1) A;(2) $P\{X\geqslant 2Y\}$.

6. 设二维随机变量 (X,Y) 的概率密度为

$$f(x,y)=\begin{cases} 2\mathrm{e}^{-(2x+y)}, & x>0,y>0, \\ 0, & \text{其他}. \end{cases}$$

求:(1) 联合分布函数 $F(x,y)$;(2) $P\{Y\leqslant X\}$.

7. 设二维随机变量 (X,Y) 的概率密度为

$$f(x,y)=\begin{cases}A(6-x-y), & 0<x<2,2<y<4,\\ 0, & \text{其他}.\end{cases}$$

(1) 确定常数 A；

(2) 求 $P\{X<1,Y<3\}$；

(3) 求 $P\{X<1.5\}$；

(4) 求 $P\{X+Y\leqslant 4\}$.

§3.3　边　缘　分　布

3.3.1　二维随机变量的边缘分布函数

设二维随机变量 (X,Y) 的分布函数是 $F(x,y)$，而它的两个分量 X 和 Y 都是一维随机变量，各自也有分布函数，相对于分布函数 $F(x,y)$，将它们分别称为关于 X 的边缘分布函数 $F_X(x)$ 和关于 Y 的边缘分布函数 $F_Y(y)$，它们可由 $F(x,y)$ 来确定：

$$F_X(x)=P\{X\leqslant x\}=P\{X\leqslant x,Y<+\infty\}$$
$$=\lim_{y\to+\infty}P\{X\leqslant x,Y\leqslant y\}=\lim_{y\to+\infty}F(x,y)=F(x,+\infty),$$
$$F_Y(y)=P\{Y\leqslant y\}=P\{X<+\infty,Y\leqslant y\}$$
$$=\lim_{x\to+\infty}P\{X\leqslant x,Y\leqslant y\}=\lim_{x\to+\infty}F(x,y)=F(+\infty,y),$$

即

$$F_X(x)=F(x,+\infty),$$
$$F_Y(y)=F(+\infty,y).$$

这里需要指出的是，X 与 Y 联合分布函数 $F(x,y)$ 决定了边缘分布函数 $F_X(x)$ 和 $F_Y(y)$，但是反过来，在一般情况下，仅知道边缘分布函数是不能确定联合分布函数的.

(1) 设 (X,Y) 为二维离散型随机变量，其分布律为

$$P\{X=x_i,Y=y_j\}=p_{ij},i,j=1,2,\cdots$$

则关于 X 和 Y 的边缘分布函数分别为

$$F_X(x)=F(x,+\infty)=\sum_{x_i\leqslant x}\sum_{j=1}^{+\infty}p_{ij},$$

$$F_Y(y)=F(+\infty,y)=\sum_{y_j\leqslant y}\sum_{i=1}^{+\infty}p_{ij}.$$

(2) 设 (X,Y) 为二维连续型随机变量，其概率密度为 $f(x,y)$，则关于 X 和 Y 的边缘分布函数分别为

$$F_X(x)=F(x,+\infty)=\int_{-\infty}^{x}\left[\int_{-\infty}^{+\infty}f(x,y)\mathrm{d}y\right]\mathrm{d}x,$$

$$F_Y(y)=F(+\infty,y)=\int_{-\infty}^{y}\left[\int_{-\infty}^{+\infty}f(x,y)\mathrm{d}x\right]\mathrm{d}y.$$

边缘分布函数满足分布函数的基本性质：

1° 单调性　当 $x_1 \leqslant x_2$，有 $F_X(x_1) \leqslant F_X(x_2)$；当 $y_1 \leqslant y_2$，有 $F_Y(y_1) \leqslant F_Y(y_2)$.

2° 有界性　对于任意的 x 有 $0 \leqslant F_X(x) \leqslant 1, 0 \leqslant F_Y(y) \leqslant 1$，并且有

$$F_X(+\infty) = F(+\infty, +\infty) = \int_{-\infty}^{+\infty} \left[\int_{-\infty}^{+\infty} f(x,y) \mathrm{d}y \right] \mathrm{d}x = 1,$$

$$F_Y(+\infty) = F(+\infty, +\infty) = \int_{-\infty}^{+\infty} \left[\int_{-\infty}^{+\infty} f(x,y) \mathrm{d}y \right] \mathrm{d}x = 1.$$

3° 右连续性　$F_X(x+0) = F_X(x), F_Y(y+0) = F_Y(y)$.

将二维随机变量的边缘分布函数推广到 n 维情形. 设 $(X_1, X_2, \cdots, X_n)$ 为 n 维随机变量，其分布函数 $F(x_1, x_2, \cdots, x_n)$ 已知，则 $(X_1, X_2, \cdots, X_n)$ 的 $k (1 \leqslant k < n)$ 维边缘分布函数就能确定. 例如，$(X_1, X_2, \cdots, X_n)$ 关于 X_1 和关于 (X_1, X_2) 的边缘分布函数分别为

$$F_{X_1}(x_1) = F(x_1, +\infty, +\infty, \cdots, +\infty),$$

$$F_{X_1, X_2}(x_1, x_2) = F(x_1, x_2, +\infty, \cdots, +\infty).$$

【例 3.8】　设二维随机变量 (X, Y) 的分布函数为

$$F(x,y) = \begin{cases} 1 - \mathrm{e}^{-x} - \mathrm{e}^{-y} + \mathrm{e}^{-x-y-\lambda xy}, & x > 0, y > 0, \\ 0, & \text{其他.} \end{cases}$$

这个分布称为二维指数分布，其中参数 $\lambda > 0$. 求关于 X 和 Y 的边缘分布函数 $F_X(x)$ 和 $F_Y(y)$.

解　由边缘分布函数的定义，得

$$F_X(x) = F(x, +\infty) = \lim_{y \to +\infty} F(x, y) = \begin{cases} 1 - \mathrm{e}^{-x}, & x > 0, \\ 0, & x \leqslant 0. \end{cases}$$

$$F_Y(y) = F(+\infty, y) = \lim_{x \to +\infty} F(x, y) = \begin{cases} 1 - \mathrm{e}^{-y}, & y > 0, \\ 0, & y \leqslant 0. \end{cases}$$

3.3.2　二维离散型随机变量的边缘分布律

设 (X, Y) 为二维离散型随机变量，其分布律为

$$P\{X = x_i, Y = y_j\} = p_{ij}, i, j = 1, 2, \cdots$$

而 X, Y 都是一维离散型随机变量，各自也有分布律，相对于 X 与 Y 联合分布律，将它们分别称为**关于 X 的边缘分布律** $p_{i\cdot}$ 和**关于 Y 的边缘分布律** $p_{\cdot j}$，它们可以由 p_{ij} 来确定：

$$p_{i\cdot} = P\{X = x_i\} = \sum_{j=1}^{+\infty} p_{ij}, i = 1, 2, \cdots$$

$$p_{\cdot j} = P\{Y = y_j\} = \sum_{i=1}^{+\infty} p_{ij}, j = 1, 2, \cdots$$

边缘分布律满足分布律的性质：

$$1° \ p_{i\cdot} \geqslant 0, \sum_{i=1}^{+\infty} p_{i\cdot} = \sum_{i=1}^{+\infty} \sum_{j=1}^{+\infty} p_{ij} = 1;$$

$$2° \ p_{\cdot j} \geqslant 0, \sum_{j=1}^{+\infty} p_{\cdot j} = \sum_{j=1}^{+\infty} \sum_{i=1}^{+\infty} p_{ij} = 1.$$

通常用以下表格表示(X,Y)的联合分布律和边缘分布律.

X \ Y	y_1	y_2	$\cdots$	y_j	$\cdots$	$p_i.$
x_1	p_{11}	p_{12}	$\cdots$	p_{1j}	$\cdots$	$p_1.$
x_2	p_{21}	p_{22}	$\cdots$	p_{2j}	$\cdots$	$p_2.$
$\vdots$	$\vdots$	$\vdots$	$\vdots$	$\vdots$	$\vdots$	$\vdots$
x_i	p_{i1}	p_{i2}	$\cdots$	p_{ij}	$\cdots$	$p_i.$
$\vdots$	$\vdots$	$\vdots$	$\vdots$	$\vdots$	$\vdots$	$\vdots$
$p._j$	$p._1$	$p._2$	$\cdots$	$p._j$	$\cdots$	1

关于 X 的边缘分布律见下表.

X	x_1	x_2	$\cdots$	x_i	$\cdots$
$p_i.$	$p_1.$	$p_2.$	$\cdots$	$p_i.$	$\cdots$

关于 Y 的边缘分布律见下表.

Y	y_1	y_2	$\cdots$	y_j	$\cdots$
$p._j$	$p._1$	$p._2$	$\cdots$	$p._j$	$\cdots$

【例 3.9】　二维离散型随机变量(X,Y)的分布律见下表.

X \ Y	1	2	3
0	0.09	0.21	0.24
1	0.07	0.12	0.27

求关于 X 和 Y 的边缘分布律.

解　$P\{X=0\}=\sum_{j=1}^{3}P\{X=0,Y=j\}=0.09+0.21+0.24=0.54;$

$P\{X=1\}=\sum_{j=1}^{3}P\{X=1,Y=j\}=0.07+0.12+0.27=0.46;$

$P\{Y=1\}=\sum_{i=0}^{1}P\{X=i,Y=1\}=0.09+0.07=0.16;$

$P\{Y=2\}=\sum_{i=0}^{1}P\{X=i,Y=2\}=0.21+0.12=0.33;$

$$P\{Y=3\}=\sum_{i=0}^{1}P\{X=i,Y=3\}=0.24+0.27=0.51.$$

或者将关于 X 和 Y 的边缘分布律分别列在联合分布律表的最后一行及最后一列,写成下面的分布律表.

X \ Y	1	2	3	$p_{i\cdot}$
0	0.09	0.21	0.24	0.54
1	0.07	0.12	0.27	0.46
$p_{\cdot j}$	0.16	0.33	0.51	1

这里需要指出的是,联合分布律决定了边缘分布律,但是反过来,在一般情况下,仅知道边缘分布律是不能确定联合分布律的.

3.3.3 二维连续型随机变量的边缘概率密度

设 (X,Y) 为二维连续型随机变量,其概率密度为 $f(x,y)$,而它的两个分量 X 和 Y 是一维连续型随机变量,各自也有概率密度.相对于 X 和 Y 的联合概率密度 $f(x,y)$,将它们称为**关于 X 的边缘概率密度** $f_X(x)$ 和**关于 Y 的边缘概率密度** $f_Y(y)$.因为关于 X 和 Y 的边缘分布函数分别为

$$F_X(x)=F(x,+\infty)=\int_{-\infty}^{x}\left[\int_{-\infty}^{+\infty}f(x,y)\mathrm{d}y\right]\mathrm{d}x,$$

$$F_Y(y)=F(+\infty,y)=\int_{-\infty}^{y}\left[\int_{-\infty}^{+\infty}f(x,y)\mathrm{d}x\right]\mathrm{d}y.$$

所以**关于 X 和 Y 的边缘概率密度**分别为

$$f_X(x)=\frac{\mathrm{d}F_X(x)}{\mathrm{d}x}=\int_{-\infty}^{+\infty}f(x,y)\mathrm{d}y,$$

$$f_Y(y)=\frac{\mathrm{d}F_Y(y)}{\mathrm{d}y}=\int_{-\infty}^{+\infty}f(x,y)\mathrm{d}x.$$

二维连续型随机变量 X 与 Y 的联合分布函数 $F(x,y)$、联合概率密度 $f(x,y)$、边缘分布函数 $F_X(x)$ 和 $F_Y(y)$ 和边缘概率密度 $f_X(x)$ 和 $f_Y(y)$ 的关系归纳如图 3-3 所示.

将二维连续型随机变量的边缘概率密度推广到 n 维情形:设 $(X_1,X_2,\cdots,X_n)$ 为 n 维随机变量,其概率密度 $f(x_1,x_2,\cdots,x_n)$ 已知,则 $(X_1,X_2,\cdots,X_n)$ 的 k $(1{\leqslant}k{<}n)$ 维边缘概率密度就能确定.例如,$(X_1,X_2,\cdots,X_n)$ 关于 X_1 和关于 (X_1,X_2) 的边缘概率密度分别为

$$f_{X_1}(x_1)=\int_{-\infty}^{+\infty}\int_{-\infty}^{+\infty}\cdots\int_{-\infty}^{+\infty}f(x_1,x_2,\cdots,x_n)\mathrm{d}x_2\mathrm{d}x_3\cdots\mathrm{d}x_n,$$

$$f_{X_1,X_2}(x_1,x_2)=\int_{-\infty}^{+\infty}\int_{-\infty}^{+\infty}\cdots\int_{-\infty}^{+\infty}f(x_1,x_2,\cdots,x_n)\mathrm{d}x_3\mathrm{d}x_4\cdots\mathrm{d}x_n.$$

【例 3.10】 设随机变量 X 和 Y 的联合概率密度为

$$f(x,y)=\begin{cases}6, & x^2{\leqslant}y{\leqslant}x,\\0, & \text{其他}.\end{cases}$$

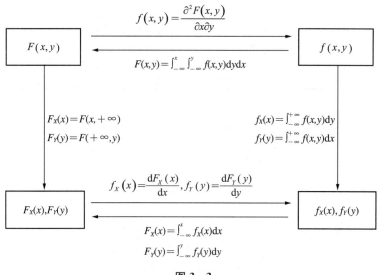

$$f(x,y) = \frac{\partial^2 F(x,y)}{\partial x \partial y}$$

$$F(x,y) = \int_{-\infty}^{x} \int_{-\infty}^{y} f(x,y)\mathrm{d}y\mathrm{d}x$$

$$F_X(x) = F(x, +\infty)$$
$$F_Y(y) = F(+\infty, y)$$

$$f_X(x) = \int_{-\infty}^{+\infty} f(x,y)\mathrm{d}y$$
$$f_Y(y) = \int_{-\infty}^{+\infty} f(x,y)\mathrm{d}x$$

$$f_X(x) = \frac{\mathrm{d}F_X(x)}{\mathrm{d}x}, f_Y(y) = \frac{\mathrm{d}F_Y(y)}{\mathrm{d}y}$$

$$F_X(x) = \int_{-\infty}^{x} f_X(x)\mathrm{d}x$$
$$F_Y(y) = \int_{-\infty}^{y} f_Y(y)\mathrm{d}y$$

图 3 - 3

求关于 X 和 Y 边缘概率密度 $f_X(x)$ 和 $f_Y(y)$.

解　由题意知,概率密度 $f(x,y)$ 的非零区域如图 3 - 4 的阴影部分所示.

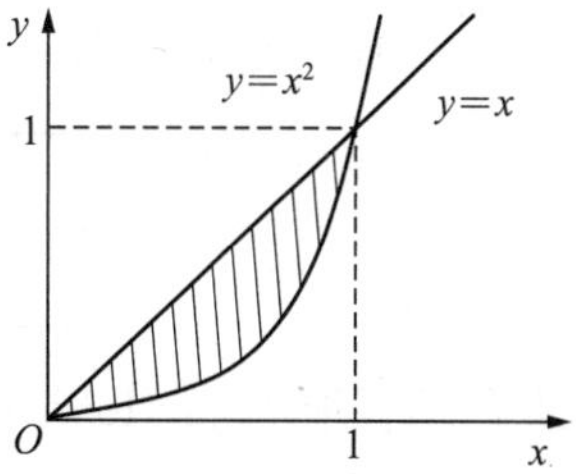

因此根据边缘概率密度的计算公式可以得

$$f_X(x) = \int_{-\infty}^{+\infty} f(x,y)\mathrm{d}y = \begin{cases} \int_{x^2}^{x} 6\mathrm{d}y = 6(x - x^2), & 0 \leqslant x \leqslant 1, \\ 0, & \text{其他.} \end{cases}$$

$$f_Y(y) = \int_{-\infty}^{+\infty} f(x,y)\mathrm{d}x = \begin{cases} \int_{y}^{\sqrt{y}} 6\mathrm{d}x = 6(\sqrt{y} - y), & 0 \leqslant y \leqslant 1, \\ 0, & \text{其他.} \end{cases}$$

图 3 - 4

练习 3.3　封面扫码查看参考答案

1. 二维随机变量的边缘分布与一维随机变量的分布有什么联系与区别?

2. 一口袋中有 3 只乒乓球,依次标号 1,2,3. 从这个袋子中任取一只乒乓球后,不放回袋中,再从袋中任取一只乒乓球. 设每次取球时,袋中各个球被取到的可能性相同. 以 X 和 Y 分别表示第一次、第二次取得的球上标有的数字.

(1) 求 X 和 Y 的联合分布律;

(2) 求边缘分布律;

(3) 求 $P\{X \geqslant Y\}$.

3. 将某一医药公司 8 月份和 9 月份收到的青霉素针剂的订货单数分别记为 X 和 Y. 据以往积累的资料知,X 和 Y 的联合分布律制成下表.

X Y	51	51	53	54	55
51	0.06	0.05	0.05	0.01	0.01
52	0.07	0.05	0.01	0.01	0.01
53	0.05	0.10	0.10	0.05	0.05
54	0.05	0.02	0.01	0.01	0.03
55	0.05	0.06	0.05	0.01	0.03

求:边缘分布律.

4. 设随机变量 (X,Y) 的联合概率密度为

$$f(x,y)=\begin{cases}6xe^{-3y}, & 0\leqslant x\leqslant 1, y>0,\\ 0, & 其他.\end{cases}$$

试求:(1) 边缘密度函数 $f_X(x)$ 及 $f_Y(y)$;

(2) $P\{X>0.5, Y>1\}$.

5. 设二维随机变量 (X,Y) 的概率密度为

$$P(x,y)=\begin{cases}e^{-y}, & 0<x<y\\ 0, & 其他.\end{cases}$$

(1) 求关于 X 的边缘概率密度 $p_X(x)$;

(2) 求概率 $P\{X+Y\leqslant 1\}$.

6. 随机变量 $X_i(i=1,2)$ 的分布律由下表给出.

X_i	0	1
p_k	0.5	0.5

且 $P\{X_1X_2=0\}=1$. 试求二维随机变量 (X_1,X_2) 的分布律.

§3.4 条 件 分 布

在 §1.4 中,对于两个事件讨论了它们的条件概率,同样对于二维随机变量 (X,Y),我们也可以研究它们的条件分布,现在看下面一个例子.

【引例】 一盒子中有两只白球、三只黑球,摸球两次,每次摸后不放回,设随机变量:

$$X=\begin{cases}1,第一次摸出的是白球,\\ 0,第一次摸出的是黑球,\end{cases}\quad Y=\begin{cases}1,第二次摸出的是白球,\\ 0,第二次摸出的是黑球.\end{cases}$$

求:第一次摸出白球的条件下,第二次摸到黑球的概率.

解 根据题意得到二维随机变量 (X,Y) 的分布律及其边缘分布律由下表给出.

X Y	0	1	$p_i.$
0	$\frac{3}{10}$	$\frac{3}{10}$	$\frac{6}{10}$
1	$\frac{3}{10}$	$\frac{1}{10}$	$\frac{4}{10}$
$p\cdot_j$	$\frac{6}{10}$	$\frac{4}{10}$	1

令事件 $A=\{X=1\}$，$B=\{Y=0\}$，则有

$$P\{\text{第二次摸出的是黑球}|\text{第一次摸出的是白球}\}$$

$$=P(B|A)=\frac{P(AB)}{P(A)}=\frac{P(X=1,Y=0)}{P(X=1)}=\frac{p_{21}}{p_{2.}}=\frac{3}{4}$$

通过本例可以看到，对于二维的随机变量我们可以对其中一个随机变量取定某个数值的条件下研究另一个随机变量的分布.本节将分别对离散型随机变量和连续型随机变量的条件分布进行讨论.

3.4.1 二维离散型随机变量的条件分布律

设 (X,Y) 是二维离散型随机变量，其分布律和边缘分布律分别为

$$P\{X=x_i,Y=y_j\}=p_{ij},i,j=1,2,\cdots$$

和

$$p_{i.}=P\{X=x_i\}=\sum_{j=1}^{+\infty}p_{ij},i=1,2,\cdots$$

$$p_{.j}=P\{Y=y_j\}=\sum_{i=1}^{+\infty}p_{ij},j=1,2,\cdots$$

令事件 $A=\{Y=y_j\}$，$B=\{X=x_i\}$，则对于固定的 j，当 $p_{.j}>0$，由事件的条件概率公式

$$P(B|A)=\frac{P(BA)}{P(A)},$$

有

$$P\{X=x_i|Y=y_j\}=\frac{P\{X=x_i,Y=y_j\}}{P\{Y=y_j\}}=\frac{p_{ij}}{p_{.j}},i=1,2,\cdots \tag{3-1}$$

称其为在 $Y=y_j$ 条件下随机变量 X 的条件分布律.

同理，固定 $X=x_i$，若 $p_{i.}>0$，则称

$$P\{Y=y_j|X=x_i\}=\frac{P\{X=x_i,Y=y_j\}}{P\{X=x_i\}}=\frac{p_{ij}}{p_{i.}},j=1,2,\cdots \tag{3-2}$$

为在 $X=x_i$ 条件下随机变量 Y 的条件分布律.

显然，$P\{X=x_i|Y=y_j\}$ 满足离散型随机变量分布律的性质：

1° 非负性 $P\{X=x_i|Y=y_j\}\geqslant 0$；

2° 规范性 $\sum\limits_{i=1}^{\infty}P\{X=x_i|Y=y_j\}=\sum\limits_{i=1}^{\infty}\frac{p_{ij}}{p_{.j}}=1.$

同理 $P\{Y=y_j|X=x_i\}$ 也满足类似的性质.

【例 3.11】 二维离散型随机变量 (X,Y) 的分布律由下表给出.

X \ Y	1	2	3
0	0.09	0.21	0.24
1	0.07	0.12	0.27

求 $P\{Y=2|X=1\}$.

解 由(3-2)式得

$$P\{Y=2|X=1\}=\frac{P\{X=1,Y=2\}}{P\{X=1\}},$$

又 $P\{X=1,Y=2\}=0.12$ 已知,而 $P\{X=1\}$ 可由边缘分布律公式求得,即

$$P\{X=1\}=\sum_{j=1}^{3}P\{X=1,Y=j\}=0.07+0.12+0.27=0.46,$$

所以

$$P\{Y=2|X=1\}=\frac{P\{X=1,Y=2\}}{P\{X=1\}}=\frac{0.12}{0.46}=\frac{6}{23}.$$

【例 3.12】 以 X 记某医院一天内诞生婴儿的个数,以 Y 记其中男婴的个数,设 X 与 Y 的联合分布律为

$$P\{X=n,Y=m\}=\frac{e^{-14}(7.14)^m(6.86)^{n-m}}{m!(n-m)!},n=0,1,2,\cdots,m=0,1,\cdots,n.$$

试求条件分布律 $P\{Y=m|X=n\}$.

解 由(3-2)式得

$$P\{Y=m|X=n\}=\frac{P\{X=n,Y=m\}}{P\{X=n\}},$$

要求出 $P\{X=n\}$,先由边缘分布律的公式求出 X 的边缘分布律

$$P\{X=n\}=\sum_{m=0}^{n}P\{X=n,Y=m\}$$

$$=\sum_{m=0}^{n}\frac{e^{-14}(7.14)^m(6.86)^{n-m}}{m!(n-m)!}$$

$$=\frac{14^n}{n!}e^{-14}\sum_{m=0}^{n}C_n^m\left(\frac{7.14}{14}\right)^m\left(\frac{6.86}{14}\right)^{n-m}=\frac{14^n}{n!}e^{-14},n=0,1,\cdots$$

可以看出 X 服从参数为 14 的泊松分布.由条件分布律公式得

$$P\{Y=m|X=n\}=\frac{P\{X=n,Y=m\}}{P\{X=n\}}$$

$$=\frac{e^{-14}(7.14)^m(6.86)^{n-m}}{m!(n-m)!}\cdot\frac{n!}{14^n e^{-14}}$$

$$=C_n^m\left(\frac{7.14}{14}\right)^m\left(\frac{6.86}{14}\right)^{n-m},m=0,1,\cdots,n.$$

这恰好是二项分布 $b(n,0.51)$.

3.4.2 二维连续型随机变量的条件概率密度

设 (X,Y) 为二维连续型随机变量,其概率密度为 $f(x,y)$,关于 X 和 Y 的边缘概率密度分别为

$$f_X(x)=\int_{-\infty}^{+\infty}f(x,y)\mathrm{d}y,$$

$$f_Y(y)=\int_{-\infty}^{+\infty}f(x,y)\mathrm{d}x.$$

对离散型随机变量,可以计算出 $Y=y$ 条件下,X 的条件分布函数 $P\{X\leqslant x|Y=y\}$.

但是,对于连续型的随机变量,它取某个值的概率等于 0,即 $P\{Y=y\}=0$. 所以无法直接计算 $P\{X\leqslant x\mid Y=y\}$. 但是 $P\{X\leqslant x\mid Y=y\}$ 可以看成是 $\varepsilon\to 0^+$ 时 $P\{X\leqslant x\mid y\leqslant Y\leqslant y+\varepsilon\}$ 的极限,即

$$
\begin{aligned}
P\{X\leqslant x\mid Y=y\} &= \lim_{\varepsilon\to 0^+}P\{X\leqslant x\mid y\leqslant Y\leqslant y+\varepsilon\} \\
&= \lim_{\varepsilon\to 0^+}\frac{P\{X\leqslant x,y\leqslant Y\leqslant y+\varepsilon\}}{P\{y\leqslant Y\leqslant y+\varepsilon\}} \\
&= \lim_{\varepsilon\to 0^+}\frac{\int_{-\infty}^{x}\left[\int_{y}^{y+\varepsilon}f(x,y)\mathrm{d}y\right]\mathrm{d}x}{\int_{-\infty}^{+\infty}\left[\int_{y}^{y+\varepsilon}f(x,y)\mathrm{d}y\right]\mathrm{d}x} \\
&= \lim_{\varepsilon\to 0^+}\frac{\int_{-\infty}^{x}\left[\int_{y}^{y+\varepsilon}f(x,y)\mathrm{d}y\right]\mathrm{d}x}{\int_{y}^{y+\varepsilon}f_Y(y)\mathrm{d}y}.
\end{aligned}
$$

当 $f(x,y)$,$f_X(x)$ 在 y 处连续时,由积分中值定理得

$$\lim_{\varepsilon\to 0^+}\frac{1}{\varepsilon}\int_{y}^{y+\varepsilon}f(x,y)\mathrm{d}y=f(x,y),$$

$$\lim_{\varepsilon\to 0^+}\frac{1}{\varepsilon}\int_{y}^{y+\varepsilon}f_Y(y)\mathrm{d}y=f_Y(y).$$

所以

$$P\{X\leqslant x\mid Y=y\}=\int_{-\infty}^{x}\frac{f(x,y)}{f_Y(y)}\mathrm{d}x.$$

我们可以定义连续型随机变量的条件分布如下.

定义 3.5　设 (X,Y) 二维连续型随机变量,其概率密度为 $f(x,y)$,关于 Y 的边缘概率密度 $f_Y(y)>0$,则 $Y=y$ 条件下 X 的条件分布函数和条件概率密度分别为

$$F_{X\mid Y}(x\mid y)=P\{X\leqslant x\mid Y=y\}=\int_{-\infty}^{x}\frac{f(x,y)}{f_Y(y)}\mathrm{d}x, \tag{3-3}$$

$$f_{X\mid Y}(x\mid y)=\frac{f(x,y)}{f_Y(y)}. \tag{3-4}$$

同理,当 X 的边缘概率密度 $f_X(x)>0$,则在 $X=x$ 的条件下 Y 的**条件分布函数和条件概率密度**分别为

$$F_{Y\mid X}(y\mid x)=P\{Y\leqslant y\mid X=x\}=\int_{-\infty}^{y}\frac{f(x,y)}{f_X(x)}\mathrm{d}y, \tag{3-5}$$

$$f_{Y\mid X}(y\mid x)=\frac{f(x,y)}{f_X(x)}. \tag{3-6}$$

由条件分布函数和条件概率密度的表达式,得

$$f(x,y)=f_X(x)f_{Y\mid X}(y\mid x)=f_Y(y)f_{X\mid Y}(x\mid y).$$

由一个变量的边缘概率密度和这个变量已知时另一个变量的条件概率密度,可以求出联合概率密度.

【例 3.13】　设随机变量 (X,Y) 在圆域 $x^2+y^2\leqslant r^2$ 上服从二维均匀分布,概率密度为

$$f(x,y)=\begin{cases} \dfrac{1}{\pi r^2}, & x^2+y^2\leqslant r^2, \\ 0, & \text{其他.} \end{cases}$$

求：(X,Y) 的条件概率密度 $f_{X|Y}(x\mid y)$ 和 $f_{Y|X}(y\mid x)$.

解 由条件概率密度的公式 $f_{X|Y}(x\mid y)=\dfrac{f(x,y)}{f_Y(y)}$，$f_{Y|X}(y\mid x)=\dfrac{f(x,y)}{f_X(x)}$，首先求出关于 X 和 Y 的边缘概率密度.

$$f_X(x)=\int_{-\infty}^{+\infty}f(x,y)\mathrm{d}y=\begin{cases} \displaystyle\int_{-\sqrt{r^2-x^2}}^{\sqrt{r^2-x^2}}\dfrac{1}{\pi r^2}\mathrm{d}y, & -r\leqslant x\leqslant r, \\ 0, & \text{其他} \end{cases}$$

$$=\begin{cases} \dfrac{2\sqrt{r^2-x^2}}{\pi r^2}, & -r\leqslant x\leqslant r, \\ 0, & \text{其他,} \end{cases}$$

$$f_Y(y)=\int_{-\infty}^{+\infty}f(x,y)\mathrm{d}x=\begin{cases} \displaystyle\int_{-\sqrt{r^2-y^2}}^{\sqrt{r^2-y^2}}\dfrac{1}{\pi r^2}\mathrm{d}x, & -r\leqslant y\leqslant r, \\ 0, & \text{其他} \end{cases}$$

$$=\begin{cases} \dfrac{2\sqrt{r^2-y^2}}{\pi r^2}, & -r\leqslant y\leqslant r, \\ 0, & \text{其他.} \end{cases}$$

于是当 $-r<y<r$ 时,在条件 $\{Y=y\}$ 下,X 的条件概率密度为

$$f_{X|Y}(x\mid y)=\dfrac{f(x,y)}{f_Y(y)}=\begin{cases} \dfrac{1}{2\sqrt{r^2-y^2}}, & -\sqrt{r^2-y^2}\leqslant x\leqslant\sqrt{r^2-y^2}, \\ 0, & \text{其他.} \end{cases}$$

当 $-r<x<r$ 时,在条件 $\{X=x\}$ 下,Y 的条件概率密度为

$$f_{Y|X}(y\mid x)=\dfrac{f(x,y)}{f_X(x)}=\begin{cases} \dfrac{1}{2\sqrt{r^2-x^2}}, & -\sqrt{r^2-x^2}\leqslant y\leqslant\sqrt{r^2-x^2}, \\ 0, & \text{其他.} \end{cases}$$

【例 3.14】 对于二维随机变量 (X,Y),当 $0<y<1$ 时,在条件 $\{Y=y\}$ 下,X 的条件概率密度为

$$f_{X|Y}(x\mid y)=\begin{cases} \dfrac{3x^2}{y^3}, & 0<x<y, \\ 0, & \text{其他.} \end{cases}$$

随机变量 Y 的边缘概率密度函数为

$$f_Y(y)=\begin{cases} 5y^4, & 0<y<1, \\ 0, & \text{其他.} \end{cases}$$

试求边缘概率密度 $f_X(x)$ 和 $f_{Y|X}(y\mid x)$.

解 二维随机变量 (X,Y) 的概率密度函数为

$$f(x,y)=f_Y(y)f_{X|Y}(x\mid y)=\begin{cases} 15x^2y, & 0<x<y<1, \\ 0, & \text{其他.} \end{cases}$$

由边缘概率密度定义

$$f_X(x) = \int_{-\infty}^{+\infty} f(x,y)\mathrm{d}y = \begin{cases} \int_x^1 15x^2 y\mathrm{d}y, & 0 < x < 1, \\ 0, & \text{其他}. \end{cases}$$

$$= \begin{cases} \dfrac{15x^2(1-x^2)}{2}, & 0 < x < 1, \\ 0, & \text{其他}. \end{cases}$$

从而,由条件概率密度公式知,当 $0 < x < 1$ 时,有

$$f_{Y|X}(y\mid x) = \frac{f(x,y)}{f_X(x)} = \begin{cases} \dfrac{2y}{1-x^2}, & x < y < 1, \\ 0, & \text{其他}. \end{cases}$$

练习 3.4　封面扫码查看参考答案 🔍

1. 某射手对目标进行射击,击中目标的概率为 $p(0 < p < 1)$,射击进行到击中目标 2 次为止. 记 X 为首次击中目标时所进行的射击次数;记 Y 为第二次击中目标时所进行的射击次数(即射击的总次数). 试求 X 与 Y 的联合分布律和关于 X, Y 的边缘分布律及条件分布律.

2. 已知 X 的分布律为 $P\{X = k\} = (0.3)^k (0.7)^{1-k}(k = 0, 1)$,而且在 $X = 0$ 及 $X = 1$ 的条件下关于 Y 的条件分布律由下表给出.

Y	1	2	3
$P\{Y\mid X = 0\}$	$\dfrac{1}{7}$	$\dfrac{2}{7}$	$\dfrac{4}{7}$
$P\{Y\mid X = 1\}$	$\dfrac{1}{2}$	$\dfrac{1}{3}$	$\dfrac{1}{6}$

求:(1) 二维随机变量 (X,Y) 的分布律;

(2) 关于 X, Y 的边缘分布律;

(3) 在 $Y \neq 3$ 的条件下 X 的条件分布律.

3. 已知一口袋里有 2 只白球,3 只红球. 随机取球两次,每次取 1 球,取后不放回,设随机变量

$$X = \begin{cases} 1, \text{第一次取出的是白球}, \\ 0, \text{第一次取出的是红球}, \end{cases} \quad Y = \begin{cases} 1, \text{第二次取出的是白球}, \\ 0, \text{第二次取出的是红球}. \end{cases}$$

试在条件 $X = 0$ 和 $X = 1$ 下,分别求出随机变量 Y 的条件分布律.

4. 一整数随机变量 X 在 $1, 2, 3, 4, 5$ 中等可能取值,另一个整数随机变量 Y 在 $1, 2, \cdots, X$ 中等可能取值,试求:

(1) 二维随机变量 (X,Y) 的分布律;

(2) 关于 Y 的边缘分布律;

(3) $P\{X=i|Y=3\}$.

5. 设随机变量 (X,Y) 的概率密度为

$$f(x,y)=\begin{cases}1, & 0<x<1,|y|<x,\\ 0, & \text{其他}.\end{cases}$$

求：条件概率密度 $f_{Y|X}(y|x)$，$f_{X|Y}(x|y)$.

6. 设二维随机变量 (X,Y) 具有概率密度

$$f(x,y)=\begin{cases}x\mathrm{e}^{-x(y+1)}, & x>0,y>0,\\ 0, & \text{其他},\end{cases}$$

求：条件概率密度 $f_{X|Y}(x\mid y)$，$f_{Y|X}(y\mid x)$.

7. 已知随机变量 (X,Y) 服从二维正态分布 $N(\mu_1,\mu_2,\sigma_1^2,\sigma_2^2,\rho)$，求在条件 $\{X=x\}$ 下，Y 的条件密度函数 $f_{Y|X}(y\mid x)$.

§3.5 随机变量的独立性

在多维随机变量中，各个分量的取值有时候会互相影响，但是有时候也会毫无影响。例如，我们将一个人的身高、体重和收入分别记为随机变量 X,Y 和 Z，则 X 和 Y 相互影响，而它们与 Z 一般没有影响。当两个随机变量之间的取值互不影响时，就称它们是相互独立的。在第 1 章中，我们曾经介绍了随机事件的独立性，下面利用两个随机事件相互独立的概念引入随机变量独立性的概念。

设 X,Y 为随机变量，对于任意的实数 x 和 y，若事件 $A=\{X\leqslant x\}$ 与事件 $B=\{Y\leqslant y\}$ 相互独立，则 $P(AB)=P(A)P(B)$，即

$$P\{X\leqslant x,Y\leqslant y\}=P\{X\leqslant x\}P\{Y\leqslant y\}, \tag{3-7}$$

则称 X 与 Y 相互独立。

由随机变量 X 与 Y 的联合分布函数及边缘分布函数的定义，可得

$$F(x,y)=F_X(x)F_Y(y), \tag{3-8}$$

该式可用来判断 X,Y 的相互独立性。

3.5.1 离散型随机变量的独立性

首先来讨论离散型随机变量的独立性。

定理 3.1 设 (X,Y) 是二维离散型随机变量，p_{ij} 是 (X,Y) 的分布律，$p_{i\cdot}$，$p_{\cdot j}$ 依次为关于 X,Y 的边缘分布律，则 X,Y 相互独立的充要条件是

$$P\{X=x_i,Y=y_j\}=P\{X=x_i\}P\{Y=y_j\}, \tag{3-9}$$

即 $p_{ij}=p_{i\cdot}\cdot p_{\cdot j}$，$i,j=1,2,\cdots$

【例 3.15】 X 与 Y 的联合分布律由下表给出。

X＼Y	0	1	2	3
0	$\dfrac{1}{27}$	$\dfrac{1}{9}$	$\dfrac{1}{9}$	$\dfrac{1}{27}$
1	$\dfrac{1}{9}$	$\dfrac{2}{9}$	$\dfrac{1}{9}$	0
2	$\dfrac{1}{9}$	$\dfrac{1}{9}$	0	0
3	$\dfrac{1}{27}$	0	0	0

试求：关于 X 和 Y 的边缘分布律，并判断 X,Y 是否相互独立？

解　由表中可按行加得 $p_{i.}$，按列加得 $p_{.j}$（见下表）．

X＼Y	0	1	2	3	$p_{i.}$
0	$\dfrac{1}{27}$	$\dfrac{1}{9}$	$\dfrac{1}{9}$	$\dfrac{1}{27}$	$\dfrac{8}{27}$
1	$\dfrac{1}{9}$	$\dfrac{2}{9}$	$\dfrac{1}{9}$	0	$\dfrac{4}{9}$
2	$\dfrac{1}{9}$	$\dfrac{1}{9}$	0	0	$\dfrac{2}{9}$
3	$\dfrac{1}{27}$	0	0	0	$\dfrac{1}{27}$
$p_{.j}$	$\dfrac{8}{27}$	$\dfrac{4}{9}$	$\dfrac{2}{9}$	$\dfrac{1}{27}$	1

则关于 X 的边缘分布律由下表给出．

X	0	1	2	3
$p_{i.}$	$\dfrac{8}{27}$	$\dfrac{4}{9}$	$\dfrac{2}{9}$	$\dfrac{1}{27}$

关于 Y 的边缘分布律由下表给出．

Y	0	1	2	3
$p_{.j}$	$\dfrac{8}{27}$	$\dfrac{4}{9}$	$\dfrac{2}{9}$	$\dfrac{1}{27}$

由于 $p_{11} = P\{X = 0, Y = 0\} = \dfrac{1}{27}$，而

$$p_{1.} p_{.1} = P\{X = 0\} \cdot P\{Y = 0\} = \frac{8}{27} \times \frac{8}{27} = \frac{64}{729} \neq P\{X = 0, Y = 0\},$$

则 $p_{1.} p_{.1} \neq p_{11}$，所以 X,Y 不独立．

事实上，当我们判断两个离散型随机变量是否相互独立，只要验证(3-9)式即可．

【例 3.16】　袋中有 2 个白球，3 个黑球，从袋中任取两次球，每次取一个，令

$$X = \begin{cases} 1, \text{第一次取得白球}, \\ 0, \text{第一次取得黑球}, \end{cases} \quad Y = \begin{cases} 1, \text{第二次取得白球}, \\ 0, \text{第二次取得黑球}, \end{cases}$$

试在下面两种情况下判断随机变量 X 与 Y 是否相互独立?

(1) 有放回地取球;

(2) 不放回地取球.

解 (1) 有放回地取球时,X 与 Y 的联合分布律如下:

$$P\{X=0, Y=0\} = \frac{C_3^1}{C_5^1} \frac{C_3^1}{C_5^1} = \frac{9}{25}, P\{X=1, Y=0\} = \frac{C_2^1}{C_5^1} \frac{C_3^1}{C_5^1} = \frac{6}{25},$$

$$P\{X=0, Y=1\} = \frac{C_3^1}{C_5^1} \frac{C_2^1}{C_5^1} = \frac{6}{25}, P\{X=1, Y=1\} = \frac{C_2^1}{C_5^1} \frac{C_2^1}{C_5^1} = \frac{4}{25}.$$

列表如下:

X＼Y	0	1	$p_i.$
0	$\frac{9}{25}$	$\frac{6}{25}$	$\frac{3}{5}$
1	$\frac{6}{25}$	$\frac{4}{25}$	$\frac{2}{5}$
$p._j$	$\frac{3}{5}$	$\frac{2}{5}$	1

容易验证,对一切 $i, j = 0, 1$,有 $p_{ij} = p_i. \cdot p._j$,故 X 与 Y 相互独立.

(2) 不放回地取球时,X 与 Y 的联合分布律如下:

$$P\{X=0, Y=0\} = \frac{P_3^2}{P_5^2} = \frac{3}{10}, P\{X=1, Y=0\} = \frac{P_2^1 P_3^1}{P_5^2} = \frac{3}{10},$$

$$P\{X=0, Y=1\} = \frac{P_3^1 P_2^1}{P_5^2} = \frac{3}{10}, P\{X=1, Y=1\} = \frac{P_2^2}{P_5^2} = \frac{1}{10}.$$

列表如下:

X＼Y	0	1	$p_i.$
0	$\frac{3}{10}$	$\frac{3}{10}$	$\frac{3}{5}$
1	$\frac{3}{10}$	$\frac{1}{10}$	$\frac{2}{5}$
$p._j$	$\frac{3}{5}$	$\frac{2}{5}$	1

容易验证,$p_{11} \neq p_1. p._1$,故 X 与 Y 不独立.

3.5.2 连续型随机变量的独立性

对于连续型随机变量的独立性,根据(3-8)式,我们可以得到如下的结论.

定理 3.2 设 (X, Y) 是二维连续型随机变量,$f(x, y)$,$f_X(x)$,$f_Y(y)$ 分别是 X, Y 的联

合概率密度与边缘概率密度,则 X,Y 相互独立的充要条件是

$$f(x,y) = f_X(x)f_Y(y), x \in \mathbb{R}, y \in \mathbb{R}. \tag{3-10}$$

【例 3.17】 设二维随机变量 (X,Y) 的概率密度为

$$f(x,y) = \begin{cases} 4\mathrm{e}^{-2(x+y)}, & 0 < x < +\infty, 0 < y < +\infty, \\ 0, & \text{其他.} \end{cases}$$

试求:关于 X 和 Y 的边缘概率密度,并判断 X,Y 是否相互独立.

解 由边缘概率密度定义知

$$f_X(x) = \int_{-\infty}^{+\infty} f(x,y)\mathrm{d}y.$$

当 $x \leqslant 0$ 时, $f_X(x) = \int_{-\infty}^{+\infty} f(x,y)\mathrm{d}y = \int_{-\infty}^{+\infty} 0\mathrm{d}y = 0$;

当 $x > 0$ 时, $f_X(x) = \int_{-\infty}^{+\infty} f(x,y)\mathrm{d}y = \int_{-\infty}^{0} 0\mathrm{d}y + \int_{0}^{+\infty} 4\mathrm{e}^{-2(x+y)}\mathrm{d}y = 2\mathrm{e}^{-2x}$.

故有

$$f_X(x) = \begin{cases} 2\mathrm{e}^{-2x}, & x > 0, \\ 0, & x \leqslant 0. \end{cases}$$

同理可得

$$f_Y(x) = \begin{cases} 2\mathrm{e}^{-2y}, & y > 0, \\ 0, & y \leqslant 0. \end{cases}$$

显然,对任意的实数 x,y,都有 $f(x,y) = f_X(x)f_Y(y)$,所以 X,Y 相互独立.

【例 3.18】 设 X,Y 相互独立,且均服从均匀分布 $U(0,1)$,试求 $P\{X+Y<1\}$.

解 由题意知 X,Y 的概率密度如下:

$$f_X(x) = \begin{cases} 1, & 0 < x < 1, \\ 0, & \text{其他,} \end{cases} \qquad f_Y(y) = \begin{cases} 1, & 0 < y < 1, \\ 0, & \text{其他.} \end{cases}$$

因为 X 与 Y 相互独立,所以 (X,Y) 的概率密度为

$$f(x,y) = f_X(x)f_Y(y) = \begin{cases} 1, & 0 < x < 1, 0 < y < 1, \\ 0, & \text{其他.} \end{cases}$$

令区域 $G = \{(x,y) \mid x+y<1\}$,于是

$$P\{X+Y<1\} = P\{(X,Y) \in G\}$$
$$= \iint\limits_{(x,y) \in G} f(x,y)\mathrm{d}x\mathrm{d}y = \int_0^1 \mathrm{d}y \int_0^{1-y} 1\mathrm{d}x = \frac{1}{2}.$$

3.5.3 n 维随机变量的独立性

以上所述关于二维随机变量的一些概念,容易推广到 n 维随机变量的情况.

对于任意 n 个实数 $x_1, x_2, \cdots, x_n$, n 元函数

$$F(x_1, x_2, \cdots, x_n) = P\{X_1 \leqslant x_1, X_2 \leqslant x_2, \cdots, X_n \leqslant x_n\}$$

称为 n 维随机变量 $(X_1, X_2, \cdots, X_n)$ 的**分布函数**或随机变量 $X_1, X_2, \cdots, X_n$ 的**联合分布函数**.它具有类似于二维随机变量的分布函数的性质.

若存在非负函数 $f(x_1, x_2, \cdots, x_n)$,使对于任意实数 $x_1, x_2, \cdots, x_n$ 有

$$F(x_1, x_2, \cdots, x_n) = \int_{-\infty}^{x_n} \int_{-\infty}^{x_{n-1}} \cdots \int_{-\infty}^{x_1} f(x_1, x_2, \cdots, x_n) \mathrm{d}x_1 \mathrm{d}x_2 \cdots \mathrm{d}x_n,$$

则称 $f(x_1, x_2, \cdots, x_n)$ 为 n 维随机变量 $(X_1, X_2, \cdots, X_n)$ 的**概率密度函数**.

设 $(X_1, X_2, \cdots, X_n)$ 的分布函数 $F(x_1, x_2, \cdots, x_n)$ 为已知, 则 $(X_1, X_2, \cdots, X_n)$ 的 $k(1 \leqslant k < n)$ 维边缘分布函数就随之确定. 例如 $(X_1, X_2, \cdots, X_n)$ 关于 X_1、关于 (X_1, X_2) 的边缘分布函数分别为

$$F_{X_1}(x_1) = F(x_1, +\infty, +\infty, \cdots, +\infty),$$

$$F_{X_1, X_2}(x_1, x_2) = F(x_1, x_2, +\infty, +\infty, \cdots, +\infty).$$

又若 $f(x_1, x_2, \cdots, x_n)$ 是 $(X_1, X_2, \cdots, X_n)$ 的概率密度, 则 $(X_1, X_2, \cdots, X_n)$ 关于 X_1、关于 (X_1, X_2) 的边缘概率密度分别为

$$f_{X_1}(x_1) = \int_{-\infty}^{+\infty} \int_{-\infty}^{+\infty} \cdots \int_{-\infty}^{+\infty} f(x_1, x_2, \cdots, x_n) \mathrm{d}x_2 \mathrm{d}x_3 \cdots \mathrm{d}x_n,$$

$$f_{X_1, X_2}(x_1, x_2) = \int_{-\infty}^{+\infty} \int_{-\infty}^{+\infty} \cdots \int_{-\infty}^{+\infty} f(x_1, x_2, \cdots, x_n) \mathrm{d}x_3 \mathrm{d}x_4 \cdots \mathrm{d}x_n.$$

设 n 维随机变量 $(X_1, X_2, \cdots, X_n)$ 的分布函数为 $F(x_1, x_2, \cdots, x_n)$, $F_{X_i}(x_i)$ 是关于 X_i 的边缘分布函数. 如果对任意 n 个实数 $x_1, x_2, \cdots, x_n$, 有

$$F(x_1, x_2, \cdots, x_n) = \prod_{i=1}^{n} F_{X_i}(x_i),$$

则称 $X_1, X_2, \cdots, X_n$ 相互独立.

(1) 对于 n 维离散型随机变量, 如果对任意 n 个取值 $x_1, x_2, \cdots, x_n$, 有

$$P\{X_1 = x_1, X_2 = x_2, \cdots, X_n = x_n\} = \prod_{i=1}^{n} P\{X_i = x_i\},$$

则称 $X_1, X_2, \cdots, X_n$ 相互独立.

(2) 对于 n 维连续型随机变量, 如果对任意 n 个取值 $x_1, x_2, \cdots, x_n$, 有

$$f(x_1, x_2, \cdots, x_n) = \prod_{i=1}^{n} f_{X_i}(x_i),$$

其中 $f(x_1, x_2, \cdots, x_n)$ 为随机变量 $X_1, X_2, \cdots, X_n$ 的联合概率密度, $f_{X_i}(x_i)$ 为关于随机变量 X_i 的边缘概率密度, 则称 $X_1, X_2, \cdots, X_n$ **相互独立**.

练习 3.5　封面扫码查看参考答案 🔍

1. X, Y 相互独立, 分布律分别由下表给出.

X	-2	-1	0	0.5
p_k	$\dfrac{1}{4}$	$\dfrac{1}{3}$	$\dfrac{1}{12}$	$\dfrac{1}{3}$

Y	-0.5	1	3
p_k	$\dfrac{1}{2}$	$\dfrac{1}{3}$	$\dfrac{1}{6}$

写出 X,Y 的联合分布律.

2. 二维随机变量 X,Y 的联合分布律由下表给出.

X＼Y	1	2	3
0	$\frac{3}{16}$	$\frac{3}{8}$	a
1	b	$\frac{1}{8}$	$\frac{1}{16}$

问：a,b 取何值时, X 与 Y 相互独立？

3. X 与 Y 相互独立, 其分布律由下表给出.

X	-2	-1	0	$\frac{1}{2}$
p_k	$\frac{1}{4}$	$\frac{1}{3}$	$\frac{1}{12}$	$\frac{1}{3}$

Y	$-\frac{1}{2}$	1	3
p_k	$\frac{1}{2}$	$\frac{1}{4}$	$\frac{1}{4}$

求：(X,Y) 的分布律及 $P\{X+Y=1\}$, $P\{X+Y\neq 0\}$.

4. (1) 设二维随机变量 (X,Y) 的概率密度为
$$f(x,y)=\begin{cases}k\mathrm{e}^{-(5x+6y)}, & x>0,y>0,\\ 0, & \text{其他}.\end{cases}$$
求常数 k, 并证明 X 与 Y 相互独立.

(2) 设随机变量 (X,Y) 服从圆域 $G:x^2+y^2\leqslant R^2$ 上的均匀分布, 证明 X 与 Y 不相互独立.

5. 一电子仪器由两个部件构成, 以 X,Y 分别表示两个部件的寿命(单位:kh). 已知 (X,Y) 的分布函数为
$$F(x,y)=\begin{cases}1-\mathrm{e}^{-0.5x}-\mathrm{e}^{-0.5y}+\mathrm{e}^{-0.5(x+y)}, & x\geqslant 0,y\geqslant 0,\\ 0, & \text{其他}.\end{cases}$$

(1) 问 X 与 Y 是否独立？

(2) 求两个部件的寿命都超过 $100\,\mathrm{h}$ 的概率 α.

§3.6　两个随机变量函数的分布

上一章已经讨论过了一个随机变量函数的分布, 本节将讨论两个随机变量的函数的分布.

3.6.1　两个离散型随机变量函数的分布

设 (X,Y) 是二维离散型随机变量, $g(x,y)$ 是一个二元函数, 则 $g(X,Y)$ 作为 (X,Y) 的函数是一个随机变量, 如果 (X,Y) 的分布律为
$$P\{X=x_i,Y=y_j\}=p_{ij},\quad i,j=1,2,\cdots$$
而 $Z=g(X,Y)$ 的所有可能取值为 $z_k,k=1,2,\cdots$, 则 Z 的分布律为

$$P\{Z = z_k\} = P\{g(X,Y) = z_k\} = \sum_{g(x_i,y_j) = z_k} P\{X = x_i, Y = y_j\}, k = 1,2,\cdots$$

$$(3-11)$$

【例 3.19】 设随机变量 X 与 Y 相互独立,且均服从参数为 p 的 0-1 分布,求:
(1) $W = X + Y$ 的分布律;(2) $V = \max(X,Y)$ 的分布律;(3) $U = \min(X,Y)$ 的分布律.

解 由题意得 X 和 Y 的分布律分别由下表给出.

X	0	1
p_k	$1-p$	p

Y	0	1
p_k	$1-p$	p

而 X 与 Y 独立,因此有

$$P\{X=0,Y=0\} = P\{X=0\}P\{Y=0\} = (1-p)^2,$$
$$P\{X=1,Y=0\} = P\{X=1\}P\{Y=0\} = p(1-p),$$
$$P\{X=0,Y=1\} = P\{X=0\}P\{Y=1\} = (1-p)p,$$
$$P\{X=1,Y=1\} = P\{X=1\}P\{Y=1\} = p^2,$$

从而随机变量 (X,Y) 的分布律如下表.

X \ Y	0	1
0	$(1-p)^2$	$(1-p)p$
1	$(1-p)p$	p^2

(1) W 的所有可能的取值为 $0,1,2$,并且

$$P\{W=0\} = P\{X=0,Y=0\} = (1-p)^2,$$
$$P\{W=1\} = P\{X=1,Y=0\} + P\{X=0,Y=1\} = 2p(1-p),$$
$$P\{W=2\} = P\{X=1,Y=1\} = p^2.$$

因此,W 的分布律如下表.

W	0	1	2
p_k	$(1-p)^2$	$2(1-p)p$	p^2

(2) 随机变量 V 的所有可能的取值为 0 和 1,并且

$$P\{V=0\} = P\{\max(X,Y)=0\} = P\{X=0,Y=0\} = (1-p)^2,$$
$$P\{V=1\} = P\{\max(X,Y)=1\}$$
$$= P\{X=1,Y=0\} + P\{X=0,X=1\} + P\{X=1,Y=1\}$$
$$= 2p - p^2.$$

因此,V 的分布律如下表.

V	0	1
p_k	$(1-p)^2$	$2p-p^2$

（3）随机变量 U 的所有可能的取值为 $0,1$，并且

$$P\{U=0\}=P\{\min(X,Y)=0\}$$

$$=P\{X=0,Y=0\}+P\{X=0,Y=1\}+P\{X=1,Y=0\}=1-p^2,$$

$$P\{U=1\}=P\{\min(X,Y)=1\}=P\{X=1,Y=1\}=p^2.$$

因此，U 的分布律如下表.

U	0	1
p_k	$1-p^2$	p^2

3.6.2　两个连续型随机变量函数的分布

设 (X,Y) 是二维连续型随机变量，其概率密度为 $f(x,y)$，令 $g(x,y)$ 为一个二元函数，则 $Z=g(X,Y)$ 是 (X,Y) 的函数.

下面用类似于求一元随机变量函数分布的方法来求 $Z=g(X,Y)$ 的分布.

$1°$　求分布函数 $F_Z(z)$:

$$F_Z(z)=P\{Z\leqslant z\}=P\{g(X,Y)\leqslant z\}$$

$$=P\{(X,Y)\in G_z\}=\iint\limits_{G_z}f(x,y)\mathrm{d}x\mathrm{d}y. \qquad (3-12)$$

其中 $G_z=\{(x,y)\mid g(x,y)\leqslant z\}$.

$2°$　求概率密度函数 $f_Z(z)$，有

$$f_Z(z)=F'_Z(z).$$

1. 和的分布

问题：已知 (X,Y) 的概率密度为 $f(x,y)$，求 $Z=X+Y$ 的概率密度.

先求 Z 的分布函数：由分布函数的定义知，对任意 z 有

$$F_Z(z)=P\{Z\leqslant z\}=P\{X+Y\leqslant z\}.$$

令区域 $G=\{(x,y)\,|\,x+y\leqslant z\}$，于是 $F_Z(z)=P\{(X,Y)\in G\}$（见图 3-5），所以

$$F_Z(z)=\iint\limits_{G}f(x,y)\mathrm{d}x\mathrm{d}y=\iint\limits_{x+y\leqslant z}f(x,y)\mathrm{d}x\mathrm{d}y=\int_{-\infty}^{+\infty}\mathrm{d}y\int_{-\infty}^{z-y}f(x,y)\mathrm{d}x.$$

在积分 $\int_{-\infty}^{z-y}f(x,y)\mathrm{d}x$ 中，z 和 y 是固定的，令 $t=y+x$，则

$$F_Z(z)=\int_{-\infty}^{+\infty}\mathrm{d}y\int_{-\infty}^{z}f(t-y,y)\mathrm{d}t$$

$$=\int_{-\infty}^{z}\mathrm{d}t\int_{-\infty}^{+\infty}f(t-y,y)\mathrm{d}y,$$

于是

$$f_Z(z) = F'_Z(z) = \int_{-\infty}^{+\infty} f(z-y, y)\,\mathrm{d}y.$$

由 X, Y 的对称性有

$$f_Z(z) = \int_{-\infty}^{+\infty} f(x, z-x)\,\mathrm{d}x.$$

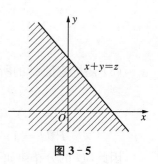

图 3-5

上两式为 $Z = X + Y$ 的概率密度的一般公式.

特别指出,当 X, Y 相互独立时,由于对一切 x, y 都有 $f(x, y) = f_X(x)f_Y(y)$,此时 $Z = X + Y$ 的概率密度公式为

$$f_Z(z) = \int_{-\infty}^{+\infty} f_X(z-y)f_Y(y)\,\mathrm{d}y \qquad (3-13)$$

或

$$f_Z(z) = \int_{-\infty}^{+\infty} f_X(x)f_Y(z-x)\,\mathrm{d}x. \qquad (3-14)$$

上两式称为 f_X 与 f_Y 的**卷积公式**.

【**例 3.20**】 两台相同的自动记录仪,每台无故障工作时间服从参数 $\theta = \dfrac{1}{5}$ 的指数分布,首先开动其中一台,当其发生故障时停用而另一台自行开动,试求两台记录仪无故障工作的总时间 T 的概率密度函数 $f_T(t)$.

解 设第一台和第二台无故障工作时间分别为 X 和 Y,它们是两个相互独立的随机变量,且它们的概率密度分别为

$$f_X(x) = \begin{cases} 5\mathrm{e}^{-5x}, & x > 0, \\ 0, & x \leqslant 0, \end{cases} \quad f_Y(y) = \begin{cases} 5\mathrm{e}^{-5y}, & y > 0, \\ 0, & y \leqslant 0. \end{cases}$$

而 $T = X + Y$,由 (3-13) 式得 T 的概率密度 $f_T(t)$ 为

$$f_T(t) = \int_{-\infty}^{+\infty} f_X(t-y)f_Y(y)\,\mathrm{d}y = \int_0^{+\infty} f_X(t-y)5\mathrm{e}^{-5y}\,\mathrm{d}y,$$

令 $z = t - y$,则

$$f_T(t) = -\int_t^{-\infty} 5f_X(z)\mathrm{e}^{-5(t-z)}\,\mathrm{d}z = 5\mathrm{e}^{-5t}\int_{-\infty}^t f_X(z)\mathrm{e}^{5z}\,\mathrm{d}z$$

$$= \begin{cases} 5\mathrm{e}^{-5t}\int_0^t 5\mathrm{e}^{-5z}\mathrm{e}^{5z}\,\mathrm{d}z, & t > 0, \\ 0, & t \leqslant 0. \end{cases}$$

所以,两台记录仪无故障工作的总时间 T 的概率密度 $f_T(t)$ 为

$$f_T(t) = \begin{cases} 25t\mathrm{e}^{-5t}, & t > 0, \\ 0, & t \leqslant 0. \end{cases}$$

【**例 3.21**】 设 $X \sim N(\mu, \sigma^2)$,$Y \sim N(\mu, \sigma^2)$,且 X 与 Y 相互独立,求 $Z = X + Y$ 的概率密度.

解 由 (3-13) 式有

$$f_Z(z) = \int_{-\infty}^{+\infty} f_X(z-y)f_Y(y)\,\mathrm{d}y = \frac{1}{2\pi\sigma^2}\int_{-\infty}^{+\infty} \mathrm{e}^{-\frac{[(z-y)-\mu]^2}{2\sigma^2}}\mathrm{e}^{-\frac{(y-\mu)^2}{2\sigma^2}}\,\mathrm{d}y,$$

令 $t = y - \mu$,则

$$f_Z(z) = \frac{1}{2\pi\sigma^2} \int_{-\infty}^{+\infty} e^{-\frac{1}{2\sigma^2}\left[t^2 + (z - 2\mu - t)^2\right]} \mathrm{d}t$$

$$= \frac{1}{2\pi\sigma^2} \int_{-\infty}^{+\infty} e^{-\frac{1}{2\sigma^2}\left[2t^2 - 2(z - 2\mu)t + (z - 2\mu)^2\right]} \mathrm{d}t$$

$$= \frac{1}{\sqrt{2\pi}(\sqrt{2}\sigma)} e^{-\frac{(z - 2\mu)^2}{2(\sqrt{2}\sigma)^2}} \int_{-\infty}^{+\infty} \frac{1}{\sqrt{2\pi}\left(\frac{\sigma}{\sqrt{2}}\right)} e^{-\frac{1}{2\left(\frac{\sigma}{\sqrt{2}}\right)^2}\left(t - \frac{z - 2\mu}{2}\right)^2} \mathrm{d}t$$

$$= \frac{1}{\sqrt{2\pi}(\sqrt{2}\sigma)} e^{-\frac{(z - 2\mu)^2}{2(\sqrt{2}\sigma)^2}} \quad (-\infty < z < \infty).$$

可见 $f_Z(z)$ 恰是正态分布随机变量的概率密度, 从它的结构可以看出 $Z = X + Y \sim N(2\mu, 2\sigma^2)$.

从上例可以看出两个相互独立的正态分布随机变量的和仍然服从正态分布. 事实上, 这个结论还可以推广到 n 个相互独立的正态分布随机变量之和的情况, 即若 $X_i \sim N(\mu_i, \sigma_i^2)$, $i = 1, 2, \cdots, n$, 且相互独立, 则它们的和 $Z = X_1 + X_2 + \cdots + X_n$ 仍然服从正态分布, 且有

$$Z \sim N(\mu_1 + \mu_2 + \cdots + \mu_n, \sigma_1^2 + \sigma_2^2 + \cdots + \sigma_n^2).$$

2. 积、商的分布

问题: 设 (X, Y) 是二维连续型随机变量, 并且概率密度为 $f(x, y)$, 求 $Z = \dfrac{X}{Y}$ 和 $Z = XY$ 的概率密度.

首先讨论 $Z = \dfrac{X}{Y}$ 的分布函数. 由分布函数的定义知, 对任意 z 有

$$F_Z(z) = \iint_{\frac{x}{y} \leqslant z} f(x, y)\mathrm{d}x\mathrm{d}y = \iint_{\frac{x}{y} \leqslant z, y > 0} f(x, y)\mathrm{d}x\mathrm{d}y + \iint_{\frac{x}{y} \leqslant z, y < 0} f(x, y)\mathrm{d}x\mathrm{d}y$$

$$= \int_0^{+\infty} \left[\int_{-\infty}^{zy} f(x, y)\mathrm{d}x\right]\mathrm{d}y + \int_{-\infty}^0 \mathrm{d}y \int_{zy}^{+\infty} f(x, y)\mathrm{d}x$$

$$\underline{x = yu} \int_{-\infty}^z \left[\int_0^{+\infty} yf(yu, y)\mathrm{d}y\right]\mathrm{d}u + \int_z^{-\infty} \left[\int_{-\infty}^0 yf(yu, y)\mathrm{d}y\right]\mathrm{d}u,$$

从而 $Z = \dfrac{X}{Y}$ 概率密度为

$$f_{\frac{X}{Y}}(z) = \int_0^{+\infty} yf(zy, y)\mathrm{d}y - \int_{-\infty}^0 yf(zy, y)\mathrm{d}y = \int_{-\infty}^{+\infty} |y| f(zy, y)\mathrm{d}y. \quad (3-15)$$

类似的可以求出 $Z = XY$ 的概率密度为

$$f_{XY}(z) = \int_{-\infty}^{+\infty} \frac{1}{|x|} f\left(x, \frac{z}{x}\right)\mathrm{d}x \quad (3-16)$$

【例 3.22】　设二维随机变量 (X, Y) 在矩形

$$G = \{(x, y) \mid 0 \leqslant x \leqslant 2, 0 \leqslant y \leqslant 1\}$$

上服从均匀分布, 即概率密度为

$$f(x, y) = \begin{cases} \dfrac{1}{2}, & 0 \leqslant x \leqslant 2, 0 \leqslant y \leqslant 1, \\ 0, & \text{其他}. \end{cases}$$

试求边长为 X 和 Y 的矩形面积 Z 的概率密度.

解 因为 $Z = XY$,根据(3-16)式得,当 $z < 0$ 或者 $z > 2$ 时,$f_Z(z) = 0$.

当 $0 \leqslant z \leqslant 2$ 时,Z 的概率密度为

$$
\begin{aligned}
f_Z(z) &= \int_{-\infty}^{+\infty} \frac{1}{|x|} f\left(x, \frac{z}{x}\right) \mathrm{d}x \\
&= \int_{-\infty}^{0} \frac{1}{|x|} f\left(x, \frac{z}{x}\right) \mathrm{d}x + \int_{0}^{2} \frac{1}{|x|} f\left(x, \frac{z}{x}\right) \mathrm{d}x + \int_{2}^{+\infty} \frac{1}{|x|} f\left(x, \frac{z}{x}\right) \mathrm{d}x \\
&= \int_{0}^{2} \frac{1}{x} f\left(x, \frac{z}{x}\right) \mathrm{d}x = \int_{z}^{2} \frac{1}{x} \cdot \frac{1}{2} \mathrm{d}x = \frac{1}{2}(\ln 2 - \ln z).
\end{aligned}
$$

因此,Z 的概率密度为

$$
f_Z(z) = \begin{cases} \dfrac{1}{2}(\ln 2 - \ln z), & 0 \leqslant z \leqslant 2, \\ 0, & \text{其他}. \end{cases}
$$

3. $M = \max\{X, Y\}$ 及 $N = \min\{X, Y\}$ 的分布

设随机变量 X, Y 相互独立,其分布函数分别为 $F_X(x)$ 和 $F_Y(y)$,由于 $M = \max\{X, Y\}$ 不大于 z 等价于 X 和 Y 都不大于 z,故有

$$
\begin{aligned}
F_M(z) &= P\{M \leqslant z\} = P\{X \leqslant z, Y \leqslant z\} \\
&= P\{X \leqslant z\}P\{Y \leqslant z\} = F_X(z)F_Y(z).
\end{aligned}
$$

类似的可得 $N = \min\{X, Y\}$ 的分布函数

$$
\begin{aligned}
F_N(z) &= P\{N \leqslant z\} = 1 - P\{N > z\} = 1 - P\{X > z, Y > z\} \\
&= 1 - P\{X > z\}P\{Y > z\} = 1 - [1 - F_X(z)][1 - F_Y(z)].
\end{aligned}
$$

【例 3.23】 已知随机变量 X, Y 相互独立,并且它们的概率密度分别为

$$
f_X(x) = \begin{cases} 1, & 0 \leqslant x \leqslant 1, \\ 0, & \text{其他}, \end{cases} \quad f_Y(y) = \begin{cases} \mathrm{e}^{-y}, & y > 0, \\ 0, & y \leqslant 0. \end{cases}
$$

求:$M = \max\{X, Y\}$ 和 $N = \min\{X, Y\}$ 的概率密度.

解 随机变量 X, Y 的分布函数分别为

$$
F_X(x) = \begin{cases} 0, & x < 0, \\ x, & 0 \leqslant x \leqslant 1, \\ 1, & x > 1. \end{cases} \quad F_Y(y) = \begin{cases} 1 - \mathrm{e}^{-y}, & y > 0, \\ 0, & y \leqslant 0. \end{cases}
$$

因此,$M = \max\{X, Y\}$ 的分布函数为

$$
F_M(z) = P\{M \leqslant z\} = F_X(z)F_Y(z),
$$

从而 $M = \max\{X, Y\}$ 的概率密度为

$$
\begin{aligned}
f_M(z) &= F_M'(z) = f_X(z)F_Y(z) + F_X(z)f_Y(z) \\
&= \begin{cases} 0, & z < 0, \\ z\mathrm{e}^{-z} - \mathrm{e}^{-z} + 1, & 0 \leqslant z \leqslant 1, \\ \mathrm{e}^{-z}, & z > 1. \end{cases}
\end{aligned}
$$

同理,可得 $N = \min\{X, Y\}$ 的概率密度为

$$
f_N(z) = F_N'(z) = f_X(z)[1 - F_Y(z)] + [1 - F_X(z)]f_Y(z)
$$

$$= \begin{cases} (2-z)e^{-z}, & 0 \leqslant z \leqslant 1, \\ 0, & \text{其他.} \end{cases}$$

练习 3.6　封面扫码查看参考答案

1. 设 X,Y 相互独立，且有相同的分布律（见下表）.

X	0	1
p_k	0.3	0.7

求：$Z=X-Y$ 的分布律.

2. 随机变量 X,Y 的联合分布律见下表：

X＼Y	0	1	2	3	4	5
0	0	0.01	0.03	0.05	0.07	0.09
1	0.01	0.02	0.04	0.05	0.06	0.08
2	0.01	0.03	0.05	0.05	0.05	0.06
3	0.01	0.02	0.04	0.06	0.06	0.05

试求：(1) $W=X+Y$ 的分布律；

(2) $U=\min\{X,Y\}$ 的分布律；

(3) $V=\max\{X,Y\}$ 的分布律.

3. 设 $X \sim U(0,1)$，Y 的概率密度为

$$f_Y(y)=\begin{cases} y, & 0 \leqslant y < 1, \\ 2-y, & 1 \leqslant y \leqslant 2, \\ 0, & \text{其他.} \end{cases}$$

且 X,Y 相互独立，求 $Z=X+Y$ 的概率密度 $f_Z(z)$.

4. 设二维随机变量 (X,Y) 的概率密度为

$$f(x,y)=\begin{cases} 2e^{-(x+2y)}, & x>0, y>0, \\ 0, & \text{其他.} \end{cases}$$

求：$Z=X+Y$ 的分布函数.

5. 设二维随机变量 (X,Y) 的概率密度为

$$f(x,y)=\begin{cases} 2e^{-(x+2y)}, & x>0, y>0, \\ 0, & \text{其他.} \end{cases}$$

求：随机变量 $Z=X+2Y$ 的分布函数.

6. 设 X 与 Y 独立，且都服从区间 $(0,a)$ 上的均匀分布，求 $Z=\dfrac{X}{Y}$ 的概率密度.

7. 设随机变量 X 与 Y 独立，且 $X \sim U(-5,1)$，$Y \sim U(1,5)$. 求随机变量 $Z=X+Y$ 的概率密度.

8. 设随机变量 X 与 Y 相互独立,且概率密度分别为

$$f_X(x)=\begin{cases}\lambda e^{-\lambda x}, & x>0,\\ 0, & x\leqslant 0,\end{cases}\quad f_Y(y)=\begin{cases}\lambda e^{-\lambda y}, & y>0,\\ 0, & y\leqslant 0,\end{cases}$$

试求:下列随机变量的概率密度:

(1) $Z=X+Y$;(2) $S=\dfrac{X}{Y}$;(3) $M=\max\{X,Y\}$;(4) $N=\min\{X,Y\}$.

9. 设随机变量 X 与 Y 相互独立,且其概率密度分别为

$$\varphi_X(x)=\begin{cases}\dfrac{2}{\sqrt{\pi}}e^{-x^2}, & 0<x<\infty,\\ 0, & \text{其他},\end{cases}\quad \varphi_Y(y)=\begin{cases}\dfrac{2}{\sqrt{\pi}}e^{-y^2}, & 0<y<\infty,\\ 0, & \text{其他},\end{cases}$$

求:$Z=\sqrt{X^2+Y^2}$ 的概率密度.

10. 设随机变量 (X,Y) 的概率密度为

$$f(x,y)=\begin{cases}\dfrac{1}{2}(x+y)e^{-(x+y)}, & x>0,y>0,\\ 0, & \text{其他}.\end{cases}$$

(1) 问 X 和 Y 是否相互独立?

(2) 求 $Z=X+Y$ 的概率密度.

知识结构图

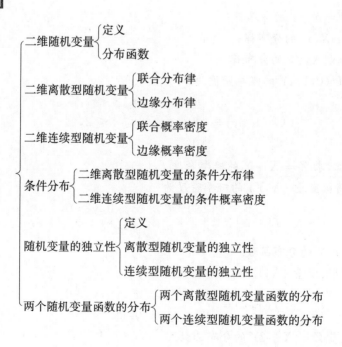

习 题 三

封面扫码查看参考答案

一、选择题

1. 在下列二元函数中,可以作为连续型随机变量的联合概率密度的是　　　　（　　）

A. $f_1(x,y)=\begin{cases} \cos x, & x\in\left[-\dfrac{\pi}{2},\dfrac{\pi}{2}\right],y\in[0,1], \\ 0, & \text{其他.} \end{cases}$

B. $f_2(x,y)=\begin{cases} \cos x, & x\in\left[-\dfrac{\pi}{2},\dfrac{\pi}{2}\right],y\in\left[0,\dfrac{1}{2}\right], \\ 0, & \text{其他.} \end{cases}$

C. $f_3(x,y)=\begin{cases} \cos x, & x\in[0,\pi],y\in[0,1], \\ 0, & \text{其他.} \end{cases}$

D. $f_4(x,y)=\begin{cases} \cos x, & x\in[0,\pi],y\in\left[0,\dfrac{1}{2}\right], \\ 0, & \text{其他.} \end{cases}$

2. 二维随机变量 (X,Y) 的分布律见下表.

X＼Y	0	1
0	0.4	a
1	b	0.1

若随机事件$\{X=0\}$与$\{X+Y=1\}$相互独立,则　　　　（　　）

A. $a=0.2,b=0.3$　　　　　　　　B. $a=0.1,b=0.4$

C. $a=0.3,b=0.2$　　　　　　　　D. $a=0.4,b=0.1$

3. 随机变量 $X_i(i=1,2)$ 的分布律见下表.

X_i	-1	0	1
p_k	$\dfrac{1}{4}$	$\dfrac{1}{2}$	$\dfrac{1}{4}$

且满足 $P\{X_1X_2=0\}=1$,则 $P\{X_1=X_2\}=$　　　　（　　）

A. 0　　　　　　B. $\dfrac{1}{4}$　　　　　　C. $\dfrac{1}{2}$　　　　　　D. 1

4. 设 X 和 Y 是两个随机变量,且 $P\{X\geqslant0,Y\geqslant0\}=\dfrac{3}{7}$, $P\{X\geqslant0\}=P\{Y\geqslant0\}=\dfrac{4}{7}$,则 $P\{\max(X,Y)\geqslant0\}=$　　　　（　　）

A. $\dfrac{16}{49}$　　　　　B. $\dfrac{5}{7}$　　　　　C. $\dfrac{3}{7}$　　　　　D. $\dfrac{40}{49}$

5. 下列四个二元函数,哪个能作为二维随机变量 (X,Y) 的分布函数　　　　（　　）

A. $F(x,y)=\begin{cases}(1-\mathrm{e}^{-x})(1-\mathrm{e}^{-y}), & x>0,y>0, \\ 0, & \text{其他}.\end{cases}$

B. $F(x,y)=\begin{cases}\sin x\sin y, & 0\leqslant x\leqslant\dfrac{\pi}{2},0\leqslant y\leqslant\dfrac{\pi}{2}, \\ 0, & \text{其他}.\end{cases}$

C. $F(x,y)=\begin{cases}1, & x+2y\geqslant1, \\ 0, & x+2y<1.\end{cases}$

D. $F(x,y)=1+2^{-x}-2^{-y}+2^{-x-y}.$

6. 设 X 和 Y 是两个相互独立的随机变量,它们的分布函数分别为 $F_X(x)$,$F_Y(y)$,则 $Z=\max\{X,Y\}$ 的分布函数为 （　　）

　　A. $F_Z(z)=\max\{F_X(z),F_Y(z)\}$

　　B. $F_Z(z)=\max\{|F_X(z)|,|F_Y(z)|\}$

　　C. $F_Z(z)=F_X(z)F_Y(z)$

　　D. $F_Z(z)=1-\max\{F_X(z),F_Y(z)\}$

7. 设两个相互独立的随机变量 X 和 Y 分别服从正态分布 $N(0,1)$ 和 $N(1,1)$,则 （　　）

　　A. $P\{X+Y\leqslant0\}=\dfrac{1}{2}$ 　　　　　　B. $P\{X+Y\leqslant1\}=\dfrac{1}{2}$

　　C. $P\{X-Y\leqslant0\}=\dfrac{1}{2}$ 　　　　　　D. $P\{X-Y\leqslant1\}=\dfrac{1}{2}$

8. 已知 (X,Y) 的分布函数为 $F(x,y)$,关于 X 和 Y 的边缘分布函数分别是 $F_X(x)$, $F_Y(y)$,则 $P\{X>x_0,Y>y_0\}$ 可表示为 （　　）

　　A. $F(x_0,y_0)$ 　　　　　　　　　　B. $1-F(x_0,y_0)$

　　C. $[1-F_X(x_0)][1-F_Y(y_0)]$ 　　　D. $1-F_X(x_0)-F_Y(y_0)+F(x_0,y_0)$

9. 设 X 和 Y 是两个相互独立的随机变量,$X\sim N(\mu_1,\sigma_1^2)$,$Y\sim N(\mu_2,\sigma_2^2)$,则 $Z=X-Y$ 仍服从正态分布,且有 （　　）

　　A. $Z\sim N(\mu_1+\mu_2,\sigma_1^2+\sigma_2^2)$ 　　　　B. $Z\sim N(\mu_1+\mu_2,\sigma_1^2-\sigma_2^2)$

　　C. $Z\sim N(\mu_1-\mu_2,\sigma_1^2-\sigma_2^2)$ 　　　　D. $Z\sim N(\mu_1-\mu_2,\sigma_1^2+\sigma_2^2)$

二、填空题

1. 随机变量 (X,Y) 的分布函数 $F(x,y)=$ _____.

2. 随机变量 X,Y 是相互独立同分布,X 的分布律见下表.

X	0	1
p_k	$\dfrac{1}{3}$	$\dfrac{2}{3}$

则 $Z=\max\{X,Y\}$ 的分布律为 _____.

3. 设随机变量 X 和 Y 相互独立,二维随机变量 (X,Y) 的分布律及关于 X,Y 的边缘分布律的部分数值见下表.

X \ Y	-1	0	1	$p_i.$
-1	①	$\dfrac{1}{8}$	②	③
1	$\dfrac{1}{8}$	④	⑤	⑥
$p._j$	$\dfrac{1}{6}$	⑦	⑧	1

试将其余数值填入表中.

4. 设二维随机变量 (X,Y) 的概率密度为

$$f(x,y)=\begin{cases} 3x, & 0<x<1,0<y<x, \\ 0, & \text{其他.} \end{cases}$$

则 $P\{X+Y\geqslant1\}=$ _____.

5. 平面区域 D 由曲线 $y=\dfrac{1}{x}$ 及直线 $y=0,x=1,x=\mathrm{e}^2$ 所围成,二维随机变量 (X,Y) 在区域 D 上服从均匀分布,则 X 的边缘概率密度在 $x=2$ 处的值为 _____.

三、解答题

1. 随机变量 X,Y 的分布律分别见下表.

X	-1	0	1
p_k	$\dfrac{1}{4}$	$\dfrac{1}{2}$	$\dfrac{1}{4}$

Y	0	1
p_k	$\dfrac{1}{2}$	$\dfrac{1}{2}$

并且 $P\{XY=0\}=1$,求:

(1) X 和 Y 的联合分布律;

(2) 说明 X 与 Y 是否独立.

2. 设随机变量 X,Y 相互独立,且 X 在 $(0,1)$ 上服从均匀分布,Y 服从参数为 1 的指数分布,求 $Z=X+Y$ 的概率密度.

3. 设 X 和 Y 是两个相互独立的随机变量,X 在 $(0,1)$ 上服从均匀分布,Y 的概率密度为

$$f_Y(y)=\begin{cases} \dfrac{1}{2}\mathrm{e}^{-\frac{1}{2}y}, & y>0, \\ 0, & \text{其他.} \end{cases}$$

(1) 求 (X,Y) 的概率密度;(2) 设含有 a 的二次方程 $a^2+2aX+Y=0$,试求 a 有实根的概率.

4. 已知随机变量 (X,Y) 的密度函数为

$$f(x,y)=\begin{cases} \dfrac{A}{4}xy, & 0\leqslant x\leqslant 4,0\leqslant y\leqslant\sqrt{x}, \\ 0, & \text{其他}. \end{cases}$$

(1) 求 A;

(2) 求边缘概率密度 $f_X(x),f_Y(y)$;

(3) 判断 X 和 Y 是否独立;

(4) 求 $P\{X\leqslant 1\}$ 及 $P\{Y\leqslant 1\}$.

5. 某箱装有 100 件产品,其中一等品、二等品和三等品分别为 $80,10,10$ 件,现在随机抽取一件,记

$$X_i=\begin{cases} 1, & \text{抽到 } i \text{ 等品,} \\ 0, & \text{其他}. \end{cases} \quad i=1,2,3.$$

试求:(1) (X_1,X_2) 的分布律;(2) X_1 与 X_2 是否独立?

6. 二维随机变量 (X,Y) 的分布律见下表.

X \ Y	1	2	3
1	$\frac{1}{5}$	0	$\frac{1}{5}$
2	$\frac{1}{5}$	$\frac{1}{5}$	$\frac{1}{5}$

求: $Z=X+Y,W=\max\{X,Y\}$ 的分布律.

7. 设随机变量 (X,Y) 的概率密度为

$$f(x,y)=\begin{cases} b\mathrm{e}^{-(x+y)}, & 0<x<1,0<y<+\infty, \\ 0, & \text{其他}. \end{cases}$$

(1) 试确定常数 b;

(2) 求边缘概率密度 $f_X(x),f_Y(y)$;

(3) 求函数 $U=\max\{X,Y\}$ 的分布函数.

8. 设二维连续随机变量 (X,Y) 的概率密度为

$$f(x,y)=\frac{k}{\pi^2(4+x^2)(9+y^2)}, \quad -\infty<x<+\infty,-\infty<y<+\infty.$$

(1) 确定常数 k;

(2) 求 (X,Y) 的分布函数;

(3) 求关于 X 及关于 Y 的边缘分布函数.

第4章 随机变量的数字特征

随机变量的分布函数全面描述了随机变量的统计规律性. 但在一些实际问题中,求出随机变量的分布函数并不是容易的事,有时人们也并不需要全面考察随机变量的统计规律,而只是对随机变量的一些重要特征本身感兴趣. 例如,分析某班某一门课程的一次考试成绩,常常关注该班学生的平均成绩及每位学生的考试成绩与平均成绩的偏离大小. 如果平均成绩高,且每位学生的成绩与平均成绩的偏离程度小,就可认为该班学生考试成绩好. 这里提到的平均值和偏离程度的量都是和随机变量有关的数值,虽不能全面描述随机变量,但能描述随机变量在某些方面的重要特征,因此称之为随机变量的数字特征. 它们在理论和应用上具有重要的意义. 本章介绍随机变量的几个常用数字特征:数学期望、方差、协方差、相关系数和矩等.

§4.1 数 学 期 望

本节讨论随机变量的数字特征中最基本、最重要的一个——随机变量的数学期望. 它的定义来自习惯上的"平均"概念.

【引例】 设某车工生产一种零件,检验员每天随机地对其抽取 10 件进行检查,经过 100 天观察得到次品数见表 4-1,求此车工这 100 天生产的产品的平均次品数.

表 4-1

次品数 k	0	1	2	3
天数 n_k	10	30	40	20
频率 $f_k = \dfrac{n_k}{n}$	$\dfrac{10}{100}$	$\dfrac{30}{100}$	$\dfrac{40}{100}$	$\dfrac{20}{100}$

解 平均次品数等于总次品数除以天数,因此此车工这 100 天生产的产品的平均次品数为

$$\frac{0 \times 10 + 1 \times 30 + 2 \times 40 + 3 \times 20}{100}.$$

将上式改写为 $0 \times \dfrac{10}{100} + 1 \times \dfrac{30}{100} + 2 \times \dfrac{40}{100} + 3 \times \dfrac{20}{100} = \sum_{k=0}^{3} k \dfrac{n_k}{n} = \sum_{k=0}^{3} k f_k$,这里的每一个乘式中的第二项正好是相应次品数的频率 f_k. 由此可以看出,此车工这 100 天生产的产品的平均次品数是以 f_k 为权系数的加权和. 当观察的天数充分大时,频率稳定于概率 p_k,平均

成绩也将趋于 $\sum\limits_{k=0}^{3} kp_k$,这是一个以概率 p_k 为权系数的加权和.

由上例启发,引入随机变量数学期望的定义.

4.1.1 数学期望的定义

定义 4.1 (1)设离散型随机变量 X 的分布律为

$$P\{X = x_k\} = p_k, k = 1, 2, \cdots$$

若级数

$$\sum_{k=1}^{+\infty} x_k p_k$$

绝对收敛,则称级数 $\sum\limits_{k=1}^{+\infty} x_k p_k$ 的和为随机变量 X 的**数学期望**,记为 $E(X)$,即

$$E(X) = \sum_{k=1}^{+\infty} x_k p_k. \tag{4-1}$$

(2)设连续型随机变量 X 的概率密度为 $f(x)$,若积分

$$\int_{-\infty}^{+\infty} x f(x) \mathrm{d}x$$

绝对收敛,则称积分 $\int_{-\infty}^{+\infty} x f(x) \mathrm{d}x$ 的值为随机变量 X 的**数学期望**,记为 $E(X)$,即

$$E(X) = \int_{-\infty}^{+\infty} x f(x) \mathrm{d}x. \tag{4-2}$$

数学期望(mathematical expectation)简称**期望**,又称为**均值(mean)**.

随机变量的数学期望度量了随机变量的可能取值的平均水平,反映了随机变量分布的中心位置.

4.1.2 离散型随机变量的数学期望

若离散型随机变量 X 的分布律为 $P\{X = x_k\} = p_k, i = 1, 2, \cdots, n, \cdots$ 则 $E(X) = \sum\limits_{k=1}^{\infty} x_k p_k.$

【例 4.1】 随机变量 X 的分布律见下表.

X	-2	-1	0	1
p_k	0.2	0.3	0.4	0.1

求: $E(X)$.

解 由(4-1)式得 X 的数学期望

$$E(X) = -2 \times 0.2 + (-1) \times 0.3 + 0 \times 0.4 + 1 \times 0.1 = -0.6.$$

【例 4.2】(0-1 分布的数学期望) 设 X 服从 0-1 分布,求 $E(X)$.

解 X 服从 0-1 分布,所以 X 的分布律见下表.

X	0	1
p_k	$1-p$	p

由(4-1)式得 X 的数学期望

$$E(X) = 0 \times (1-p) + 1 \times p = p.$$

【例 4.3】(泊松分布的数学期望)　设 $X \sim P(\lambda)$, 求 $E(X)$.

解　X 的分布律为

$$P\{X = k\} = \frac{\lambda^k \mathrm{e}^{-\lambda}}{k!}, k = 0, 1, 2, \cdots, \lambda > 0.$$

由(4-1)式得 X 的数学期望

$$E(X) = \sum_{k=0}^{+\infty} k \frac{\lambda^k \mathrm{e}^{-\lambda}}{k!} = \lambda \mathrm{e}^{-\lambda} \sum_{k=1}^{+\infty} \frac{\lambda^{k-1}}{(k-1)!} = \lambda \mathrm{e}^{-\lambda} \mathrm{e}^{\lambda} = \lambda.$$

【例 4.4】　从学校乘汽车到火车站的途中有 3 个交通岗, 设在各交通岗遇到红灯是相互独立的, 其概率均为 $\frac{2}{5}$, 试求途中遇到红灯次数的数学期望.

解　设 X 表示途中遇到红灯的次数, 则 $X \sim b\left(3, \frac{2}{5}\right)$, 于是 X 的分布律为

$$P\{X = k\} = C_3^k \left(\frac{2}{5}\right)^k \left(\frac{3}{5}\right)^{3-k}, k = 0, 1, 2, 3.$$

即可列出下表.

X	0	1	2	3
p_k	$\frac{27}{125}$	$\frac{54}{125}$	$\frac{36}{125}$	$\frac{8}{125}$

故 X 的数学期望

$$E(X) = 0 \times \frac{27}{125} + 1 \times \frac{54}{125} + 2 \times \frac{36}{125} + 3 \times \frac{8}{125} = \frac{6}{5}.$$

【例 4.5】　一个袋中有 6 个白球和 4 个黑球, 从中任取 3 个, 设 X 是取得黑球的个数, 求 X 的数学期望.

解　X 的可能取值为 $0, 1, 2, 3$, X 取各值的概率为

$$P\{X = k\} = \frac{C_4^k C_6^{3-k}}{C_{10}^3}, k = 0, 1, 2, 3.$$

即可列出下表.

X	0	1	2	3
p_k	$\frac{1}{6}$	$\frac{1}{2}$	$\frac{3}{10}$	$\frac{1}{30}$

故 X 的数学期望

$$E(X) = 0 \times \frac{1}{6} + 1 \times \frac{1}{2} + 2 \times \frac{3}{10} + 3 \times \frac{1}{30} = 1.2,$$

即平均取 1.2 个黑球.

由以上几个例子可以总结得到求解离散型随机变量的数学期望的一般思路:首先由题意正确写出随机变量的分布律,然后利用(4-1)式计算即可得到.

4.1.3 连续型随机变量的数学期望

对于连续型的随机变量,其数学期望可以通过(4-2)式得到.

【例 4.6】 设 X 是一个随机变量,其概率密度为

$$f(x) = \begin{cases} 1+x, & -1 \leqslant x \leqslant 0, \\ 1-x, & 0 < x < 1, \\ 0, & \text{其他}, \end{cases}$$

求期望 $E(X)$.

解 由(4-2)式得 X 的数学期望

$$E(X) = \int_{-\infty}^{+\infty} x f(x) \mathrm{d}x$$

$$= \int_{-\infty}^{-1} x \cdot 0 \mathrm{d}x + \int_{-1}^{0} x(1+x) \mathrm{d}x + \int_{0}^{1} x(1-x) \mathrm{d}x + \int_{1}^{+\infty} x \cdot 0 \mathrm{d}x = 0.$$

【例 4.7】(均匀分布的数学期望) 设 $X \sim U(a,b)$,求 $E(X)$.

解 X 的概率密度为

$$f(x) = \begin{cases} \dfrac{1}{b-a}, & a < x < b, \\ 0, & \text{其他}. \end{cases}$$

由(4-2)式得 X 的数学期望

$$E(X) = \int_{-\infty}^{+\infty} x f(x) \mathrm{d}x$$

$$= \int_{-\infty}^{a} x \cdot 0 \mathrm{d}x + \int_{a}^{b} x \frac{1}{b-a} \mathrm{d}x + \int_{b}^{+\infty} x \cdot 0 \mathrm{d}x = \frac{a+b}{2},$$

即均匀分布的数学期望位于区间 (a,b) 的中点.

【例 4.8】(指数分布的数学期望) 设 X 服从参数为 θ 的指数分布,求 $E(X)$.

解 X 的概率密度为

$$f(x) = \begin{cases} \dfrac{1}{\theta} \mathrm{e}^{-\frac{x}{\theta}}, & x > 0, \\ 0, & \text{其他}. \end{cases}$$

由(4-2)式得 X 的数学期望

$$E(X) = \int_{-\infty}^{+\infty} x f(x) \mathrm{d}x = \int_{-\infty}^{0} x \cdot 0 \mathrm{d}x + \int_{0}^{+\infty} x \frac{1}{\theta} \mathrm{e}^{-\frac{x}{\theta}} \mathrm{d}x = \int_{0}^{+\infty} x \frac{1}{\theta} \mathrm{e}^{-\frac{x}{\theta}} \mathrm{d}x$$

$$= -\int_{0}^{+\infty} x \mathrm{e}^{-\frac{x}{\theta}} \mathrm{d}\left(-\frac{x}{\theta}\right) = -\int_{0}^{+\infty} x \mathrm{d}\mathrm{e}^{-\frac{x}{\theta}} = -x \mathrm{e}^{-\frac{x}{\theta}} \Big|_{0}^{+\infty} + \int_{0}^{+\infty} \mathrm{e}^{-\frac{x}{\theta}} \mathrm{d}x$$

$$= -\theta \mathrm{e}^{-\frac{x}{\theta}} \Big|_{0}^{+\infty} = \theta.$$

【例 4.9】(标准正态分布的数学期望) 设 $X \sim N(0,1)$,求 $E(X)$.

解　X 的概率密度为

$$f(x) = \frac{1}{\sqrt{2\pi}} e^{-\frac{x^2}{2}}, -\infty < x < +\infty.$$

由 (4-2) 式得 X 的数学期望

$$E(X) = \int_{-\infty}^{+\infty} xf(x)\mathrm{d}x = \int_{-\infty}^{+\infty} x\,\frac{1}{\sqrt{2\pi}} e^{-\frac{x^2}{2}}\mathrm{d}x = 0. \quad (\text{对称区间上奇函数的积分为 } 0)$$

4.1.4　随机变量函数的数学期望

在实际问题中,常常需要求出随机变量的函数的数学期望. 例如,如果随机变量 X 的分布已知,要求 $Y = g(X)$ 的数学期望 $E(Y)$. 我们当然可以先求出 Y 的分布,然后由数学期望的定义得到 $E(Y)$. 但这种方法比较麻烦. 下面的定理给出了不必求出 Y 的分布,而利用 X 的分布直接计算 Y 的数学期望 $E(Y)$ 的公式.

定理 4.1　设 Y 是随机变量 X 的函数: $Y = g(X)$ (g 是连续函数).

(1) X 是离散型随机变量,它的分布律为 $P\{X = x_k\} = p_k, k = 1, 2, \cdots$. 若 $\sum\limits_{k=1}^{+\infty} g(x_k) p_k$ 绝对收敛,则有

$$E(Y) = E[g(X)] = \sum_{k=1}^{+\infty} g(x_k) p_k. \tag{4-3}$$

(2) X 是连续型随机变量,它的概率密度为 $f(x)$. 若积分 $\int_{-\infty}^{+\infty} g(x) f(x)\mathrm{d}x$ 绝对收敛,则有

$$E(Y) = E[g(X)] = \int_{-\infty}^{+\infty} g(x) f(x)\mathrm{d}x. \tag{4-4}$$

这个定理还可以推广到两个或多个随机变量的函数的情况. 例如:

设 Z 是随机变量 X, Y 的函数 $Z = g(X, Y)$ (g 是连续函数).

(1) (X, Y) 是离散型随机变量,且其分布律为

$$P\{X = x_i, Y = y_j\} = p_{ij}, i, j = 1, 2, \cdots$$

若级数 $\sum\limits_{i=1}^{+\infty} \sum\limits_{j=1}^{+\infty} g(x_i, y_j) p_{ij}$ 绝对收敛,则有

$$E(Z) = E[g(X, Y)] = \sum_{i=1}^{+\infty} \sum_{j=1}^{+\infty} g(x_i, y_j) p_{ij}. \tag{4-5}$$

(2) (X, Y) 是连续型随机变量,且其概率密度为 $f(x, y)$,若积分

$$\int_{-\infty}^{+\infty} \int_{-\infty}^{+\infty} g(x, y) f(x, y)\mathrm{d}x\mathrm{d}y$$

绝对收敛,则有

$$E(Z) = E[g(X, Y)] = \int_{-\infty}^{+\infty} \int_{-\infty}^{+\infty} g(x, y) f(x, y)\mathrm{d}x\mathrm{d}y. \tag{4-6}$$

【例 4.10】　随机变量 X 的分布律见下表.

X	-2	-1	0	1
p_k	0.2	0.3	0.4	0.1

求：$Y=2X^2+3$ 的数学期望.

解 由(4-3)式知：

$$E(Y) = E(2X^2+3)$$
$$= [2\times(-2)^2+3]\times 0.2 + [2\times(-1)^2+3]\times 0.3$$
$$+ (2\times 0^2+3)\times 0.4 + (2\times 1^2+3)\times 0.1$$
$$= 5.4.$$

【例 4.11】 对球的直径作近似测量，其值均匀分布在区间（2,4）上，试计算球的体积的期望.

解 设球的直径为 X，由题意知 $X\sim U(2,4)$，则 X 的概率密度为

$$f(x) = \begin{cases} \dfrac{1}{2}, & 2<x<4, \\ 0, & \text{其他.} \end{cases}$$

设球的体积为 Y，则 $Y=\dfrac{\pi}{6}X^3$，所以由(4-3)式知：

$$E(Y) = E\left(\frac{\pi}{6}X^3\right) = \int_{-\infty}^{+\infty} \frac{\pi}{6}x^3 f(x)\mathrm{d}x$$

$$= \int_2^4 \frac{1}{2}\cdot\frac{\pi}{6}x^3\mathrm{d}x = \frac{\pi}{12}\times\frac{1}{4}x^4\Big|_2^4 = 5\pi.$$

【例 4.12】 二维随机变量 (X,Y) 的概率密度为

$$f(x,y) = \begin{cases} \dfrac{1}{4}x(1+3y^2), & 0<x<2, 0<y<1, \\ 0, & \text{其他.} \end{cases}$$

求：$E(X), E(Y), E(XY)$ 和 $E\left(\dfrac{Y}{X}\right)$.

解 $E(X) = \displaystyle\int_{-\infty}^{+\infty}\int_{-\infty}^{+\infty}xf(x,y)\mathrm{d}x\mathrm{d}y = \frac{1}{4}\int_0^2 x^2\mathrm{d}x\int_0^1(1+3y^2)\mathrm{d}y = \frac{4}{3}$；

$E(Y) = \displaystyle\int_{-\infty}^{+\infty}\int_{-\infty}^{+\infty}yf(x,y)\mathrm{d}x\mathrm{d}y = \frac{1}{4}\int_0^2 x\mathrm{d}x\int_0^1 y(1+3y^2)\mathrm{d}y = \frac{5}{8}$；

$E(XY) = \displaystyle\int_{-\infty}^{+\infty}\int_{-\infty}^{+\infty}xyf(x,y)\mathrm{d}x\mathrm{d}y = \frac{1}{4}\int_0^2 x^2\mathrm{d}x\int_0^1 y(1+3y^2)\mathrm{d}y = \frac{5}{6}$；

$E\left(\dfrac{Y}{X}\right) = \displaystyle\int_{-\infty}^{+\infty}\int_{-\infty}^{+\infty}\frac{y}{x}f(x,y)\mathrm{d}x\mathrm{d}y = \frac{1}{4}\int_0^2\mathrm{d}x\int_0^1 y(1+3y^2)\mathrm{d}y = \frac{5}{8}$.

【例 4.13】 按节气出售的某种节令商品，每售出这种商品 1 kg 可赚 3 元，过了节气处理剩余的这种商品，每售出 1 kg 净亏损 1 元. 设某店在季度内这种商品的销售量 X 是一随机变量，它服从 $[2000,4000]$ 上的均匀分布. 为使商品所获利润的数学期望最大，问该店应进多少货？

解 设该店进货量为 y（单位：kg），显然 $2000\leqslant y\leqslant 4000$，所获利润为 Y，则

$$Y = g(X) = \begin{cases} 3y, & X \geqslant y, \\ 3X - (y - X), & X < y. \end{cases}$$

$$= \begin{cases} 3y, & X \geqslant y, \\ 4X - y, & X < y. \end{cases}$$

于是

$$g(x) = \begin{cases} 3y, & x \geqslant y, \\ 4x - y, & x < y. \end{cases}$$

由题知 $X \sim U(2000, 4000)$，它的概率密度为

$$f(x) = \begin{cases} \dfrac{1}{2000}, & 2000 \leqslant x \leqslant 4000, \\ 0, & \text{其他}. \end{cases}$$

由 $(4-3)$ 式得

$$\begin{aligned} E(Y) &= \int_{-\infty}^{+\infty} g(x) f(x) \, \mathrm{d}x \\ &= \int_{2000}^{4000} g(x) \frac{1}{2000} \, \mathrm{d}x \\ &= \int_{2000}^{y} (4x - y) \frac{1}{2000} \, \mathrm{d}x + \int_{y}^{4000} 3y \frac{1}{2000} \, \mathrm{d}x \\ &= \frac{1}{1000} (-y^2 + 7000y - 4 \times 10^6). \end{aligned}$$

由 $\dfrac{\mathrm{d}E(Y)}{\mathrm{d}y} = \dfrac{1}{1000}(-2y + 7000) = 0$，得 $y = 3500$. 所以当 $y = 3500$ 时，$E(Y)$ 取得最大值，因此该店应进 $3500 \, \mathrm{kg}$ 此种商品，才可使利润的数学期望最大.

4.1.5　数学期望的性质

下面讨论随机变量的数学期望的性质（以下设所遇到的随机变量的数学期望都存在，且只对连续型随机变量给予证明. 对于离散型随机变量的情形，读者可自行验证）.

$1°$ 设 C 是常数，则有 $E(C) = C$.

$2°$ 设 X 是一个随机变量，C 是常数，则
$$E(CX) = CE(X).$$

证明　设 X 的概率密度为 $f(x)$，则
$$E(CX) = \int_{-\infty}^{+\infty} Cx f(x) \, \mathrm{d}x = C \int_{-\infty}^{+\infty} x f(x) \, \mathrm{d}x = CE(X).$$

$3°$ 设 X, Y 是两个随机变量，则
$$E(X + Y) = E(X) + E(Y).$$

证明　设二维随机变量 (X, Y) 的概率密度为 $f(x, y)$，则由 $(4-6)$ 式得
$$\begin{aligned} E(X + Y) &= \int_{-\infty}^{+\infty} \int_{-\infty}^{+\infty} (x + y) f(x, y) \, \mathrm{d}x \mathrm{d}y \\ &= \int_{-\infty}^{+\infty} \int_{-\infty}^{+\infty} x f(x, y) \, \mathrm{d}x \mathrm{d}y + \int_{-\infty}^{+\infty} \int_{-\infty}^{+\infty} y f(x, y) \, \mathrm{d}x \mathrm{d}y \end{aligned}$$

$$= E(X) + E(Y).$$

这一性质可以推广到任意有限个随机变量之和的情形,即若 $X_1, X_2, \cdots, X_n$ 是 n 个随机变量,则有

$$E(X_1 + X_2 + \cdots + X_n) = E(X_1) + E(X_2) + \cdots + E(X_n).$$

由性质 2° 和 3° 可得

$$E(a_1 X_1 + a_2 X_2 + \cdots + a_n X_n) = E(a_1 X_1) + E(a_2 X_2) + \cdots + E(a_n X_n)$$
$$= a_1 E(X_1) + a_2 E(X_2) + \cdots + a_n E(X_n),$$

即随机变量线性组合的数学期望等于随机变量数学期望的线性组合.

4° 设 X, Y 是相互独立的随机变量,则有

$$E(XY) = E(X)E(Y).$$

证明 设二维随机变量 (X, Y) 的概率密度为 $f(x, y)$,其边缘概率密度为 $f_X(x)$, $f_Y(y)$. X, Y 相互独立,于是 $f(x, y) = f_X(x) f_Y(y)$,则由 $(4-6)$ 式得

$$E(XY) = \int_{-\infty}^{+\infty} \int_{-\infty}^{+\infty} xy f(x, y) \mathrm{d}x \mathrm{d}y = \int_{-\infty}^{+\infty} \int_{-\infty}^{+\infty} xy f_X(x) f_Y(y) \mathrm{d}x \mathrm{d}y$$

$$= \left(\int_{-\infty}^{+\infty} x f_X(x) \mathrm{d}x \right) \left(\int_{-\infty}^{+\infty} y f_Y(y) \mathrm{d}y \right) = E(X)E(Y).$$

这一性质可以推广到任意有限个相互独立的随机变量之积的情形,即若 $X_1, X_2, \cdots, X_n$ 为相互独立的随机变量,则

$$E(X_1 X_2 \cdots X_n) = E(X_1) E(X_2) \cdots E(X_n).$$

【例 4.14】(正态分布的数学期望) 设 $X \sim N(\mu, \sigma^2)$,求 $E(X)$.

解 若 $X \sim N(\mu, \sigma^2)$,则 $Z = \dfrac{X - \mu}{\sigma} \sim N(0, 1)$,由本节例 9 知标准正态分布的数学期望为 0,即 $E(Z) = 0$.

又由

$$Z = \frac{X - \mu}{\sigma} \Rightarrow X = \mu + \sigma Z,$$

于是

$$E(X) = E(\mu + \sigma Z) = E(\mu) + E(\sigma Z) = \mu + \sigma E(Z) = \mu.$$

【例 4.15】 设一电路中电流 I 与电阻 R 是两个相互独立的随机变量,其概率密度分别为

$$f(i) = \begin{cases} 2i, & 0 \leqslant i \leqslant 1, \\ 0, & \text{其他}, \end{cases} \qquad g(r) = \begin{cases} \dfrac{r^2}{9}, & 0 \leqslant r \leqslant 3, \\ 0, & \text{其他}. \end{cases}$$

试求电压 $V = IR$ 的均值.

解 I, R 独立,于是有

$$E(V) = E(IR) = E(I)E(R)$$

$$= \left(\int_{-\infty}^{+\infty} i f(i) \mathrm{d}i \right) \left(\int_{-\infty}^{+\infty} r f(r) \mathrm{d}r \right)$$

$$= \left(\int_0^1 2i^2 \mathrm{d}i \right) \left(\int_0^3 \frac{r^3}{9} \mathrm{d}r \right) = \frac{3}{2}.$$

练习 4.1　封面扫码查看参考答案　🔍

1. 设随机变量 X 的分布函数为 $F(x)=\begin{cases} 0, & x<0, \\ x^3, & 0\leqslant x\leqslant 1, \\ 1, & x>1, \end{cases}$ 则 $E(X)$ 等于　　（　　）

A. $\displaystyle\int_0^{+\infty} x^4\,\mathrm{d}x$ 　　　　 B. $\displaystyle\int_0^1 3x^3\,\mathrm{d}x$ 　　　 C. $\displaystyle\int_0^1 x^4\,\mathrm{d}x+\int_1^{+\infty} x\,\mathrm{d}x$ 　　 D. $\displaystyle\int_0^{+\infty} 3x^3\,\mathrm{d}x$

2. 随机变量 X 有分布律见下表.

X	-3	-2	0	1
p_k	0.2	0.3	0.4	0.1

求：$E(X),E(X+1),E(X^2),E(2X^2+3)$.

3. （1）随机变量 X 的概率密度为

$$f(x)=\begin{cases} \mathrm{e}^{-x}, & x>0, \\ 0, & x\leqslant 0. \end{cases}$$

求：$E(X),E(2X),E(\mathrm{e}^{-2X})$.

（2）X 的概率密度为 $f(x)=\dfrac{1}{2}\mathrm{e}^{-|x|}$，求 $E(X),E(X^2)$.

4. 设在某一规定的时间间隔里,某电气设备用于最大负荷的时间 X(以 min 计)是一个随机变量,其概率密度为

$$f(x)=\begin{cases} \dfrac{1}{1500^2}x, & 0\leqslant x\leqslant 1500, \\ \dfrac{-1}{1500^2}(x-3000), & 1500\leqslant x\leqslant 3000, \\ 0, & \text{其他}. \end{cases}$$

求：$E(X)$.

5. 二维离散型随机变量 (X,Y) 的分布律见下表.

X ＼ Y	-1	1
-1	$\dfrac{1}{6}$	$\dfrac{1}{4}$
1	$\dfrac{1}{4}$	$\dfrac{1}{3}$

求：$E(X),E(Y),E(XY),E(X^3+Y^3)$.

6. 设随机变量 (X,Y) 的概率密度为

$$f(x,y)=\begin{cases} 12y^2, & 0\leqslant y\leqslant x\leqslant 1, \\ 0, & \text{其他}, \end{cases}$$

求：$E(X),E(Y),E(XY),E(X^2+Y^2)$.

7. 设二维随机变量 (X,Y) 的概率密度为

$$f(x,y)=\begin{cases}2x\mathrm{e}^{-(y-5)}, & 0\leqslant x\leqslant 1,y\geqslant 5,\\ 0, & \text{其他},\end{cases}$$

试讨论 X 与 Y 的独立性,并计算 $E(XY)$.

8. 现有 10 张奖券,其中 8 张为 2 元,2 张为 5 元,今某人从中随机地无放回地抽取 3 张,求此人得奖金额的数学期望.

9. 已知圆的直径 X 服从 (a,b) 上的均匀分布,求圆面积的数学期望.

10. 设排球队甲与乙进行比赛,若有一队胜 3 场则比赛结束.假定甲在每场比赛中获胜的概率 $p=\dfrac{1}{2}$,试求比赛场数 X 的数学期望.

11. 一工厂生产的某种设备的寿命 X(以年计)服从参数 $\theta=4$ 的指数分布.工厂规定,出售的设备在售出一年之内的损坏可予以调换.若工厂售出一台设备盈利 100 元,调换一台设备厂方损失 300 元,求工厂出售一台设备净盈利的期望.

12. 假设由自动线加工的某种零件的内径 X(mm)服从正态分布 $N(\mu,1)$,内径小于 10 或大于 12 为不合格品,其余为合格品.销售每件合格品获利,销售每件不合格品亏损,已知销售利润 T(单位:元)与销售零件的内径 X 有如下的关系:

$$T=\begin{cases}-1, & X<10,\\ 20, & 10\leqslant X\leqslant 12,\\ -5, & X>12,\end{cases}$$

问平均内径 μ 取何值时,销售一个零件的平均利润最大?

13. 掷两粒骰子,设 X 为第一颗骰子掷出的点数,Y 为第 2 颗骰子掷出的点数,求:
(1) $E(X+Y)$;(2) $E(XY)$.

14. 假设公共汽车起点站于每时的 10 分、30 分、50 分发车,其乘客不知发车的时间,在每小时内任一时刻到达车站是随机地,求乘客到车站等车时间的数学期望.

15. 10 个猎人正等着野鸭飞过来,当一群野鸭飞过头顶时,他们同时开了枪,但他们每个人都是随机地、彼此独立地选择自己的目标.如果每个猎人独立地射中其目标的概率均为 p,试求当 10 只野鸭飞来时,没有被击中而飞走的野鸭数的数学期望.

16. (1) 设随机变量 X 的分布律为 $P\left\{X=(-1)^{j+1}\dfrac{3^j}{j}\right\}=\dfrac{2}{3^j},j=1,2,\cdots$.试说明 X 的数学期望不存在.

(2) 设随机变量 X 的概率密度为 $f(x)=\dfrac{1}{\pi(1+x^2)}$(柯西分布),试说明 X 的数学期望不存在.

§4.2 方　差

【引例】　某篮球队要从运动员 A,B,C 三人中选择一人作为最佳投手.现通过投篮比赛来决定,比赛进行 5 组,每组投 10 次,统计投中次数见表 4-2.

表 4 - 2

运动员	第一组	第二组	第三组	第四组	第五组
A	8	5	9	10	8
B	7	8	7	9	9
C	7	6	9	6	7

计算可知,运动员 A,B,C 平均投中次数为 $\overline{x_A}=\overline{x_B}=8,\overline{x_C}=7$,从而可以判断 C 的投篮命中能力比 A 和 B 两人差一些.而从平均值无法直接判断 A 和 B 两个运动员谁投篮水平更高.于是,需要进一步考察 A 和 B 两人投篮的稳定性高低,也就是这些值偏离平均值的程度,即

$$v_A = (8-\overline{x_A})^2 + (5-\overline{x_A})^2 + (9-\overline{x_A})^2 + (10-\overline{x_A})^2 + (8-\overline{x_A})^2 = 14,$$

$$v_B = (7-\overline{x_B})^2 + (8-\overline{x_B})^2 + (7-\overline{x_B})^2 + (9-\overline{x_B})^2 + (9-\overline{x_B})^2 = 4,$$

故 $v_A > v_B$,即 A 的偏离程度更大.从而可以判断 B 的投篮稳定性更高,篮球队最终选择 B 作为最佳投手.

从引例可知,我们除了关注随机变量的数学期望,还常常需要知道随机变量的取值偏离数学期望的程度.这就是本节介绍的随机变量的另一个重要的数字特征——方差.

4.2.1　随机变量的方差

定义 4.2　设 X 是一个随机变量,若 $E\{[X-E(X)]^2\}$ 存在,则称 $E\{[X-E(X)]^2\}$ 为随机变量 X 的**方差**(variance or deviation),记为 $D(X)$ 或 $\mathrm{Var}(X)$,即

$$D(X) = E\{[X-E(X)]^2\}. \tag{4-7}$$

在实际应用中,还引入 $\sqrt{D(X)}$,记作 $\sigma(X)$,**称为标准差**(**standard deviation**)或**均方差**(**mean squared deviation**).

> 随机变量 X 的方差 $D(X)$ 表达了 X 的取值与数学期望 $E(X)$ 的偏离程度.若 $D(X)$ 较小,则意味着 X 的取值比较集中在 $E(X)$ 的附近;反之,若 $D(X)$ 较大,则表示 X 的取值比较分散.

由定义 4.2 知,方差 $D(X)$ 实际上是随机变量 X 的函数 $Y=g(X)=[X-E(X)]^2$ 的数学期望.于是对于离散型随机变量,有

$$D(X) = \sum_{k=1}^{+\infty} [x_k - E(X)]^2 p_k, \tag{4-8}$$

其中 $p_k = P\{X = x_k\}(k=1,2,\cdots)$ 是 X 的分布律.

对于连续型随机变量,有

$$D(X) = \int_{-\infty}^{+\infty} [x - E(X)]^2 f(x)\mathrm{d}x, \tag{4-9}$$

其中 $f(x)$ 是 X 的概率密度.

随机变量 X 的方差也可以通过下列公式计算:

$$D(X) = E(X^2) - [E(X)]^2. \tag{4-10}$$

证明　由数学期望的性质,得

$$D(X) = E\{[X - E(X)]^2\} = E\{X^2 - 2XE(X) + [E(X)]^2\}$$
$$= E(X^2) - 2E(X)E(X) + [E(X)]^2$$
$$= E(X^2) - [E(X)]^2.$$

【例 4.16】(0-1 分布的方差) 设随机变量 X 服从 $0-1$ 分布,其分布律为
$$P\{X = 0\} = 1 - p, P\{X = 1\} = p,$$
求方差 $D(X)$.

解 $E(X) = 0 \times (1-p) + 1 \times p = p, E(X^2) = 0^2 \times (1-p) + 1^2 \times p = p$.
由 $(4-10)$ 式可知,X 的方差
$$D(X) = E(X^2) - [E(X)]^2 = p - p^2 = p(1-p).$$

【例 4.17】(均匀分布的方差) 设随机变量 $X \sim U(a,b)$,求方差 $D(X)$.

解 X 的概率密度为
$$f(x) = \begin{cases} \dfrac{1}{b-a}, & x \in (a,b), \\ 0, & \text{其他}, \end{cases}$$

数学期望
$$E(X) = \int_{-\infty}^{+\infty} x f(x) \mathrm{d}x = \int_a^b \frac{x}{b-a} \mathrm{d}x = \frac{a+b}{2},$$

而
$$E(X^2) = \int_{-\infty}^{+\infty} x^2 f(x) \mathrm{d}x = \int_a^b \frac{x^2}{b-a} \mathrm{d}x = \frac{a^2 + ab + b^2}{3},$$

故 X 的方差为
$$D(X) = E(X^2) - [E(X)]^2 = \frac{a^2 + ab + b^2}{3} - \left(\frac{a+b}{2}\right)^2 = \frac{(b-a)^2}{12}.$$

4.2.2 方差的性质

下面来讨论方差的性质(以下设所遇到的随机变量的方差都是存在的).

1° 设 C 是常数,则 $D(C) = 0$.

证明 由数学期望的性质可知
$$E(C) = C, \qquad E(C^2) = C^2,$$
故
$$D(C) = E(C^2) - [E(C)]^2 = 0.$$

2° 设 X 是随机变量,C 是常数,则
$$D(CX) = C^2 D(X), \qquad D(X+C) = D(X).$$

证明 $D(CX) = E(C^2 X^2) - [E(CX)]^2 = C^2 E(X^2) - C^2 [E(X)]^2 = C^2 D(X),$
$D(X+C) = E[(X+C) - E(X+C)]^2 = E\{[X - E(X)]^2\} = D(X).$

3° 设 X, Y 是两个随机变量,则
$$D(X+Y) = D(X) + D(Y) + 2E\{[X - E(X)][Y - E(Y)]\}. \tag{4-11}$$
特别指出,当 X, Y 相互独立时,有
$$D(X+Y) = D(X) + D(Y). \tag{4-12}$$

证明
$$D(X+Y) = E\{[(X+Y)-E(X+Y)]^2\}$$
$$= E\{[(X-E(X))+(Y-E(Y))]^2\}$$
$$= E\{[X-E(X)]^2 + [Y-E(Y)]^2 + 2[X-E(X)][Y-E(Y)]\}$$
$$= E\{[X-E(X)]^2\} + E\{[Y-E(Y)]^2\} + 2E\{[X-E(X)][Y-E(Y)]\}$$
$$= D(X) + D(Y) + 2E\{[X-E(X)][Y-E(Y)]\},$$

其中
$$E\{[X-E(X)][Y-E(Y)]\} = E\{XY - XE(Y) - YE(X) + E(X)E(Y)\}$$
$$= E(XY) - E(X)E(Y) - E(Y)E(X) + E(X)E(Y)$$
$$= E(XY) - E(X)E(Y).$$

当 X,Y 相互独立时,由数学期望的性质可知 $E(XY)=E(X)E(Y)$,从而
$$D(X+Y) = D(X) + D(Y).$$

同理可证
$$D(X-Y) = D(X) + D(Y) - 2E\{[X-E(X)][Y-E(Y)]\}.$$

当 X,Y 相互独立时,则
$$D(X-Y) = D(X) + D(Y).$$

理解方差的性质,有助于更好地计算一些重要的随机变量的方差.

【例 4.18】(二项分布的方差) 设随机变量 $X \sim b(n,p)$,求 $D(X)$.

解 由二项分布的定义可知,随机变量 X 是 n 重 Bernoulli 试验中事件 A 发生的次数,且每次实验中事件 A 发生的概率为 p,引入随机变量
$$X_i = \begin{cases} 1, & A \text{ 在第 } i \text{ 次试验发生,} \\ 0, & A \text{ 在第 } i \text{ 次试验不发生,} \end{cases} i=1,2,\cdots,n,$$

则 $X = X_1 + X_2 + \cdots + X_n$,且 $X_1,X_2,\cdots,X_n$ 相互独立,都服从 0-1 分布,列表如下.

X_i	0	1
p_k	$1-p$	p

由例 16 知
$$E(X_i) = p, D(X_i) = p(1-p), i=1,2,\cdots,n.$$

根据数学期望和方差的性质可知
$$E(X) = E(X_1 + X_2 + \cdots + X_n)$$
$$= E(X_1) + E(X_2) + \cdots + E(X_n) = np,$$
$$D(X) = D(X_1 + X_2 + \cdots + X_n)$$
$$= D(X_1) + D(X_2) + \cdots + D(X_n) = np(1-p).$$

【例 4.19】(正态分布的方差) 设随机变量 $X \sim N(\mu, \sigma^2)$,求 $D(X)$.

解 先求服从标准正态分布的随机变量 $Z = \dfrac{X-\mu}{\sigma}$ 的方差. Z 的概率密度为
$$\varphi(z) = \frac{1}{\sqrt{2\pi}} e^{-z^2/2},$$

由 §4.1 例 9 可知 $E(Z)=0$,又

$$E(Z^2) = \int_{-\infty}^{+\infty} z^2 \varphi(z) \mathrm{d}z = \int_{-\infty}^{+\infty} \frac{1}{\sqrt{2\pi}} z^2 e^{-z^2/2} \mathrm{d}z = 1,$$

故

$$D(Z) = E(Z^2) - [E(Z)]^2 = 1.$$

由 $Z = \dfrac{X-\mu}{\sigma}$ 得 $X = \sigma Z + \mu$，从而

$$D(X) = D(\sigma Z + \mu) = \sigma^2 D(Z) = \sigma^2.$$

对于随机变量 $X \sim N(\mu, \sigma^2)$，位置参数 μ 实际上就是 X 的数学期望，形状参数 σ^2 是 X 的方差。

【例 4.20】 已知 $X \sim N(-1, 2)$，$Y \sim N(2, 5)$，且 X, Y 相互独立，求 $E(-2X+Y)$，$D(-2X+Y)$。

解 $X \sim N(-1, 2)$，$Y \sim N(2, 5)$，且 X, Y 相互独立，故

$$E(X) = -1, D(X) = 2, E(Y) = 2, D(Y) = 5.$$

于是

$$E(-2X+Y) = -2E(X) + E(Y) = 4,$$
$$D(-2X+Y) = 4D(X) + D(Y) = 13.$$

若 $X_i \sim N(\mu_i, \sigma_i^2)$，$i = 1, 2, \cdots, n$，且它们相互独立，则它们的线性组合 $a_1 X_1 + a_2 X_2 + \cdots + a_n X_n$（其中 $a_1, a_2, \cdots, a_n$ 不全为零），仍然服从正态分布。根据数学期望和方差的性质可知

$$a_1 X_1 + a_2 X_2 + \cdots + a_n X_n \sim N(a_1 \mu_1 + a_2 \mu_2 + \cdots + a_n \mu_n, a_1^2 \sigma_1^2 + a_2^2 \sigma_2^2 + \cdots + a_n^2 \sigma_n^2).$$

于是，例 4.20 中，$-2X+Y \sim N(4, 13)$，其中 4 是 $-2X+Y$ 的数学期望，13 是 $-2X+Y$ 的方差。

4.2.3 常用随机变量的数学期望和方差

表 4-3 给出了常用的随机变量的数学期望和方差。

表 4-3

类型	分布	参数	分布律或概率密度	数学期望	方差
离散型随机变量	0-1 分布	$0 < p < 1$	$P\{X=k\} = p^k(1-p)^{1-k}$, $k = 0, 1$	p	$p(1-p)$
	二项分布	$n \geqslant 1$ $0 < p < 1$	$P\{X=k\} = C_n^k p^k (1-p)^{n-k}$, $k = 0, 1, \cdots, n.$	np	$np(1-p)$
	Poisson 分布	$\lambda > 0$	$P\{X=k\} = \dfrac{\lambda^k}{k!} e^{-\lambda}$, $k = 0, 1, 2, \cdots$	λ	λ

续　表

类型	分布	参数	分布律或概率密度	数学期望	方差
连续型 随机变量	均匀分布	$a < b$	$f(x) = \begin{cases} \dfrac{1}{b-a}, & a < x < b, \\ 0, & \text{其他.} \end{cases}$	$\dfrac{a+b}{2}$	$\dfrac{(b-a)^2}{12}$
	指数分布	$\theta > 0$	$f(x) = \begin{cases} \dfrac{1}{\theta} \mathrm{e}^{-x/\theta}, & x > 0, \\ 0, & x \leqslant 0. \end{cases}$	θ	θ^2
	正态分布	μ $\sigma > 0$	$f(x) = \dfrac{1}{\sqrt{2\pi}\sigma} \mathrm{e}^{\frac{(x-\mu)^2}{2\sigma^2}}, x \in \mathbf{R}$	μ	σ^2

练习 4.2　封面扫码查看参考答案 🔍

1. 如果 X 与 Y 满足 $D(X+Y) = D(X-Y)$，则必有　　　　　　　　　（　　）

A. X 与 Y 独立　　　　　　　　　　B. $E(XY) = E(X) \cdot E(Y)$

C. $D(Y) = 0$　　　　　　　　　　　　D. $D(X)D(Y) = 0$

2. 设 $X \sim b(n, p)$，且 $E(X) = 2.4, D(X) = 1.44$，则二项分布的参数 n, p 的值为（　　）

A. $n=4, p=0.6$　　B. $n=6, p=0.4$　　C. $n=8, p=0.3$　　D. $n=24, p=0.1$

3. 设随机变量 $X \sim N(0,1), Y = 2X + 1$，则 Y 服从的分布是　　　　　　（　　）

A. $N(0,1)$　　　　B. $N(1,1)$　　　　C. $N(1,2)$　　　　D. $N(1,4)$

4. 两个相互独立的随机变量 X 和 Y 的方差分别为 4 和 2，则随机变量 $3X-2Y$ 的方差

是　　　　　　　　　　　　　　　　　　　　　　　　　　　　　　　（　　）

A. 8　　　　　　　B. 16　　　　　　　C. 28　　　　　　　D. 44

5. 设随机变量 X, Y 相互独立，它们的概率密度分别为

$$f_X(x) = \begin{cases} 2\mathrm{e}^{-2x}, & x > 0, \\ 0, & x \leqslant 0, \end{cases} \qquad f_Y(y) = \begin{cases} 4\mathrm{e}^{-4y}, & y > 0, \\ 0, & y \leqslant 0, \end{cases}$$

则 $D(X+Y) = $ _____．

6. 设随机变量 X 有分布律由下表给出．

X	-1	0	$\dfrac{1}{2}$	1	2
p_k	$\dfrac{1}{3}$	$\dfrac{1}{6}$	$\dfrac{1}{6}$	$\dfrac{1}{12}$	$\dfrac{1}{4}$

求：$E(-X+1), D(-X+1); E(X^2), D(X^2)$．

7. （1）设 X 是一个随机变量，其概率密度为

$$f(x) = \begin{cases} 1+x, & -1 \leqslant x \leqslant 0, \\ 1-x, & 0 < x < 1, \\ 0, & \text{其他}, \end{cases}$$

求：$D(X)$.

(2) 设随机变量 X 的概率密度为

$$f(x)=\begin{cases} 1-|1-x|, & 0<x<2, \\ 0, & \text{其他}, \end{cases}$$

求：$D(X)$.

8. 已知随机变量 X 的分布函数为

$$F(x)=\begin{cases} 0, & x\leqslant 0, \\ \dfrac{x}{4}, & 0<x\leqslant 4, \\ 1, & x>4, \end{cases}$$

求：$E(X),D(X)$.

9. (1) 已知随机变量 X 与 Y 相互独立，$X\sim N(1,1)$，$Y\sim N(-2,1)$，求：$E(2X+Y)$，$D(2X+Y)$.

(2) 设随机变量 X 和 Y 相互独立，$E(X)=E(Y)=1$，$D(X)=2$，$D(Y)=4$，求：$E[(X+Y)^2]$.

10. 假设有 10 件同种电器元件，其中有 2 件废品．装配仪器时从这批元件中任取一件，如是废品，则扔掉重新选取一件；如仍是废品，则扔掉再取一件．试求在取到正品之前已取出的废品件数的分布、数学期望和方差.

11. 某人用 n 把钥匙去开门，只有一把能打开，今任取一把试开，求打开此门所需开门次数 X 的均值与方差．假设：(1) 打不开的钥匙不放回；(2) 打不开的钥匙仍放回.

12. 设 (X,Y) 服从在 A 上的均匀分布，其中 A 为 x 轴、y 轴及直线 $x+\dfrac{y}{2}=1$ 所围成的三角形区域，求：X,Y,XY 的数学期望和方差.

13. 设随机变量 X 服从 $\left(-\dfrac{1}{2},\dfrac{1}{2}\right)$ 上的均匀分布，又

$$y=g(x)=\begin{cases} \ln x, & x>0, \\ 0, & x\leqslant 0, \end{cases}$$

求：$Y=g(X)$ 的数学期望和方差.

14. 对目标进行射击，直到击中为止，如果每次命中率为 p，求射击次数的数学期望和方差.

15. 证明任一事件 A 在一次试验中发生的次数 X 的方差不大于 $\dfrac{1}{4}$.

§4.3 协方差、相关系数及矩

数学期望和方差是随机变量的常用数字特征，它们分别描述了随机变量的平均水平和偏离平均水平的程度．本节继续讨论随机变量的其他常见的数字特征.

4.3.1 协方差和相关系数

定义 4.3 量 $E\{[X-E(X)][Y-E(Y)]\}$ 称为随机变量 X 与 Y 的**协方差**

（**covariance**），记为 $\mathrm{Cov}(X,Y)$，即

$$\mathrm{Cov}(X,Y) = E\{[X-E(X)][Y-E(Y)]\}.$$

而对于

$$\rho_{XY} = \frac{\mathrm{Cov}(X,Y)}{\sqrt{D(X)} \cdot \sqrt{D(Y)}}$$

称为随机变量 X 与 Y 的**相关系数**（**coefficient of correlation**）.

由定义 4.3 及 §4.2 性质 3°可知

$$\mathrm{Cov}(X,Y) = E\{[X-E(X)][Y-E(Y)]\} = E(XY) - E(X)E(Y).$$

这个式子常用来计算协方差.

【**例 4.21**】　随机变量 X 和 Y 的联合分布律由下表给出.

X＼Y	−1	0	1
0	0.07	0.18	0.15
1	0.08	0.32	0.20

求：X 和 Y 的协方差 $\mathrm{Cov}(X,Y)$ 和相关系数 ρ_{XY}.

解　首先求出关于 X 和 Y 的边缘分布律以及 XY 的分布律（见下表）.

X	0	1
p_k	0.4	0.6

Y	−1	0	1
p_k	0.15	0.5	0.35

XY	−1	0	1
p_k	0.08	0.72	0.2

计算得

$$E(X) = 0.6, D(X) = 0.24, E(Y) = 0.2, D(Y) = 0.46, E(XY) = 0.12,$$

从而

$$\mathrm{Cov}(X,Y) = E(XY) - E(X)E(Y) = 0.12 - 0.6 \times 0.2 = 0.$$

$$\rho_{XY} = \frac{\mathrm{Cov}(X,Y)}{\sqrt{D(X)} \cdot \sqrt{D(Y)}} = \frac{0}{\sqrt{0.24} \cdot \sqrt{0.46}} = 0.$$

由定义 4.3 可知，$\mathrm{Cov}(X,Y) = 0$ 充分必要条件是 $\rho_{XY} = 0$.

相关系数 $\rho_{XY} = 0$ 时，称随机变量 X 与 Y 是**不相关的**. 相关系数 $\rho_{XY} \neq 0$ 时，称随机变量 X 与 Y 是**相关的**.

例 4.21 中的随机变量 X 与 Y 是不相关的. 但是，容易验证 X 和 Y 并不是相互独立的. 也就是说，随机变量 X 与 Y 不相关，并不意味着 X 与 Y 相互独立.

当 X 与 Y 相互独立时，由数学期望的性质可知 $E(XY) = E(X)E(Y)$，从而 $\rho_{XY} = 0$，即 X 与 Y 不相关.

【**例 4.22**】　已知二维连续型随机变量 (X,Y) 的概率密度为

$$f(x,y) = \begin{cases} x+y, & 0 < x < 1, 0 < y < 1, \\ 0, & \text{其他}. \end{cases}$$

求 X 和 Y 的协方差 $\mathrm{Cov}(X,Y)$ 和相关系数 ρ_{XY}，并判断 X 和 Y 的相关性.

解 由条件可知

$$E(X) = \int_0^1 \int_0^1 x(x+y) \mathrm{d}x \mathrm{d}y = \frac{7}{12},$$

$$E(X^2) = \int_0^1 \int_0^1 x^2(x+y) \mathrm{d}x \mathrm{d}y = \frac{5}{12},$$

$$D(X) = E(X^2) - [E(X)]^2 = \frac{11}{144},$$

同理可得 $E(Y) = \frac{7}{12}, D(Y) = \frac{11}{144}$,

$$E(XY) = \int_0^1 \int_0^1 xy(x+y) \mathrm{d}x \mathrm{d}y = \frac{1}{3},$$

从而

$$\mathrm{Cov}(X,Y) = E(XY) - E(X)E(Y) = \frac{1}{3} - \frac{7}{12} \times \frac{7}{12} = -\frac{1}{144},$$

$$\rho_{XY} = \frac{\mathrm{Cov}(X,Y)}{\sqrt{D(X)} \cdot \sqrt{D(Y)}} = -\frac{1}{11},$$

故 X 和 Y 是相关的.

【例 4.23】 二维正态随机变量 $(X,Y) \sim N(\mu_1, \mu_2, \sigma_1^2, \sigma_2^2, \rho)$,其概率密度为

$$f(x,y) = \frac{1}{2\pi\sigma_1\sigma_2 \sqrt{1-\rho^2}} \exp\left\{ \frac{-1}{2(1-\rho^2)} \left[\frac{(x-\mu_1)^2}{\sigma_1^2} - \right. \right.$$

$$\left. \left. 2\rho \frac{(x-\mu_1)(y-\mu_2)}{\sigma_1\sigma_2} + \frac{(y-\mu_2)^2}{\sigma_2^2} \right] \right\},$$

求 X 与 Y 的相关系数 ρ_{XY}.

解 首先计算关于 X, Y 的边缘概率密度

$$f_X(x) = \int_{-\infty}^{+\infty} f(x,y) \mathrm{d}y = \frac{1}{\sqrt{2\pi}\sigma_1} \mathrm{e}^{-(x-\mu_1)^2/2\sigma_1^2},$$

$$f_Y(x) = \int_{-\infty}^{+\infty} f(x,y) \mathrm{d}x = \frac{1}{\sqrt{2\pi}\sigma_2} \mathrm{e}^{-(y-\mu_2)^2/2\sigma_2^2},$$

即 $X \sim N(\mu_1, \sigma_1^2), Y \sim N(\mu_2, \sigma_2^2)$,从而 $E(X) = \mu_1, D(X) = \sigma_1^2, E(Y) = \mu_2, D(Y) = \sigma_2^2$,则

$$\mathrm{Cov}(X,Y) = E\{[X-E(X)][Y-E(Y)]\}$$

$$= \int_{-\infty}^{+\infty} \int_{-\infty}^{+\infty} (x-\mu_1)(y-\mu_2) f(x,y) \mathrm{d}x \mathrm{d}y$$

$$= \frac{1}{2\pi\sigma_1\sigma_2 \sqrt{1-\rho^2}} \int_{-\infty}^{+\infty} \int_{-\infty}^{+\infty} (x-\mu_1)(y-\mu_2) \times$$

$$\exp\left\{ \frac{-1}{2(1-\rho^2)} \left[\frac{(x-\mu_1)^2}{\sigma_1^2} - 2\rho \frac{(x-\mu_1)(y-\mu_2)}{\sigma_1\sigma_2} + \frac{(y-\mu_2)^2}{\sigma_2^2} \right] \right\} \mathrm{d}x \mathrm{d}y,$$

令 $t = \frac{1}{\sqrt{1-\rho^2}} \left(\frac{y-\mu_2}{\sigma_2} - \rho \frac{x-\mu_1}{\sigma_1} \right), u = \frac{x-\mu_1}{\sigma_1}$,则

$$\mathrm{Cov}(X,Y) = \frac{1}{2\pi} \int_{-\infty}^{+\infty} \int_{-\infty}^{+\infty} (\sigma_1\sigma_2 \sqrt{1-\rho^2} tu + \rho\sigma_1\sigma_2 u^2) \mathrm{e}^{-(u^2+t^2)/2} \mathrm{d}u \mathrm{d}t = \rho\sigma_1\sigma_2,$$

$$\rho_{XY} = \frac{\mathrm{Cov}(X,Y)}{\sqrt{D(X)} \cdot \sqrt{D(Y)}} = \frac{\rho\,\sigma_1\sigma_2}{\sigma_1\sigma_2} = \rho.$$

由例 23 可知,对于二维正态分布 $N(\mu_1,\mu_2,\sigma_1^2,\sigma_2^2,\rho)$,协方差 $\rho_{XY} = 0$ 时,有 $\rho = 0$,代入联合概率密度,得 $f(x,y) = f_X(x)f_Y(y)$,即 X 与 Y 相互独立.反之,若 X 与 Y 相互独立,则一定有 $\rho_{XY} = 0$,即 $\rho = 0$.于是,可知二维正态分布相互独立与不相关是等价的.

下面来讨论协方差和相关系数的性质.

1° $\mathrm{Cov}(X,Y) = \mathrm{Cov}(Y,X),\mathrm{Cov}(X,X) = D(X)$.

2° $D(X+Y) = D(X) + D(Y) + 2\mathrm{Cov}(X,Y),D(X-Y) = D(X) + D(Y) - 2\mathrm{Cov}(X,Y)$.

3° $\mathrm{Cov}(a_1X_1 + a_2X_2,Y) = a_1\mathrm{Cov}(X_1,Y) + a_2\mathrm{Cov}(X_2,Y)$,其中 a_1,a_2 是常数.

4° $|\rho_{XY}| \leqslant 1$.

5° $|\rho_{XY}| = 1$ 的充要条件是存在常数 a,b 使得 $P\{Y = a + bX\} = 1$.

性质 1°,2° 和 3° 都可以用协方差的定义直接验证.性质 5° 的证明略去.下面来推导性质 4°.

由性质 2° 和 3° 可知,对于 $\forall t \in \mathbf{R}$,有

$$f(t) = D(tX + Y) = D(tX) + D(Y) + 2\mathrm{Cov}(tX,Y)$$
$$= t^2 D(X) + D(Y) + 2t\mathrm{Cov}(X,Y).$$

因为方差 $f(t) = D(tX + Y) \geqslant 0$,所以 $\Delta = [2\mathrm{Cov}(X,Y)]^2 - 4D(X)D(Y) \leqslant 0$,即

$$|\mathrm{Cov}(X,Y)| \leqslant \sqrt{D(X)} \cdot \sqrt{D(Y)},$$

从而

$$|\rho_{XY}| = \frac{|\mathrm{Cov}(X,Y)|}{\sqrt{D(X)} \cdot \sqrt{D(Y)}} \leqslant 1.$$

最后还需要指出的是,ρ_{XY} 是一个可以用来表征 X 与 Y 之间线性关系紧密程度的量,当 $|\rho_{XY}|$ 较大时,X 与 Y 之间线性相关的程度较好;当 $|\rho_{XY}|$ 较小时,X 与 Y 之间线性相关的程度较差.因此若 X 与 Y 不相关,只能说明不存在线性关系,但不能排除 X 与 Y 之间可能有其他关系.

4.3.2　矩

定义 4.4　设 X,Y 是随机变量.

若 $E(X^k),k = 1,2,\cdots$ 存在,则称它为 X 的 k 阶**原点矩**,简称 k 阶矩;

若 $E\{[X - E(X)]^k\},k = 2,3,\cdots$ 存在,则称它为 X 的 k 阶**中心矩**;

若 $E(X^k Y^l),k,l = 1,2,\cdots$ 存在,则称它为 X 和 Y 的 $k+l$ 阶**混合矩**;

若 $E\{[X - E(X)]^k [Y - E(Y)]^l\},k,l = 1,2,\cdots$ 存在,则称它为 X 和 Y 的 $k+l$ 阶**混合中心矩**.

由定义 4.4 可知,数学期望 $E(X)$ 是 X 的 1 阶原点矩,方差 $D(X)$ 是 X 的 2 阶中心矩,协方差 $\mathrm{Cov}(X,Y)$ 是 X 和 Y 的 2 阶混合中心矩.

【例 4.24】　设随机变量 X 的概率密度为

$$f(x) = \begin{cases} \dfrac{1}{2}x, & 0 < x < 2, \\ 0, & \text{其他.} \end{cases}$$

115

求随机变量 X 的 1 至 4 阶原点矩和 3 阶中心矩.

解 由定义知，X 的 1 至 4 阶原点矩为

$$E(X) = \int_0^2 x\left(\frac{1}{2}x\right)\mathrm{d}x = \frac{4}{3},$$

$$E(X^2) = \int_0^2 x^2\left(\frac{1}{2}x\right)\mathrm{d}x = 2,$$

$$E(X^3) = \int_0^2 x^3\left(\frac{1}{2}x\right)\mathrm{d}x = \frac{16}{5},$$

$$E(X^4) = \int_0^2 x^4\left(\frac{1}{2}x\right)\mathrm{d}x = \frac{16}{3}.$$

X 的 3 阶中心矩为

$$
\begin{aligned}
E\{[X-E(X)]^3\} &= E(X^3 - 3X^2E(X) + 3X[E(X)]^2 - [E(X)]^3) \\
&= E(X^3) - 3E(X^2)E(X) + 2[E(X)]^3 \\
&= \frac{16}{5} - 3 \times 2 \times \frac{4}{3} + 2 \times \left(\frac{4}{3}\right)^3 \\
&= -\frac{8}{135}.
\end{aligned}
$$

练习 4.3　封面扫码查看参考答案 🔍

1. 设 X 和 Y 是两个相互独立的随机变量，$X \sim N(0,1)$，Y 服从 $(-1,1)$ 上的均匀分布，则 $\mathrm{Cov}(X,Y) =$ 　　　　　　　　　　（　　）

A. 0　　　　　　　B. 1　　　　　　　C. 2　　　　　　　D. 4

2. 不相关和独立有什么区别？

3. 二维随机变量 (X,Y) 的分布律由下表给出.

X \ Y	1	-1
1	$\frac{1}{4}$	0
2	$\frac{1}{2}$	$\frac{1}{4}$

求：$\mathrm{Cov}(X,Y)$，ρ_{XY}.

4. (1) 设二维随机变量 (X,Y) 的概率密度为

$$f(x,y) = \begin{cases} \dfrac{1}{2}\sin(x+y), & 0 \leqslant x \leqslant \dfrac{\pi}{2}, 0 \leqslant y \leqslant \dfrac{\pi}{2}, \\ 0, & \text{其他}. \end{cases}$$

求：$\mathrm{Cov}(X,Y)$，ρ_{XY}.

(2) 设二维随机变量 (X,Y) 的概率密度为

$$f(x,y)=\begin{cases}\dfrac{x+y}{8}, & 0\leqslant x\leqslant 2,0\leqslant y\leqslant 2,\\ 0, & \text{其他}.\end{cases}$$

求：$\text{Cov}(X,Y),\rho_{XY}$.

5. 设二维随机变量 (X,Y) 的概率密度为

$$f(x,y)=\begin{cases}24(1-x)y, & 0<x<1,0<y<x,\\ 0, & \text{其他}.\end{cases}$$

求：$E(X),E(Y),D(X),D(Y),\text{Cov}(X,Y),\rho_{XY}$.

6. 设二维随机变量 (X,Y) 的概率密度为

$$\varphi(x,y)=\begin{cases}2-x-y, & 0\leqslant x\leqslant 1,0\leqslant y\leqslant 1,\\ 0, & \text{其他}.\end{cases}$$

(1) 判别 X,Y 是否相互独立，是否相关；(2) 求 $E(XY),D(X+Y)$.

7. 设随机变量 X 和 Y 在圆域 $x^2+y^2\leqslant r^2$ 上服从均匀分布.

(1) 求 X 和 Y 的相关系数 ρ_{XY}；(2) 问 X 和 Y 是否独立?

8. 某箱装有 100 件产品，其中一、二、三等品分别为 $80,10,10$ 件，现从中随机抽取一件，记

$$X_i=\begin{cases}1, & \text{若抽到 } i \text{ 等品},\\ 0, & \text{其他},\end{cases}\qquad i=1,2,3.$$

试求：(1) 随机变量 X_1 与 X_2 的分布律；(2) 随机变量 X_1 与 X_2 的相关系数 ρ.

9. 设随机变量 X 和 Y 的相关系数为 0.9，若 $Z=X-4$，求 Y 和 Z 的相关系数.

知识结构 图

数学期望
- 定义
- 离散型随机变量的数学期望
- 连续型随机变量的数学期望
- 随机变量函数的数学期望
- 数学期望的性质
- 常用随机变量的数学期望

方差
- 定义
- 性质
- 常用随机变量的方差

协方差

相关系数

矩

习 题 四

封面扫码查看参考答案 🔍

一、选择题

1. 设 X 与 Y 是两个随机变量,则下列各式中正确的是 （ ）

　A. $E(X+Y)=E(X)+E(Y)$ 　　　　　B. $D(X+Y)=D(X)+D(Y)$

　C. $E(XY)=E(X)E(Y)$ 　　　　　　D. $D(XY)=D(X)D(Y)$

2. 设 $X_1 \sim N(1,2)$，$X_2 \sim N(-1,5)$，则 $E(3X_1-2X_2)=$ （ ）

　A. 0 　　　　　B. 3 　　　　　C. 5 　　　　　D. 7

3. 设 C 为常数,则下列各式中正确的是 （ ）

　A. $D(-C)=-C$ 　　B. $D(-C)=0$ 　　C. $D(-C)=C$ 　　D. $D(-C)=C^2$

4. 对于任意两个随机变量 X 与 Y,若满足 $E(XY)=E(X)E(Y)$,则必有 （ ）

　A. $D(XY)=D(X)D(Y)$ 　　　　　B. $D(X+Y)=D(X)+D(Y)$

　C. X 与 Y 相互独立 　　　　　　D. X 与 Y 不独立

5. 设 X 是一个随机变量,则下列各式中错误的是 （ ）

　A. $E[D(X)]=D(X)$ 　　　　　　B. $E[E(X)]=E(X)$

　C. $D[E(X)]=E(X)$ 　　　　　　D. $D[E(X)]=0$

6. 设 X 是一随机变量,$E(X)=\mu$,$D(X)=\sigma^2$ $(\mu,\sigma>0)$,则对任意常数 C,必有 （ ）

　A. $E[(X-C)^2]=E(X^2)-C^2$ 　　　　B. $E[(X-C)^2]=E[(X-\mu)^2]$

　C. $E[(X-C)^2]<E[(X-\mu)^2]$ 　　　　D. $E[(X-C)^2]\geqslant E[(X-\mu)^2]$

7. 设随机变量 X 和 Y 独立同分布,记 $U=X-Y$,$V=X+Y$,则随机变量 U 和 V 必然

（ ）

　A. 不独立 　　　　　　　　　　B. 独立

　C. 相关系数不为零 　　　　　　D. 相关系数为零

8. 将一枚硬币重复掷 2 次,以 X 和 Y 分别表示正面向上和反面向上的次数,则 X 和 Y 的相关系数等于 （ ）

　A. -1 　　　　　B. 0 　　　　　C. $\dfrac{1}{2}$ 　　　　　D. 1

二、填空题

1. 设离散型随机变量 X 服从参数为 λ 的泊松分布,且 $P\{X=1\}=P\{X=2\}$,则 $E(X)$ =_____,$D(X)=$_____.

2. 已知连续型随机变量 X 的概率密度函数为 $f(x)=\dfrac{1}{\sqrt{\pi}}e^{-x^2+4x-4}$,$x\in\mathbb{R}$,则 $E(X)=$_____,$D(X)=$_____.

3. 已知随机变量 $X\sim N(-3,1)$,$Y\sim N(2,1)$ 且 X 与 Y 相互独立,$Z=X-2Y+7$,则 $Z\sim$_____.

4. 设随机变量 X_1,X_2,X_3 相互独立,其中 X_1 在 $[0,6]$ 上服从均匀分布,X_2 服从正态

分布 $N(0,2^2)$，X_3 服从参数为 $\lambda=3$ 的泊松分布. 记 $Y=X_1-2X_2+3X_3$，则 $D(Y)=$ _____.

5. 设 $X\sim P(\lambda)$，则 $Y=3X^2+2X-1$ 的数学期望为 _____.

6. 设随机变量 X 服从均值为 1 的指数分布，则数学期望 $E(X+\mathrm{e}^{-2X})=$ _____.

7. 进行两次重复独立试验，假设"至少成功一次"的概率是"至少失败一次"概率的两倍，则试验两次，成功次数的期望是 _____.

8. 设 X 的均值、方差都存在，且 $D(X)\neq 0$，并且 $Y=\dfrac{X-E(X)}{\sqrt{D(X)}}$，则 $E(Y)=$ _____，$D(Y)=$ _____.

三、解答题

1. 数学期望、方差、协方差、相关系数的实际意义是什么？

2. 离散型随机变量 X 的分布律由下表给出.

X	-2	0	2
p_k	0.4	0.3	0.3

求：(1) $E(X)$；(2) $E(X^2)$；(3) $E(3X^2+5)$.

3. 一台设备由三个部件构成，在设备运转中各部件需要调整的概率相应为 0.10，0.20，0.30. 假设各部件的状态相互独立，以 X 表示同时需要调整的部件数，试求 X 的分布律、数学期望 $E(X)$ 和方差 $D(X)$.

4. 已知离散型随机变量 X 的分布律为 $P\{X=1\}=0.2$，$P\{X=2\}=0.3$，$P\{X=3\}=0.5$.（1）写出 X 的分布函数 $F(x)$；(2) 求 X 的数学期望和方差.

5. 设随机变量 X 满足 $E[(X-1)^2]=10$，$E[(X-2)^2]=6$，求 $E(X)$，$D(X)$.

6. 设随机变量 X 的概率密度为
$$p(x)=\begin{cases}ax^2+bx+c, & 0<x<1,\\ 0, & \text{其他}.\end{cases}$$
已知 $E(X)=0.5$，$D(X)=0.15$，求 a,b,c.

7. 设 X 表示 10 次独立重复射击命中目标的次数，每次命中目标的概率为 0.4，试求 X^2 的数学期望 $E(X^2)$.

8. 设 (X,Y) 的概率密度
$$f(x,y)=\begin{cases}4xy\mathrm{e}^{-(x^2+y^2)}, & x>0,y>0,\\ 0, & \text{其他},\end{cases}$$
求：$E(\sqrt{X^2+Y^2})$.

9. 一商店经销某种商品，每周进货的数量 X 与顾客对该种商品的需求量 Y 是相互独立的随机变量，且都服从区间 $(10,20)$ 上的均匀分布，商店每售出一单位商品可得利润 1000 元；若需求量超过了进货量，商品可从其他商店调剂供应，这时每单位获利润 500 元. 试求此商店经销该种商品每周所得利润的期望值.

10. 设某狩猎区内有 n 只狐狸，猎人一共 r 次设若干个陷阱猎狐. 若在每次猎取中，对每只尚未捕获的狐狸而言,它落入陷阱的概率都是 $p(0<p<1)$,求第 r 次设陷阱捕获狐狸的数学期望.

11. 今有两封信欲投入编号为 Ⅰ、Ⅱ、Ⅲ 的 3 个邮筒,设 X 和 Y 分别表示投入到第 Ⅰ 号和第 Ⅱ 号邮筒的信的数目,试求:

(1) (X,Y) 的分布律;

(2) X 和 Y 是否独立?

(3) 令 $U=\max(X,Y)$,$V=\min(X,Y)$,求 $E(U)$,$E(V)$.

12. 设随机变量 X 的概率密度为

$$f(x)=\begin{cases}\dfrac{1}{2}\cos\dfrac{x}{2}, & 0\leqslant x\leqslant\pi, \\ 0, & 其他.\end{cases}$$

对 X 独立地重复观察 4 次,用 Y 表示观察值大于 $\dfrac{\pi}{3}$ 的次数,求 Y^2 的数学期望.

13. 在长为 l 的线段上任选两点,求两点间距离的数学期望与方差.

14. 设系统 Ⅰ 由元件 A,B 并联组成,X,Y 分别表示 A,B 的寿命,已知 X,Y 相互独立且同分布,其概率密度为

$$f(x)=\begin{cases}\lambda\mathrm{e}^{-\lambda x}, & x>0, \\ 0, & 其他,\end{cases}$$

求系统 Ⅰ 的寿命的数学期望.

15. 二维随机变量 (X,Y) 的分布律由下表给出.

X \ Y	0	1
0	0.3	0.2
1	0.4	0.1

求:$E(X)$,$E(Y)$,$E(X-2Y)$,$E(3XY)$,$D(X)$,$D(Y)$,$\mathrm{Cov}(X,Y)$,ρ_{XY}.

16. 设二维随机变量 (X,Y) 的概率密度为

$$f(x,y)=\begin{cases}1, & |y|\leqslant x,0\leqslant x\leqslant 1, \\ 0, & 其他.\end{cases}$$

求:(1) 关于 X 和 Y 的边缘概率密度;

(2) $E(X)$,$E(Y)$,$D(X)$,$D(Y)$;

(3) $\mathrm{Cov}(X,Y)$.

17. 已知二维随机变量 (X,Y) 服从二维正态分布,并且 X 和 Y 分别服从正态分布 $N(1,3^2)$,$N(0,4^2)$,X 和 Y 的相关系数 $\rho_{XY}=-\dfrac{1}{2}$,设 $Z=\dfrac{X}{3}+\dfrac{Y}{2}$.

(1) 求 Z 的数学期望和方差.

(2) 求 X 与 Z 的相关系数 ρ_{XZ}.

第5章 大数定律与中心极限定理

大数定律和中心极限定理是概率论中重要的理论. 大数定律是叙述随机变量序列的前一些项的算术平均值在某种条件下收敛到这些项的均值的算术平均值；中心极限定理则是确定在什么条件下,大量随机变量之和的分布逼近于正态分布.

大数定律和中心极限定理能够解释很多实际现象,其中包括为什么独立重复试验中事件发生的频率具有稳定性,为什么很多实际问题中出现的随机变量服从正态分布或近似地服从正态分布. 大数定律和中心极限定理的结论是我们利用正态分布解决实际问题的理论依据.

§5.1 大 数 定 律

5.1.1 切比雪夫不等式

在引入大数定律之前,我们先介绍一个重要的不等式——切比雪夫(Chebyshev)不等式.

定理 5.1 对随机变量 X,若 $E(X)$ 及 $D(X)$ 存在,则对任意 $\varepsilon > 0$,不等式

$$P\{|X - E(X)| \geqslant \varepsilon\} \leqslant \frac{D(X)}{\varepsilon^2} \qquad (5-1)$$

成立.

证明 只就连续情况给予证明. 设 X 的概率密度为 $f(x)$,则有

$$
\begin{aligned}
P\{|X - E(X)| \geqslant \varepsilon\} &= \int_{|x - E(X)| \geqslant \varepsilon} f(x)\mathrm{d}x \\
&\leqslant \int_{|x - E(X)| \geqslant \varepsilon} \frac{|x - E(X)|^2}{\varepsilon^2} f(x)\mathrm{d}x \\
&\leqslant \frac{1}{\varepsilon^2} \int_{-\infty}^{+\infty} |x - E(X)|^2 f(x)\mathrm{d}x = \frac{D(X)}{\varepsilon^2}.
\end{aligned}
$$

切比雪夫不等式也可以写成如下形式

$$P\{|X - E(X)| < \varepsilon\} \geqslant 1 - \frac{D(X)}{\varepsilon^2}. \qquad (5-2)$$

切比雪夫不等式表明,任意随机变量 X 落在 $E(X)$ 的 ε 邻域内的概率与其方差 $D(X)$ 有关,若方差 $D(X)$ 越小, X 落在 $E(X)$ 的 ε 邻域外的概率 $P\{|X - E(X)| \geqslant \varepsilon\}$ 也越小,从而可知,方差确实是一个描述随机变量与其期望值离散程度的量.

由于切比雪夫不等式给出了在随机变量的分布未知而仅知道 $E(X)$ 和 $D(X)$ 的情况

下对 X 的概率分布的估计式,因此在理论研究及实际应用中有重要的价值.

【例 5.1】 设 X 是一个随机变量,$E(X)=4,D(X)=3$,试利用切比雪夫不等式估计 $P\{|X-4|\geqslant 3\}$.

解 由(5-1)式有

$$P\{|X-4|\geqslant 3\}\leqslant\frac{D(X)}{\varepsilon^2}=\frac{3}{3^2}=\frac{1}{3}.$$

【例 5.2】 已知正常男性成人血液中,每一毫升白细胞数平均是 7300,均方差是 700,利用切比雪夫不等式估计每毫升含白细胞数在 5200~9400 之间的概率.

解 设 X 为每毫升血液中所含的白细胞数,于是 $E(X)=7300,D(X)=700^2$,由(5-2)式得

$$P\{5200<X<9400\}=P\{|X-7300|<2100\}\geqslant 1-\frac{700^2}{2100^2}=\frac{8}{9}.$$

5.1.2 大数定律

人们积累的大量经验告诉我们,概率很接近于 1 的随机事件在一次试验中几乎一定要发生;同样,概率很小的事件在一次试验中可以看作是实际不可能事件.因此在实际工作及一般理论问题中,概率接近于 1 或 0 的事件具有重大意义,概率论的基本问题之一就是要建立概率接近于 1 或 0 的规律,特别是大量独立相关因素累积结果所发生的规律.大数定律就是这种概率论命题中最重要的一个.

一般地说,设 $X_1,X_2,\cdots,X_n,\cdots$ 是随机变量序列,如果对于任意 $\varepsilon>0$,有

$$\lim_{n\to\infty}P\left\{\left|\frac{1}{n}\sum_{i=1}^{n}X_i-\frac{1}{n}\sum_{i=1}^{n}E(X_i)\right|<\varepsilon\right\}=1$$

成立,则称随机变量序列 $X_1,X_2,\cdots,X_n,\cdots$ 服从**大数定律**(law of large numbers).

大数定律是从概率角度刻画随机变量序列的极限,这种形式的极限称为**依概率收敛**.

定义 5.1 设随机变量 $X_1,X_2,\cdots,X_n,\cdots$ 是一个随机变量序列,a 是一个常数,若对于任意正数 ε,有 $\lim_{n\to\infty}P\{|X_n-a|<\varepsilon\}=1$,则称序列 $X_1,X_2,\cdots,X_n,\cdots$ 依概率收敛于 a,记为

$$X_n\xrightarrow{P}a.$$

事实上,"依概率收敛"表明当 n 充分大时,X_n 趋近于 a 的概率几乎为 1.因此,若 X_1,$X_2,X_3,\cdots,X_n,\cdots$ 服从大数定律,则有 $\frac{1}{n}\sum_{i=1}^{n}X_i\xrightarrow{P}\frac{1}{n}\sum_{i=1}^{n}E(X_i)$,即当 n 充分大时,随机变量的算术平均值 $\frac{1}{n}\sum_{i=1}^{n}X_i$ 趋近于均值的算术平均值 $\frac{1}{n}\sum_{i=1}^{n}E(X_i)$ 的概率几乎为 1.

大数定律的内容很丰富,这里只介绍三个常用的大数定律.

定理 5.2(切比雪夫大数定律) 设 $X_1,X_2,\cdots,X_n,\cdots$ 是一列相互独立的随机变量,每一随机变量分别有数学期望 $E(X_1),E(X_2),\cdots,E(X_n),\cdots$ 和有限的方差 $D(X_1),D(X_2),\cdots,D(X_n),\cdots$ 且有公共上界 C,即存在常数 $C>0$,使得

$$D(X_i)\leqslant C(i=1,2,\cdots),$$

则对任意 $\varepsilon>0$,有

$$\lim_{n\to\infty}P\left\{\left|\frac{1}{n}\sum_{i=1}^{n}X_i-\frac{1}{n}\sum_{i=1}^{n}E(X_i)\right|<\varepsilon\right\}=1. \tag{5-3}$$

证明　因为 $X_1,X_2,\cdots,X_n,\cdots$ 相互独立,所以

$$D\left(\frac{1}{n}\sum_{i=1}^{n}X_i\right)=\frac{1}{n^2}\sum_{i=1}^{n}D(X_i)\leqslant\frac{1}{n^2}nC=\frac{C}{n},$$

又因为 $E\left(\dfrac{1}{n}\sum_{i=1}^{n}X_i\right)=\dfrac{1}{n}\sum_{i=1}^{n}E(X_i)$,由切比雪夫不等式可得

$$P\left\{\left|\frac{1}{n}\sum_{i=1}^{n}X_i-\frac{1}{n}\sum_{i=1}^{n}E(X_i)\right|<\varepsilon\right\}\geqslant1-\frac{D\left(\dfrac{1}{n}\sum_{i=1}^{n}X_i\right)}{\varepsilon^2}\geqslant1-\frac{C}{n\varepsilon^2},$$

所以

$$1\geqslant P\left\{\left|\frac{1}{n}\sum_{i=1}^{n}X_i-\frac{1}{n}\sum_{i=1}^{n}E(X_i)\right|<\varepsilon\right\}\geqslant1-\frac{C}{n\varepsilon^2},$$

于是有

$$\lim_{n\to\infty}P\left\{\left|\frac{1}{n}\sum_{i=1}^{n}X_i-\frac{1}{n}\sum_{i=1}^{n}E(X_i)\right|<\varepsilon\right\}=1.$$

切比雪夫大数定律表明,当 n 充分大时,相互独立的随机变量的算术平均值 $\dfrac{1}{n}\sum_{i=1}^{n}X_i$ 与均值算术平均值 $\dfrac{1}{n}\sum_{i=1}^{n}E(X_i)$ 偏差很大的可能性很小,这也意味着在 n 充分大时,经算术平均后得到的随机变量 $\dfrac{1}{n}\sum_{i=1}^{n}X_i$ 的值将比较紧密地聚集在它的数学期望 $E\left(\dfrac{1}{n}\sum_{i=1}^{n}X_i\right)$ 的附近.

定理 5.3(辛钦大数定律)　设 $X_1,X_2,\cdots,X_n,\cdots$ 是相互独立且服从同一分布的随机变量序列,且数学期望存在,$E(X_i)=\mu(i=1,2,\cdots)$,则对于任意 $\varepsilon>0$,有

$$\lim_{n\to\infty}P\left\{\left|\frac{1}{n}\sum_{i=1}^{n}X_i-\mu\right|<\varepsilon\right\}=1. \tag{5-4}$$

辛钦大数定律表明,对于独立同分布且具有均值 μ 的随机变量 $X_1,X_2,\cdots,X_n,\cdots$,当 n 充分大时,它们的算术平均值 $\overline{X}=\dfrac{1}{n}\sum_{i=1}^{n}X_i$ 趋近于均值 μ 的概率几乎为 1. 因此,在试验次数无限增多的情况下,算术平均值 $\overline{X}=\dfrac{1}{n}\sum_{i=1}^{n}X_i$ 与均值 μ 有较大偏差的可能性很小,这为实际生活中经常采用的算术平均值估计法提供了理论依据.

例如,为了精确称量某物体的质量 a,可以在相同的条件下重复测量 n 次,得到的结果记为 $x_1,x_2,\cdots,x_n$,由于各种不确定的因素,这些结果是不完全相同,它们可以看成是 n 个独立随机变量 $X_1,X_2,\cdots,X_n$ 的一次试验数据,并且 $X_1,X_2,\cdots,X_n$ 服从同一分布,且数学期望为 a.于是由辛钦大数定律可知,当 n 充分大时,用 $\dfrac{1}{n}\sum_{i=1}^{n}x_i$ 作为物体质量 a 的近似值,基本上不

会产生较大的误差,且 n 越大,把 $\dfrac{1}{n}\sum\limits_{i=1}^{n}x_i$ 作为 a 的近似值的误差就越小;又如,要估计某工厂的平均日产量 a,只要统计有代表性的几天的日产量 $x_1, x_2, \cdots, x_n$,计算它们的平均值 $\dfrac{1}{n}\sum\limits_{i=1}^{n}x_i$,在 n 比较大的情形下,它可以作为工厂的平均日产量,即日产量期望 a 的一个近似值.

定理 5.4(伯努利大数定律) 设 n_A 是 n 重伯努利试验中事件 A 发生的次数,A 在每次试验中发生的概率为 $p(0 < p < 1)$,则对于任意的 $\varepsilon > 0$,有

$$\lim_{n \to \infty} P\left\{ \left| \frac{n_A}{n} - p \right| < \varepsilon \right\} = 1. \tag{5-5}$$

证明 令 $X_i = \begin{cases} 1, \text{第 } i \text{ 次试验中 } A \text{ 发生}, \\ 0, \text{第 } i \text{ 次试验中 } A \text{ 不发生}, \end{cases} i = 1, 2, \cdots, n$,则 $X_1, X_2, \cdots, X_n$ 相互独立且都服从参数为 p 的 $0-1$ 分布,因而 $E(X_i) = p, D(X_i) = p(1-p)$. 由 $(5-4)$ 式即得

$$\lim_{n \to \infty} P\left\{ \left| \frac{1}{n} \sum_{i=1}^{n} X_i - p \right| < \varepsilon \right\} = 1.$$

又 $n_A = \sum\limits_{i=1}^{n} X_i$,即有

$$\lim_{n \to \infty} P\left\{ \left| \frac{n_A}{n} - p \right| < \varepsilon \right\} = 1.$$

伯努利大数定律是 1713 年由伯努利提出的概率极限定理中的第一个大数定律,它表明当试验的次数 n 无限增大时,事件 A 发生的频率依概率收敛于事件 A 发生的概率 p,从而当 n 充分大时,事件 A 发生的频率与其概率有较大的偏差的可能性很小. 正是在这个意义上,我们有了概率的统计定义. 因此,在实际应用中我们便可以通过做试验确定某事件发生的频率并把它作为相应概率的估计.

§5.2 中心极限定理

在实际问题中,有许多随机现象可以看作是大量随机因素影响的结果,而每个因素对该现象影响微小,那么作为因素总和的随机变量,往往服从或者近似地服从正态分布. 在概率论中,将各个因素随机变量和的极限分布是正态分布的定理统称为中心极限定理.

中心极限定理最初是由法国数学家德莫佛发现的. 他在 1733 年发表的论文中首次使用正态分布估计大量抛硬币试验出现正面次数的分布. 这是一个跨时代的重大发现. 但是,如此重要的成果差一点被历史遗忘,直到 1812 年,法国数学家拉普拉斯发表的巨著 *Théorie Analytique des Probabilités* 拯救了这一理论,并且对其进行了扩展,指出二项分布可以由正态分布近似. 但是,同德莫佛一样,拉普拉斯的理论也未引起足够重视. 直到 1901 年,俄国数学家李雅普诺夫给出了中心极限定理的严格证明,中心极限定理的研究才逐步走入人们的视线. 20 世纪中后期,越来越多的统计专家、学者对其进行了深入研究.

本节介绍两个最基本、最常用的中心极限定理.

5.2.1　中心极限定理的概念

设随机变量 X 的数学期望为 $E(X)$，方差为 $D(X)$，则称随机变量

$$Y = \frac{X - E(X)}{\sqrt{D(X)}}$$

为随机变量 X 的**标准化随机变量**（**standardization of random variable**）.

设 $\{X_n\}$ 为一列相互独立的随机变量，且数学期望 $E(X_n)$ 和方差 $D(X_n)(n = 1,2,\cdots)$，均存在，则

$$Y_n = \frac{\sum\limits_{i=1}^{n} X_i - E(\sum\limits_{i=1}^{n} X_i)}{\sqrt{D(\sum\limits_{i=1}^{n} X_i)}} = \frac{\sum\limits_{i=1}^{n} X_i - \sum\limits_{i=1}^{n} E(X_i)}{\sqrt{\sum\limits_{i=1}^{n} D(X_i)}}$$

为 $\sum\limits_{i=1}^{n} X_i$ 的标准化随机变量.

在概率论中，将一切关于随机变量序列和的标准化随机变量的极限分布是标准正态分布的定理统称为中心极限定理，即对 $\sum\limits_{i=1}^{n} X_i$ 的标准化随机变量 Y_n，如果

$$\lim_{n \to \infty} P\{Y_n \leqslant x\} = \frac{1}{\sqrt{2\pi}} \int_{-\infty}^{x} e^{-\frac{t^2}{2}} \, dt,$$

则称 $\{X_n\}$ 服从**中心极限定理**（**Center Limit Theorem**）.

中心极限定理实质上是说：当 n 充分大时，$Y_n = \dfrac{\sum\limits_{i=1}^{n} X_i - E(\sum\limits_{i=1}^{n} X_i)}{\sqrt{D(\sum\limits_{i=1}^{n} X_i)}}$ 近似服从标准正态

分布 $N(0,1)$.

5.2.2　中心极限定理

定理 5.5（独立同分布中心极限定理）　设 $X_1,X_2,\cdots,X_n,\cdots$ 是一列独立同分布的随机变量，且

$$E(X_i) = \mu, D(X_i) = \sigma^2 (\sigma^2 > 0), \; i = 1,2,\cdots$$

则有

$$\lim_{n \to \infty} P\left\{ \frac{\sum\limits_{i=1}^{n} X_i - n\mu}{\sigma\sqrt{n}} \leqslant x \right\} = \frac{1}{\sqrt{2\pi}} \int_{-\infty}^{x} e^{-\frac{t^2}{2}} \, dt.$$

定理 5.6（德莫佛-拉普拉斯中心极限定理）　在 n 重伯努利试验中，事件 A 在每次试验中出现的概率为 $p(0 < p < 1)$，η_n 为 n 次试验中事件 A 发生的次数，即 $\eta_n \sim b(n,p)$，则

$$\lim_{n \to \infty} P\left\{ \frac{\eta_n - np}{\sqrt{np(1-p)}} \leqslant x \right\} = \frac{1}{\sqrt{2\pi}} \int_{-\infty}^{x} e^{-\frac{t^2}{2}} \, dt.$$

注：(1) 定理 5.5 表明，当 n 充分大时，$\eta_n = \dfrac{\sum\limits_{i=1}^{n} X_i - n\mu}{\sigma \sqrt{n}}$ 的分布近似于 $N(0,1)$，从而 $X_1 + X_2 + \cdots + X_n = n\mu + \sigma \sqrt{n} \eta_n$ 分布近似 $N(n\mu, n\sigma^2)$. 这意味大量独立同分布且存在方差的随机变量之和近似服从正态分布. 该结论提供了计算独立同分布随机变量之和的近似概率的简便方法.

(2) 对于定理 5.6，最早是由德莫佛在 1733 年对 $p = \dfrac{1}{2}$ 情形展开研究，后来拉普拉斯将其发展到 p 的一般情形. 定理 5.6 也可以看作是定理 5.5 的一种特殊情况.

5.2.3 中心极限定理的应用

下面介绍中心极限定理的一些具体应用.

1. 二项分布概率的近似计算

设 η_n 是 n 重伯努利试验中事件 A 发生的次数，则 $\eta_n \sim b(n,p)$，对任意 $x_1 < x_2$ 有

$$P\{x_1 < \eta_n \leqslant x_2\} = \sum_{x_1 < k \leqslant x_2} C_n^k p^k (1-p)^{n-k}.$$

当 n 很大时，直接计算很困难. 当 p 不接近于 0 时，根据德莫佛—拉普拉斯中心极限定理，可用正态分布来近似计算：

$$P\{x_1 < \eta_n \leqslant x_2\} = P\left\{\frac{x_1 - np}{\sqrt{np(1-p)}} < \frac{\eta_n - np}{\sqrt{np(1-p)}} \leqslant \frac{x_2 - np}{\sqrt{np(1-p)}}\right\}$$

$$\approx \Phi\left(\frac{x_2 - np}{\sqrt{np(1-p)}}\right) - \Phi\left(\frac{x_1 - np}{\sqrt{np(1-p)}}\right).$$

【例 5.3】 在一家保险公司里有 10000 个人参加保险，每人每年付 10 元保险费. 在一年内一个人死亡的概率为 0.005，死亡时其家属可向保险公司领得 1000 元，问：

(1) 保险公司亏本的概率多大？

(2) 保险公司一年的利润不少于 40000 元的概率为多大？

分析 保险公司一年的总收入为 100000 元，这时：

(1) 若一年中死亡人数 > 100，则保险公司亏本；

(2) 若一年中死亡人数 $\leqslant 60$，则利润 $\geqslant 40000$ 元.

解 令

$$X_i = \begin{cases} 1, & \text{第 } i \text{ 个人在一年内死亡}, \\ 0, & \text{第 } i \text{ 个人在一年内活着}, \end{cases} \quad i = 1,2,\cdots,10000,$$

则 $p = P\{X_i = 1\} = 0.005$，记 $\eta_n = \sum\limits_{i=1}^{n} X_i$，则 $\eta_n \sim b(n,p)$. $n = 10000$ 已足够大，于是由德莫佛-拉普拉斯中心极限定理可得：

(1) $P\{\eta_n > 100\} = 1 - P\{\eta_n \leqslant 100\} = 1 - P\left\{\dfrac{\eta_n - np}{\sqrt{np(1-p)}} \leqslant \dfrac{100 - np}{\sqrt{np(1-p)}}\right\}$

$$= 1 - \Phi\Big(\frac{100 - 10000 \times 0.005}{\sqrt{10000 \times 0.005 \times 0.995}}\Big) \approx 1 - \Phi(7.143);$$

(2) $P\{\eta_n \leqslant 60\} = P\Big\{\frac{\eta_n - np}{\sqrt{np(1-p)}} \leqslant \frac{60 - np}{\sqrt{np(1-p)}}\Big\} \approx \Phi(1.429).$

【例 5.4】 某单位内部有 200 架电话分机,每个分机有 3% 的时间要用外线通话. 可以认为各个电话分机用不同外线是相互独立的. 问:总机需备多少条外线才能以 95% 的把握保证各个分机在使用外线时不必等候?

解 由题意,任意一个分机只有使用外线或不使用外线两种情况,且使用外线的概率 $p = 0.03$,200 个分机中同时使用外线的分机数 $\eta_n \sim b(200, 0.03)$.

设总机外线条数为 x,则依题意需满足 $P\{\eta_n \leqslant x\} \geqslant 0.95$.

由于 $n = 200$ 较大,故由德莫佛-拉普拉斯定理,有

$$P\{\eta_n \leqslant x\} \approx \Phi\Big(\frac{x - 200p}{\sqrt{200p(1-p)}}\Big) \geqslant 0.95.$$

查正态分布表可知

$$\frac{x - 200p}{\sqrt{200p(1-p)}} \geqslant 1.645,$$

解得

$$x \geqslant 9.969.$$

所以总机至少备有 10 条外线,才能以 95% 的把握保证各个分机使用外线时不必等候.

2. 用频率作为概率的近似值的误差估计

由伯努利大数定律知道 $\lim\limits_{n \to \infty} P\Big\{\Big|\frac{n_A}{n} - p\Big| \geqslant \varepsilon\Big\} = 0$,但是对于给定的 ε 和较大的 n,

$P\Big\{\Big|\frac{n_A}{n} - p\Big| \geqslant \varepsilon\Big\}$ 究竟有多大?

伯努利大数定律没有给出回答,但利用德莫佛-拉普拉斯中心极限定理可以给出近似的解答.

对充分大的 n,有

$$P\Big\{\Big|\frac{n_A}{n} - p\Big| < \varepsilon\Big\} = P\Big\{\Big|\frac{n_A - np}{\sqrt{np(1-p)}}\Big| < \varepsilon\sqrt{\frac{n}{p(1-p)}}\Big\}$$

$$\approx \Phi\Big(\varepsilon\sqrt{\frac{n}{p(1-p)}}\Big) - \Phi\Big(-\varepsilon\sqrt{\frac{n}{p(1-p)}}\Big) = 2\Phi\Big(\varepsilon\sqrt{\frac{n}{p(1-p)}}\Big) - 1,$$

故

$$P\Big\{\Big|\frac{n_A}{n} - p\Big| \geqslant \varepsilon\Big\} = 1 - P\Big\{\Big|\frac{n_A}{n} - p\Big| < \varepsilon\Big\} = 2\Big[1 - \Phi\Big(\varepsilon\sqrt{\frac{n}{p(1-p)}}\Big)\Big].$$

【例 5.5】 重复掷一枚质地不均匀的硬币,设在每次试验中出现正面的概率 p 未知. 试问要掷多少次才能使出现正面的频率与 p 相差不超过 $\frac{1}{100}$ 的概率达 95% 以上?

解 依题意,欲求 n,使 $P\Big\{\Big|\frac{\eta_n}{n} - p\Big| \leqslant \frac{1}{100}\Big\} \geqslant 0.95$,即

$$P\left\{\left|\frac{\eta_n}{n}-p\right|\leqslant\frac{1}{100}\right\}=2\Phi\left(0.01\sqrt{\frac{n}{p(1-p)}}\right)-1\geqslant 0.95,$$

从而 $\Phi\left(0.01\sqrt{\dfrac{n}{p(1-p)}}\right)\geqslant 0.975=\Phi(1.96)$，于是 $0.01\sqrt{\dfrac{n}{p(1-p)}}\geqslant 1.96$，即

$n\geqslant 196^2 p(1-p)$，而 $p(1-p)\leqslant\dfrac{1}{4}$，显然当 $p(1-p)=\dfrac{1}{4}$ 时，$n\geqslant 196^2\times\dfrac{1}{4}=9604.$

所以，需要掷硬币 9604 次以上就能以 95% 的概率保证出现正面的频率与概率之差不超过 $\dfrac{1}{100}$.

知识结构图

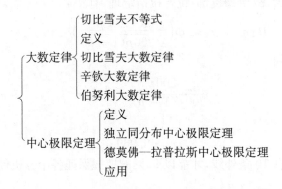

习 题 五

封面扫码查看参考答案

一、选择题

1. 设 X 的方差为 2.5，利用切比雪夫不等式估计 $P\{|X-E(X)|\geqslant 7.5\}\leqslant$ （　　）

A. $\dfrac{1}{45}$　　　　　　B. $\dfrac{16}{45}$　　　　　　C. $\dfrac{2}{45}$　　　　　　D. $\dfrac{4}{9}$

2. 设随机变量 X 和 Y 的数学期望都是 2，方差分别为 1 和 4，且相互独立，则根据切比雪夫不等式，$P\{|X-Y|\geqslant 6\}\leqslant$ （　　）

A. $\dfrac{1}{4}$　　　　　　B. $\dfrac{5}{36}$　　　　　　C. $\dfrac{1}{6}$　　　　　　D. $\dfrac{1}{3}$

3. 设 $X_1,X_2,\cdots,X_n,\cdots$ 为独立同分布的随机变量序列，且服从参数为 p 的指数分布，则当 $n\to\infty$ 时，$Z_n=\dfrac{1}{n}\sum\limits_{i=1}^{n}X_i$ 依概率收敛于 （　　）

A. p　　　　　　B. $1-p$　　　　　　C. 0　　　　　　D. $\dfrac{p}{n}$

4. 设 $X_1,X_2,\cdots,X_n,\cdots$ 为独立同分布的随机变量序列，且服从参数为 $\theta(\theta>0)$ 的指数分布，记 $\Phi(x)$ 为标准正态分布函数，则 （　　）

A. $\lim\limits_{n\to\infty}P\left\{\dfrac{\sum\limits_{i=1}^{n}X_i-n\theta}{\theta\sqrt{n}}\leqslant x\right\}=\Phi(x)$　　　　B. $\lim\limits_{n\to\infty}P\left\{\dfrac{\sum\limits_{i=1}^{n}X_i-n\theta}{\sqrt{n\theta}}\leqslant x\right\}=\Phi(x)$

C. $\lim\limits_{n\to\infty}P\left\{\dfrac{\theta\sum\limits_{i=1}^{n}X_i-n}{\sqrt{n}}\leqslant x\right\}=\Phi(x)$　　　　D. $\lim\limits_{n\to\infty}P\left\{\dfrac{\sum\limits_{i=1}^{n}X_i-\theta}{\sqrt{n\theta}}\leqslant x\right\}=\Phi(x)$

二、填空题

1. 设随机变量 X 的数学期望 $E(X)=\mu$,方差 $D(X)=\sigma^2$,则根据契比雪夫不等式估计 $P\{|X-\mu|\geqslant 3\sigma\}\leqslant$ _____.

2. 设 X 服从参数为 2 的指数分布,$X_1,X_2,\cdots,X_n,\cdots$ 相互独立并且与 X 有相同的分布,则当 $n\to\infty$ 时,$Y_n=\dfrac{1}{n}\sum\limits_{i=1}^{n}X_i^2$ 依概率收敛于 _____.

3. 设随机变量 $X_1,X_2,\cdots,X_n$ 相互独立同分布,$E(X_i)=\mu,D(X_i)=8(i=1,2,\cdots,n)$,则概率 $P\{\mu-4<\overline{X}<\mu+4\}\geqslant$ _____,其中 $\overline{X}=\dfrac{1}{n}\sum\limits_{i=1}^{n}X_i$.

三、问答题

1. 契比雪夫不等式有什么作用？ 它的意义是什么？

2. 大数定律的背景和意义是什么？

3. 中心极限定理的背景和意义是什么？

4. 简述德莫佛-拉普拉斯中心定理及其应用.

四、解答题

1. 随机地掷 10 颗骰子,用切比雪夫不等式估计点数总和在 20 到 50 之间的概率.

2. 一公寓有 200 户住户,一户住户拥有汽车辆数 X 的分布律由下表给出.

X	0	1	2
p_k	0.1	0.6	0.3

问需要多少车位,才能使每辆汽车都具有一个车位的概率至少为 0.95？

3. 某工厂有 400 台同类机器,各台机器发生故障的概率都是 0.02.假设各台机器工作是相互独立的,试求机器出故障的台数不少于 2 的概率.

4. 有一批建筑房屋用的木柱,其中 80% 的长度不小于 3 m,现从这批木柱中随机地取 100 根,求其中至少有 30 根短于 3 m 的概率.

5. 一生产线生产的产品成箱包装,每箱的重量是随机的.假设每箱平均重 50 kg,标准差为 5 kg.若用最大载重量为 5 t 的汽车承运,试利用中心极限定理说明每辆车最多可以装多少箱,才能保障不超载的概率大于 0.977.

6. 设有 1000 人独立行动,每个人能够按时进入掩蔽体的概率为 0.9.以 95% 概率估计,在一次行动中：(1) 至少有多少人能够进入掩蔽体；(2) 至多有多少人能进入掩蔽体.

7. 计算机做加法运算时,要对每个加法取整(即取最接近它的整数),设所有的取整误差是相互独立的,且它们都服从均匀分布 $U(-0.5,0.5)$,如果将 1500 个数相加,求误差总和的绝对值超过 15 的概率.

8. 假设某种型号的螺钉重量是随机变量,期望值为 50 g,标准差为 5 g,求:

(1) 100 个螺钉一袋的重量超过 5.1 kg 的概率;

(2) 每箱螺钉装有 500 袋,500 袋中最多有 4% 的重量超过 5.1 kg 的概率.

9. 有 100 道单项选择题,每个题中有 4 个备选答案,且其中只有一个答案是正确的.规定选择正确得 1 分,选择错误得 0 分.假设无知者对于每一个题目都是从 4 个备选答案中随机地选答,并且没有不选的情况,计算他能超过 35 分的概率.

10. (1) 一个复杂系统由 100 个相互独立的元件组成,在系统运行期间每个元件损坏的概率为 0.10,又知为使系统正常运行,至少必须有 85 个元件工作,求系统的可靠度(即正常运行的概率);(2) 上述系统假如有 n 个相互独立的元件组成,而且又要求至少有 80% 的元件工作才能使整个系统正常运行,问 n 至少为多大时才能保证系统的可靠度为 95%?

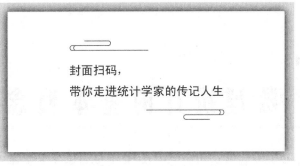

切比雪夫(Pafnuty Lvovich Chebyshev,1821—1894)

第6章 数理统计的基本概念

前5章介绍了概率论的基本概念、基本思想和基本方法. 概率论的特点是：在随机变量的概率分布已知的情况下，研究随机变量分布的性质和数字特征等. 例如，已知随机变量的概率密度，求它的分布函数、数学期望、方差等. 然而在实际问题中，随机变量的概率分布可能完全不知，或仅知道它的分布类型，但其中却含有某些未知参数，这时怎样获得这些未知信息呢？这就是数理统计所要解决的问题.

数理统计主要研究如何对随机现象进行观测或试验以收集到有效的数据，并对这些受到随机性影响的有限数据进行整理和分析，从而对考察的问题作出尽可能精确、可靠的推断和预测，为决策提供依据.

随机现象无处不在，因此数理统计研究的内容十分广泛而丰富. 本书只介绍参数估计和假设检验等常用的数理统计方法. 本章介绍数理统计中的一些基本概念和几类重要的统计量及其分布.

§6.1 随机样本

6.1.1 总体

在统计问题中，把研究对象的某个数量指标的全体称为**总体**. 总体中的每个成员称为**个体**. 例如，在研究某批灯泡的质量时，人们关心的数量指标为寿命，则这批灯泡的寿命组成的集合为总体，而每个灯泡的寿命为个体. 又如，在研究江苏的杨树生长状况时，人们所关心的是每年的木材增长状况，则江苏的杨树的立方数为总体，而每棵树的立方数为个体.

由于研究对象的相应数量指标的出现带有随机性，从而可把这种数量指标看成是一个随机变量，常用 X, Y 等来表示总体. 例如，人们关心灯泡的数量指标寿命，那么此总体就可以用随机变量 X 来表示. 再如，人们关心江苏的杨树的数量指标是立方数，那么总体也可以用 X 表示. 我们对总体进行研究，就是对随机变量分布进行的研究.

6.1.2 样本

为了推断总体的分布及各种特征，就需要从该总体中按一定的法则抽取若干个体进行试验或观测，以获得有关总体的信息，所抽取的部分个体称为**样本**，样本中包含的个体数量称为**样本容量**，用 n 表示. 由于任何一种抽取方法都具有随机性，因此，容量为 n 的样本可以看成 n 维随机变量 $(X_1, X_2, \cdots, X_n)$，在数理统计中一般样本用 $X_1, X_2, \cdots, X_n$ 表示. 例如，为考察灯泡的平均寿命,我们从一批灯泡中随机抽取 50 只灯泡,这就获得了一个容量为 50 的样本 $X_1,X_2,\cdots,X_{50}$. 对抽到的 50 只灯泡在一定条件下,按照一定的规则进行寿命试验,这就得到了 50 个数据 $x_1,x_2,\cdots,x_{50}$,这是样本的一次观测值,简称**样本值**.

从一批灯泡中抽取得到样本,由抽样的随机性知,每个灯泡被抽到的可能性相同,即从总体中抽取个体时,每个个体能被抽到的机会均等,这就意味着样本中的每一个个体与所考察的总体具有相同的分布;样本中的每个个体的取值并不影响其他个体的取值,这说明样本 $X_1,X_2,\cdots,X_n$ 是相互独立的随机变量,这样得到的样本称为**简单随机样本**,简称为**样本**. (今后所说的样本都指的是简单随机样本)

样本具有以下两个性质,设 $X_1,X_2,\cdots,X_n$ 是来自总体 X 的样本,则

1° $X_1,X_2,\cdots,X_n$ 相互独立;

2° $X_1,X_2,\cdots,X_n$ 具有与总体 X 相同的分布.

即样本 $X_1,X_2,\cdots,X_n$ 是独立同分布的.

6.1.3　样本的联合分布

(1) 若总体 X 的分布函数为 $F(x)$,$X_1,X_2,\cdots,X_n$ 为来自总体 X 的样本,则 $X_1,X_2,\cdots,X_n$ 的联合分布函数为

$$F(x_1,x_2,\cdots,x_n)=\prod_{i=1}^{n}F(x_i).$$

(2) 若离散型总体 X 的分布律为 $P\{X=a_i\}=p_i,i=1,2,\cdots$,则样本 $X_1,X_2,\cdots,X_n$ 的联合分布律为

$$P\{X_1=x_1,X_2=x_2,\cdots,X_n=x_n\}=\prod_{i=1}^{n}P\{X_i=x_i\}.$$

其中 $x_1,x_2,\cdots,x_n$ 取 $a_1,a_2,\cdots,a_n\cdots$ 中任一数.

(3) 若连续型总体 X 的概率密度为 $f(x)$,则样本 $X_1,X_2,\cdots,X_n$ 的联合概率密度为

$$f(x_1,x_2,\cdots,x_n)=\prod_{i=1}^{n}f(x_i).$$

【例 6.1】　设总体 $X\sim b(1,p)$,$X_1,X_2,\cdots,X_n$ 为其一个简单随机样本,因为

$$P\{X=x\}=p^x\cdot(1-p)^{1-x},x=0,1,$$

所以样本的联合分布律为

$$\begin{aligned}
&P\{X_1=x_1,X_2=x_2,\cdots,X_n=x_n\}\\
&=P\{X_1=x_1\}P\{X_2=x_2\}\cdots P\{X_n=x_n\}\\
&=p^{x_1}(1-p)^{1-x_1}p^{x_2}(1-p)^{1-x_2}\cdots p^{x_n}(1-p)^{1-x_n}\\
&=p^{\sum\limits_{i=1}^{n}x_i}(1-p)^{n-\sum\limits_{i=1}^{n}x_i}.\ x_i=0,1,i=1,2,\cdots,n.
\end{aligned}$$

练习 6.1　封面扫码查看参考答案 🔍

1. 数理统计与概率论的联系及研究对象是什么?

2. 设 $X_1,X_2,\cdots,X_n$ 是来自均匀分布总体 $U(0,c)$ 的样本,求样本 $X_1,X_2,\cdots,X_n$ 的联合概率密度.

3. 设总体 X 服从参数为 θ 的指数分布，$X_1, X_2, \cdots, X_n$ 是来自总体 X 的样本，求样本 $X_1, X_2, \cdots, X_n$ 的联合概率密度.

4. 设总体 $X \sim N(\mu, \sigma^2)$，$X_1, X_2, \cdots, X_{10}$ 是来自 X 的样本，写出 $X_1, X_2, \cdots, X_{10}$ 的联合概率密度.

§6.2 抽样分布

样本来自总体，样本的观测值含有总体中各方面的信息，但这些信息较为分散，有时显得杂乱无章，为将这些分散在样本中的有关总体的信息集中起来以反映总体的各种特征，需要对样本进行加工，最常用的加工方法是构造样本的函数，不同的函数反映总体的不同特征.

6.2.1 统计量的定义

定义 6.1 设 $X_1, X_2, \cdots, X_n$ 为总体 X 的一个样本，若样本函数 $g(X_1, X_2, \cdots, X_n)$ 不含有任何未知参数，则称 $g(X_1, X_2, \cdots, X_n)$ 为该样本的**统计量**.

例如，设总体 X 服从正态分布 $N(5, \sigma^2)$，σ^2 未知，$X_1, X_2, \cdots, X_n$ 为总体 X 的一个样本，则 $\dfrac{1}{n}\sum\limits_{i=1}^{n} X_i$ 为样本 $X_1, X_2, \cdots, X_n$ 的统计量，而 $\dfrac{\sum\limits_{i=1}^{n} X_i - 5n}{\sqrt{n}\sigma}$ 不是该样本的统计量，因为它含有未知参数 σ.

下面介绍一些常见的统计量，设 $X_1, X_2, \cdots, X_n$ 为总体 X 的一个样本，$x_1, x_2, \cdots, x_n$ 为对应的样本观测值.

(1) 样本均值

$$\overline{X} = \frac{1}{n}\sum_{i=1}^{n} X_i, \tag{6-1}$$

它的观测值为 $\overline{x} = \dfrac{1}{n}\sum\limits_{i=1}^{n} x_i$.

(2) 样本方差

$$S^2 = \frac{1}{n-1}\sum_{i=1}^{n}(X_i - \overline{X})^2 = \frac{1}{n-1}\left(\sum_{i=1}^{n} X_i^2 - n\overline{X}^2\right), \tag{6-2}$$

它的观测值为

$$s^2 = \frac{1}{n-1}\sum_{i=1}^{n}(x_i - \overline{x})^2 = \frac{1}{n-1}\left(\sum_{i=1}^{n} x_i^2 - n\overline{x}^2\right).$$

(3) 样本标准差

$$S = \sqrt{S^2} = \sqrt{\frac{1}{n-1}\sum_{i=1}^{n}(X_i - \overline{X})^2}, \tag{6-3}$$

它的观测值为

$$s = \sqrt{s^2} = \sqrt{\frac{1}{n-1}\sum_{i=1}^{n}(x_i - \overline{x})^2}.$$

(4) 样本 k 阶原点矩

$$A_k = \frac{1}{n}\sum_{i=1}^{n} X_i^k, \quad k = 1,2,\cdots \tag{6-4}$$

它的观测值为 $a_k = \frac{1}{n}\sum_{i=1}^{n} x_i^k, \quad k = 1,2,\cdots$. 例如 1 阶原点矩 A_1 即为样本均值 $\overline{X}$.

（5）样本 k 阶中心矩

$$B_k = \frac{1}{n}\sum_{i=1}^{n} (X_i - \overline{X})^k, \quad k = 2,3,\cdots \tag{6-5}$$

它的观测值为 $b_k = \frac{1}{n}\sum_{i=1}^{n} (x_i - \overline{x})^k, \quad k = 1,2,\cdots$

（6）顺序统计量

设 $X_1, X_2, \cdots, X_n$ 是取自总体 X 的样本，$x_1, x_2, \cdots, x_n$ 为样本观测值，其由小到大排列

$$x_{(1)} \leqslant x_{(2)} \leqslant \cdots \leqslant x_{(i)} \leqslant \cdots \leqslant x_{(n)} \tag{6-6}$$

中，第 i 个值 $x_{(i)}$ 就作为 $X_{(i)}$ 的观测值，$X_{(1)}, X_{(2)}, \cdots, X_{(n)}$ 称为顺序统计量，其中 $X_{(1)} = \min\{X_1, X_2, \cdots, X_n\}$ 称为**最小顺序统计量**，$X_{(n)} = \max\{X_1, X_2, \cdots, X_n\}$ 称为**最大顺序统计量**.

若总体 X 的数学期望为 $E(X) = \mu$，方差为 $D(X) = \sigma^2$，则由数学期望和方差的性质得：

（1）$E(\overline{X}) = E\left(\dfrac{1}{n}\sum_{i=1}^{n} X_i\right) = \dfrac{1}{n}\sum_{i=1}^{n} E(X_i) = \mu$；

（2）$D(\overline{X}) = D\left(\dfrac{1}{n}\sum_{i=1}^{n} X_i\right) = \dfrac{1}{n^2}\sum_{i=1}^{n} D(X_i) = \dfrac{\sigma^2}{n}$；

（3）$E(S^2) = E\left[\dfrac{1}{n-1}\sum_{i=1}^{n}(X_i - \overline{X})^2\right] = E\left[\dfrac{1}{n-1}\left(\sum_{i=1}^{n} X_i^2 - n\overline{X}^2\right)\right]$

$\qquad\quad = \dfrac{1}{n-1}\left[\sum_{i=1}^{n}(\sigma^2 + \mu^2) - n(\sigma^2/n + \mu^2)\right] = \sigma^2.$

6.2.2　经验分布函数

设 $x_1, x_2, \cdots, x_n$ 是取自分布函数为 $F(x)$ 的总体中一个样本的观测值，若把样本观测值由小到大排列得 $x_{(1)} \leqslant x_{(2)} \leqslant \cdots \leqslant x_{(n)}$，则经验分布函数

$$F_n(x) = \begin{cases} 0, & x < x_{(1)}, \\ \dfrac{k}{n}, & x_{(k)} \leqslant x < x_{(k+1)}, \\ 1, & x \geqslant x_{(n)}. \end{cases}$$

显然，$F_n(x)$ 是非减右连续函数，且满足 $F_n(-\infty) = 0$，$F_n(+\infty) = 1$. $F_n(x)$ 的图形如图 6-1 所示.

对于经验分布函数 $F_n(x)$，格里汶科（Glivenko）在 1933 年证明了以下的结果：对于任一实数 x，当 $n \to \infty$ 时，$F_n(x)$ 以概率 1 一致收敛于分布函数 $F(x)$，即

$$P\{\lim_{n\to\infty} \sup_{-\infty < x < \infty} |F_n(x) - F(x)| = 0\} = 1.$$

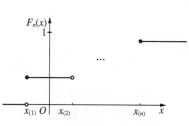

图 6-1

因此,对于任一实数 x,当 n 充分大时,经验分布函数的任一观察值 $F_n(x)$ 与总体分布函数 $F(x)$ 只有微小的差别,从而实际上可当做 $F(x)$ 来使用.

6.2.3 抽样分布

统计量是对总体的分布规律或数字特征进行推断的基础. 在数理统计中,统计量的分布称为**抽样分布**,确定统计量的分布是数理统计的基本问题之一,下面介绍三类重要的统计量分布.

1. χ^2 分布

(1) χ^2 分布的定义

定义 6.2 设 $X_1, X_2, \cdots, X_n$ 是来自总体 $N(0,1)$ 的样本,则称统计量

$$\chi^2 = X_1^2 + X_2^2 + \cdots + X_n^2. \tag{6-7}$$

服从自由度为 n 的 χ^2 **分布**,记为 $\chi^2 \sim \chi^2(n)$.

$\chi^2(n)$ 分布的概率密度函数为

$$f(y) = \begin{cases} \dfrac{1}{2^{n/2}\Gamma(n/2)} y^{n/2-1} \mathrm{e}^{-y/2}, & y > 0, \\ 0, & \text{其他.} \end{cases} \tag{6-8}$$

其中 $\Gamma(a) = \int_0^{+\infty} x^{a-1}\mathrm{e}^{-x}\mathrm{d}x(a > 0)$. $f(y)$ 的图形如图 6-2 所示.

(2) χ^2 分布的性质

a. 可加性

若 $X \sim \chi^2(m)$,$Y \sim \chi^2(n)$,且 X 与 Y 相互独立,则

$$X + Y \sim \chi^2(m+n). \tag{6-9}$$

b. 数学期望和方差

若 $X \sim \chi^2(n)$,则

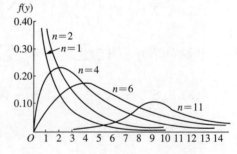

图 6-2

$$E(X) = n, D(X) = 2n. \tag{6-10}$$

事实上,因为 $X_i \sim N(0,1)$,故

$$E(X_i^2) = D(X_i) = 1, E(X_i^4) = \int_{-\infty}^{+\infty} x^4 \frac{1}{\sqrt{2\pi}}\mathrm{e}^{-x^2/2}\mathrm{d}x = 3.$$

$$D(X_i^2) = E(X_i^4) - [E(X_i^2)]^2 = 3 - 1 = 2, i = 1, 2, \cdots, n.$$

所以

$$E(X) = E\left(\sum_{i=1}^n X_i^2\right) = \sum_{i=1}^n E(X_i^2) = n,$$

$$D(X) = D\left(\sum_{i=1}^n X_i^2\right) = \sum_{i=1}^n D(X_i^2) = 2n.$$

(3) χ^2 分布的分位点

对于给定的正数 $\alpha, 0 < \alpha < 1$,称满足条件

$$P\{\chi^2 > \chi_\alpha^2(n)\} = \alpha \tag{6-11}$$

的点 $\chi_\alpha^2(n)$ 为 $\chi^2(n)$ 分布的上 α 分位点. 如图 6-3 所示, 对于不同的 α, n 上 α 分位点的值查附录 Ⅲ 附表 5 可得, 例如对 $\alpha = 0.1, n = 25$, 查表得 $\chi_{0.1}^2(25) = 34.381$.

2. t 分布

（1）t 分布的定义

定义 6.3　设 $X \sim N(0,1), Y \sim \chi^2(n)$, 且 X 与 Y 相互独立, 则称随机变量

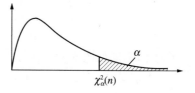

图 6-3

$$T = \frac{X}{\sqrt{Y/n}} \qquad (6-12)$$

服从自由度为 n 的 t **分布**, 记为 $T \sim t(n)$.

t 分布又称学生氏（Student）分布. $t(n)$ 分布的概率密度为

$$h(t) = \frac{\Gamma[(n+1)/2]}{\sqrt{\pi n}\,\Gamma(n/2)}\left(1 + \frac{t^2}{n}\right)^{-(n+1)/2}, -\infty < t < \infty. \qquad (6-13)$$

利用 Γ 函数的性质可得 $\lim\limits_{n \to \infty} h(t) = \frac{1}{\sqrt{2\pi}} e^{-t^2/2}$, 即当 n 充分大时, t 分布接近于正态分布. $h(t)$ 的图形如图 6-4 所示.

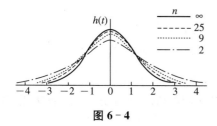

图 6-4

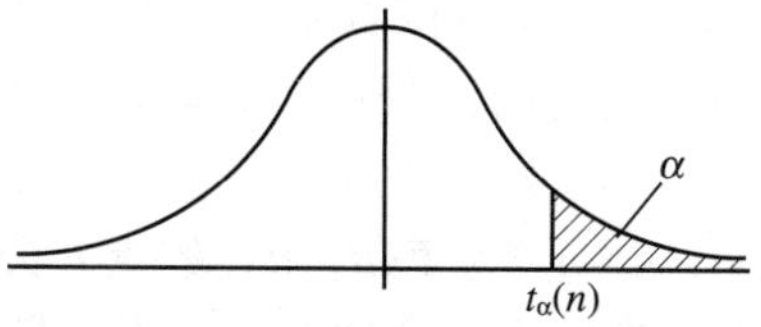

图 6-5

（2）t 分布的分位点

对于给定的正数 $\alpha, 0 < \alpha < 1$, 称满足条件

$$P\{T > t_\alpha(n)\} = \alpha \qquad (6-14)$$

的点 $t_\alpha(n)$ 为 $t(n)$ **的上 α 分位点**. 如图 6-5 所示.

由 t 分布的分位点的定义及 $h(t)$ 图形的对称性知

$$t_{1-\alpha}(n) = -t_\alpha(n). \qquad (6-15)$$

对于不同的 α, n, 上 α 分位点的值由附录 Ⅲ 附表 4 给出, 当 $\alpha = 0.1, n = 25$ 时, 查表得, $t_{0.1}(25) = 1.3163$.

在 $n > 45$ 时, 对于常用的 α 的值, 就用正态近似

$$t_\alpha(n) \approx Z_\alpha$$

3. F 分布

（1）F 分布的定义

定义 6.4　设 $U \sim \chi^2(n_1), V \sim \chi^2(n_2)$, 且 U, V 相互独立, 则称随机变量

$$F = \frac{U/n_1}{V/n_2} \qquad (6-16)$$

137

服从**第一自由度为** n_1、**第二自由度为** n_2 **的** F **分布**,记为 $F \sim F(n_1, n_2)$.

$F(n_1, n_2)$ 分布的概率密度函数为

$$\psi(y) = \begin{cases} \dfrac{\Gamma\big[(n_1+n_2)/2\big](n_1/n_2)^{n_1/2} y^{(n_1/2)-1}}{\Gamma(n_1/2)\Gamma(n_2/2)\big[1+(n_1 y/n_2)\big]^{(n_1+n_2)/2}}, & y > 0, \\ 0, & 其他. \end{cases} \quad (6-17)$$

$\psi(y)$ 的图形如图 6-6 所示.

由定义知,若 $F \sim F(n_1, n_2)$,则

$$\frac{1}{F} \sim F(n_2, n_1). \quad (6-18)$$

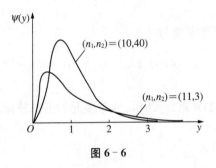

图 6-6

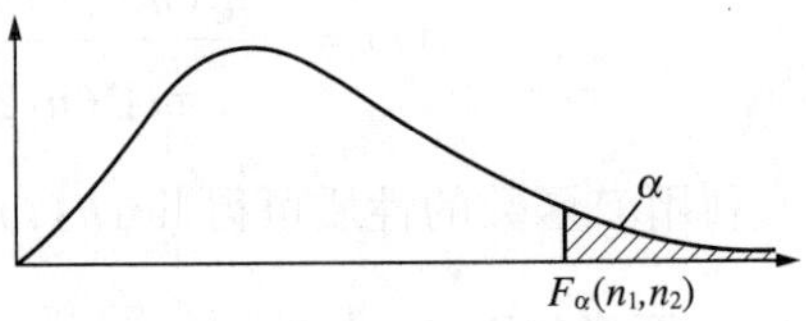

图 6-7

(2) F 分布分位点

对于给定的正数 α, $0 < \alpha < 1$,称满足条件

$$P\{F > F_\alpha(n_1, n_2)\} = \alpha \quad (6-19)$$

的点 $F_\alpha(n_1, n_2)$ 为 $F(n_1, n_2)$ **的上** α **分位点**,如图 6-7 所示.

F 分布的上 α 分位点可由附录Ⅲ附表 6 查出,当 $\alpha = 0.05$, $n_1 = 9$, $n_2 = 12$,查表得 $F_{0.05}(9,12) = 2.80$.

F 分布的上 α 分位点有如下的重要性质:

$$F_{1-\alpha}(n_1, n_2) = \frac{1}{F_\alpha(n_2, n_1)}. \quad (6-20)$$

(6-20)式可用来计算附录Ⅲ附表 6 中未列出的上 α 分位点. 例如

$$F_{0.95}(12,9) = \frac{1}{F_{0.05}(9,12)} = \frac{1}{2.80} = 0.357.$$

练习 6.2 封面扫码查看参考答案

1. 为什么要提出统计量?

2. 设总体服从泊松分布,一个容量为 10 的样本的观测值为

$$1, 2, 4, 3, 3, 4, 5, 6, 4, 8.$$

计算样本均值,样本方差和经验分布函数.

3. 查表求分位点 $z_{0.975} = \underline{\hspace{1.5cm}}$, $z_{0.025} = \underline{\hspace{1.5cm}}$, $\chi^2_{0.975}(12) = \underline{\hspace{1.5cm}}$;
$\chi^2_{0.025}(12) = \underline{\hspace{1.5cm}}$, $t_{0.95}(10) = \underline{\hspace{1.5cm}}$, $t_{0.05}(10) = \underline{\hspace{1.5cm}}$;
$F_{0.95}(10,8) = \underline{\hspace{1.5cm}}$, $F_{0.05}(8,10) = \underline{\hspace{1.5cm}}$.

4. 设 X_1, X_2, X_3, X_4 是来自正态总体 $N(0, 2^2)$ 的简单随机样本,$X = a(X_1 - 2X_2)^2 + b(3X_3 - 4X_4)^2$,则当 $a = $ _____,$b = $ _____ 时,统计量 X 服从 χ^2 分布,其自由度为 _____.

5. 设 $X_1, X_2, \cdots, X_{100}$ 是来自服从 $\chi^2(n)$ 分布的总体的样本,$\overline{X}$ 为样本均值,则 $E(\overline{X}) = $ _____,$D(\overline{X}) = $ _____.

6. 设 X, Y 都服从正态分布 $N(0, 3^2)$. $X_1, X_2, \cdots, X_9$ 与 $Y_1, Y_2, \cdots, Y_9$ 分别为来自 X, Y 的样本,两样本相互独立,则 $T = \dfrac{X_1 + \cdots + X_9}{\sqrt{Y_1^2 + \cdots + Y_9^2}} \sim$ _____.

7. 设随机变量 $X \sim N(\mu, 1), Y \sim \chi^2(n)$,且 X, Y 相互独立,则 $T = \dfrac{X - \mu}{\sqrt{Y}} \sqrt{n} \sim$ _____.

8. 若 $X \sim t(n)$,证明:$X^2 \sim F(1, n)$.

9. 设 $X_1, X_2, \cdots, X_n$ 是来自总体 $N(0, \sigma^2)$ 的样本,试证:

(1) $\dfrac{1}{\sigma^2} \sum\limits_{i=1}^{n} X_i^2 \sim \chi^2(n)$;

(2) $\dfrac{1}{n\sigma^2} \left(\sum\limits_{i=1}^{n} X_i \right)^2 \sim \chi^2(1)$.

§6.3　正态总体样本均值与样本方差的分布

从理论上讲,当总体的分布函数已知时,统计量的分布就可通过随机变量的分布函数求出.但在实际中由于涉及到复杂的求和或积分计算往往得不到统计量分布的明显表达式,这就限制了统计量的应用.但在正态总体的条件下,某些常用的统计量有比较简单的结果.概率论的中心极限定理告诉了随机变量服从正态分布的条件.经验也表明,不少随机变量可以认为是正态的或近似正态的.下面给出正态总体条件下某些常用的统计量的分布.

6.3.1　单个正态总体的情形

定理 6.1　设 $X_1, X_2, \cdots, X_n$ 是来自正态总体 $N(\mu, \sigma^2)$ 的一个样本,$\overline{X}$ 与 S^2 为样本均值与样本方差,则

(1) $\overline{X} \sim N(\mu, \sigma^2/n)$ 或 $\dfrac{\overline{X} - \mu}{\sigma/\sqrt{n}} \sim N(0, 1)$; 　　　　　　　　　　　　　　(6-21)

(2) $\dfrac{n-1}{\sigma^2} S^2 \sim \chi^2(n-1)$; 　　　　　　　　　　　　　　　　　　(6-22)

(3) $\overline{X}$ 与 S^2 相互独立.

定理 6.2　设 $X_1, X_2, \cdots, X_n$ 是来自正态总体 $N(\mu, \sigma^2)$ 的一个样本,$\overline{X}, S^2$ 分别为样本均值与样本方差,则

$$T = \frac{\overline{X} - \mu}{S/\sqrt{n}} \sim t(n-1). \qquad (6-23)$$

证明　由定理 6.1 知,因为 $\dfrac{\overline{X} - \mu}{\sigma/\sqrt{n}} \sim N(0, 1)$,$\dfrac{n-1}{\sigma^2} S^2 \sim \chi^2(n-1)$ 且两者相互独立.另

由 t 分布的定义知

$$\frac{\overline{X}-\mu}{\sigma/\sqrt{n}} \Big/ \sqrt{\frac{(n-1)S^2}{\sigma^2(n-1)}} \sim t(n-1),$$

整理即得

$$T = \frac{\overline{X}-\mu}{S/\sqrt{n}} \sim t(n-1).$$

6.3.2 两个正态总体的情形

在统计学的应用中,有时要比较两个正态总体的参数,下述定理为比较两个正态总体参数提供了合适的统计量.

定理 6.3 设 $X_1,X_2,\cdots,X_n$ 与 $Y_1,Y_2,\cdots,Y_m$ 是分别来自正态总体 $N(\mu_1,\sigma_1^2)$ 和 $N(\mu_2,\sigma_2^2)$ 的样本,且这两个样本相互独立,$\overline{X},S_1^2$ 分别为 $X_1,X_2,\cdots,X_n$ 样本的均值与样本方差,$\overline{Y},S_2^2$ 分别为样本 $Y_1,Y_2,\cdots,Y_m$ 的样本均值与样本方差,则

(1) $U = \dfrac{(\overline{X}-\overline{Y})-(\mu_1-\mu_2)}{\sqrt{\dfrac{\sigma_1^2}{n}+\dfrac{\sigma_2^2}{m}}} \sim N(0,1)$; (6-24)

(2) $F = \dfrac{S_1^2/S_2^2}{\sigma_1^2/\sigma_2^2} \sim F(n-1,m-1)$; (6-25)

(3) 若 $\sigma_1^2 = \sigma_2^2 = \sigma^2$,则

$$T = \frac{(\overline{X}-\overline{Y})-(\mu_1-\mu_2)}{S_w\sqrt{\dfrac{1}{n}+\dfrac{1}{m}}} \sim t(n+m-2), \tag{6-26}$$

其中

$$S_w^2 = \frac{(n-1)S_1^2+(m-1)S_2^2}{n+m-2}, \quad S_w = \sqrt{S_w^2}.$$

证明 (1) 由 $\overline{X} \sim N\left(\mu_1,\dfrac{\sigma_1^2}{n}\right),\overline{Y} \sim N\left(\mu_2,\dfrac{\sigma_2^2}{m}\right)$ 知,$\overline{X}-\overline{Y} \sim N\left(\mu_1-\mu_2,\dfrac{\sigma^2}{n}+\dfrac{\sigma^2}{m}\right)$,

即有

$$U = \frac{(\overline{X}-\overline{Y})-(\mu_1-\mu_2)}{\sqrt{\dfrac{\sigma_1^2}{n}+\dfrac{\sigma_2^2}{m}}} \sim N(0,1).$$

(2) 由定理 6.1 知

$$\frac{n-1}{\sigma_1^2}S_1^2 \sim \chi^2(n-1),\frac{m-1}{\sigma_2^2}S_2^2 \sim \chi^2(m-1),$$

又 S_1^2 和 S_2^2 是相互独立的,由 F 分布的定义

$$\frac{(n-1)S_1^2}{(n-1)\sigma_1^2} \Big/ \frac{(m-1)S_2^2}{(m-1)\sigma_2^2} \sim F(n-1,m-1),$$

即

$$F = \frac{S_1^2/S_2^2}{\sigma_1^2/\sigma_2^2} \sim F(n-1,m-1).$$

(3) 若 $\sigma_1^2 = \sigma_2^2 = \sigma^2$,则

$$\frac{n-1}{\sigma_1^2}S_1^2 \sim \chi^2(n-1), \frac{m-1}{\sigma_2^2}S_2^2 \sim \chi^2(m-1),$$

且相互独立,由 χ^2 的可加性得

$$V = \frac{n-1}{\sigma_1^2}S_1^2 + \frac{m-1}{\sigma_2^2}S_2^2 \sim \chi^2(n+m-2),$$

U, V 相互独立,由 t 分布的定义知

$$\frac{U}{\sqrt{V/(n+m-2)}} = \frac{(\overline{X}-\overline{Y})-(\mu_1-\mu_2)}{S_w\sqrt{\dfrac{1}{n}+\dfrac{1}{m}}} \sim t(n+m-2).$$

其中 $S_w^2 = \dfrac{(n-1)S_1^2+(m-1)S_2^2}{n+m-2}, S_w = \sqrt{S_w^2}$,结论得证.

【例 6.2】 在总体 $N(52, 6.3^2)$ 中随机地抽取一容量为 36 的样本,求样本均值 $\overline{X}$ 落在 $50.8 \sim 53.8$ 之间的概率.

解 由 $\overline{X} = \dfrac{1}{36}\sum\limits_{i=1}^{36}X_i$ 且 $X \sim N(52, 6.3^2)$ 知

$$E(\overline{X}) = 52, D(\overline{X}) = \frac{6.3^2}{36} = 1.05^2,$$

故 $\overline{X} \sim N(52, 1.05^2)$,从而

$$\begin{aligned}
P\{50.8 < \overline{X} < 53.8\} &= P\left\{\frac{50.8-52}{1.05} < \frac{\overline{X}-52}{1.05} < \frac{53.8-52}{1.05}\right\} \\
&= \Phi\left(\frac{53.8-52}{1.05}\right) - \Phi\left(\frac{50.8-52}{1.05}\right) \\
&= \Phi(1.71) - \Phi(-1.14) = 0.8293.
\end{aligned}$$

练习 6.3　封面扫码查看参考答案 🔍

---

1. 设总体 $X \sim N(0,1)$,$X_1, X_2, \cdots, X_n$ 为来自总体 X 的样本,则 $\overline{X} \sim$ ＿＿＿＿,$\dfrac{\overline{X}}{S/\sqrt{n}}$ $\sim$ ＿＿＿＿,$P\{\sqrt{X_1^2+X_2^2+X_3^2} > 2.5\} =$ ＿＿＿＿.

2. 设总体 $X \sim N(40, 5^2)$.

(1) 抽取容量为 36 的样本,求 $P\{38 \leqslant \overline{X} \leqslant 43\}$;

(2) 抽取容量为 64 的样本,求 $P\{|\overline{X}-40| \leqslant 1\}$;

(3) 取样本容量 n 为多大时才能使 $P\{|\overline{X}-40| \leqslant 1\} = 0.95$?

3. 设总体 $X \sim N(\mu, \sigma^2)$,μ, σ^2 皆未知,已知样本容量 $n = 16$,样本均值 $\overline{x} = 12.5$,样本方差 $s^2 = 5.333$,求 $P\{|\overline{X}-\mu| < 0.4\}$.

4. 设总体 $X \sim N(\mu, \sigma^2)$.已知样本容量 $n = 24$,样本方差 $s^2 = 12.5227$,求总体标准差大于 3 的概率.

5. 在正态总体 $N(20, 3)$ 中随机取两个独立样本,样本均值分别为 $\overline{X}, \overline{Y}$,样本容量分别为 10,15.求 $P\{|\overline{X}-\overline{Y}| > 0.3\}$.

知识结构图

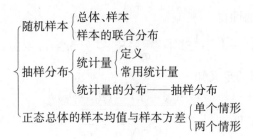

随机样本 { 总体、样本
样本的联合分布

抽样分布 { 统计量 { 定义
常用统计量
统计量的分布——抽样分布

正态总体的样本均值与样本方差 { 单个情形
两个情形

习 题 六

封面扫码查看参考答案 🔍

一、选择题

1. 设总体 $X \sim N(\mu, \sigma^2)$，其中 μ 已知，σ^2 未知，X_1, X_2, X_3 为是来自总体 X 的一个样本，则下列各式不是统计量的是 （ ）

A. $\dfrac{1}{3}(X_1 + X_2 + X_3)$ $X_1 X_2 + 2\mu$

C. $\max\{X_1, X_2, X_3\}$ D. $\dfrac{1}{\sigma^2}(X_1^2 + X_2^2 + X_3^2)$

2. 设总体 $X \sim N(1, 2^2)$，$X_1, X_2, \cdots, X_n$ 为 X 的样本，则 （ ）

A. $\dfrac{\overline{X} - 1}{2} \sim N(0, 1)$ B. $\dfrac{\overline{X} - 1}{4} \sim N(0, 1)$

C. $\dfrac{\overline{X} - 1}{2/\sqrt{n}} \sim N(0, 1)$ D. $\dfrac{\overline{X} - 1}{\sqrt{2}} \sim N(0, 1)$

3. 假设随机变量 $X \sim N(1, 4)$，$X_1, X_2, \cdots, X_{100}$ 是来自 X 的一个样本，$\overline{X}$ 为样本均值，已知 $Y = a\overline{X} + b \sim N(0, 1)$，则 （ ）

A. $a = -5, b = 5$ B. $a = 5, b = 5$

C. $a = \dfrac{1}{5}, b = -\dfrac{1}{5}$ D. $a = -\dfrac{1}{5}, b = \dfrac{1}{5}$

4. 设 $X_1, X_2, \cdots, X_n$ 是总体 $X \sim N(\mu, \sigma^2)$ 的一个样本，$\overline{X}, S^2$ 分别为样本均值和样本方差，则下列结论正确的是 （ ）

A. $2X_2 - X_1 \sim N(\mu, \sigma^2)$ B. $\dfrac{n(\overline{X} - \mu)^2}{S^2} \sim F(1, n-1)$

C. $\dfrac{S^2}{\sigma^2} \sim \chi^2(n-1)$ D. $\dfrac{\overline{X} - \mu}{S}\sqrt{n-1} \sim t(n-1)$

5. 设 $X_1, X_2, \cdots, X_n$ 是总体 $X \sim N(\mu, \sigma^2)$ 的一个样本，μ, σ^2 均未知，则下列结论正确的是 （ ）

A. $S^2 = \dfrac{1}{n-1}\sum_{i=1}^{n}(X_i - \overline{X})^2 \sim \chi^2(n-1)$

B. $\dfrac{1}{n}\sum\limits_{i=1}^{n}(X_i-\overline{X})^2\sim\chi^2(n-1)$

C. $\dfrac{1}{\sigma^2}\sum\limits_{i=1}^{n}(X_i-\overline{X})^2\sim\chi^2(n-1)$

D. $\dfrac{1}{\sigma^2}\sum\limits_{i=1}^{n}(X_i-\overline{X})^2\sim\chi^2(n)$

6. 设 $X_1,X_2,\cdots,X_n$ 是总体 $X\sim N(0,1)$ 的一个样本,$\overline{X},S^2$ 分别为样本均值和样本方差,则 （ ）

A. $\overline{X}\sim N(0,1)$ B. $n\overline{X}\sim N(0,n)$

C. $\sum\limits_{i=1}^{n}X_i^2\sim\chi^2(n-1)$ D. $\overline{X}/S\sim t(n-1)$

7. 设 $X_1,X_2,\cdots,X_8$ 与 $Y_1,Y_2,\cdots,Y_{10}$ 分别是来自正态总体 $N(1,4)$ 和 $N(2,5)$ 的样本,且相互独立,S_1^2,S_2^2 分别为两个样本的样本方差,则服从 $F(7,9)$ 的统计量是 （ ）

A. $\dfrac{2S_1^2}{5S_2^2}$ B. $\dfrac{5S_1^2}{4S_2^2}$ C. $\dfrac{4S_1^2}{5S_2^2}$ D. $\dfrac{5S_1^2}{2S_2^2}$

二、填空题

1. 设总体 X 的均值为 μ,方差为 σ^2,则有 $E(\overline{X})=$ _____ ,$D(\overline{X})=$ _____ ,$E(S^2)=$ _____ .

2. 设 $X\sim N(1,4),Y\sim N(0,16),Z\sim N(4,9),X,Y,Z$ 相互独立,则 $U=4X+3Y-Z$ 的概率密度为 _____ ,$E(2U-3)=$ _____ ,$D(4U-7)=$ _____ .

3. 设 X_1,X_2,X_3,X_4 是总体 $X\sim N(0,\sigma^2)$ 的一个样本,则 $U=\dfrac{\sqrt{3}X_1}{\sqrt{X_2^2+X_3^2+X_4^2}}$ 服从 _____ 分布.

4. 设总体 $X\sim N(\mu,\sigma^2)$,$\overline{X},S^2$ 分别为样本均值和样本方差,n 为样本容量,则常用统计量 $U=$ _____ $\sim N(0,1)$,$T=$ _____ $\sim t(n-1)$,$\chi^2=$ _____ $\sim\chi^2(n-1)$.

三、解答题

1. 设总体 X 服从参数为 θ 的指数分布,抽取样本 $X_1,X_2,\cdots,X_n$,求:

(1) 样本均值的期望与方差;

(2) 样本方差的期望.

2. 设学生身高服从正态分布 $N(174.5,6.9^2)$（单位:cm）,从中抽取 25 个学生,样本均值记为 $\overline{X}$,求:

(1) $E(\overline{X}),D(\overline{X})$;

(2) $P\{172.5\leqslant\overline{X}\leqslant175.8\}$;

(3) $P\{\overline{X}\leqslant172.0\}$.

3. 设总体服从 $N(\mu,6)$,从中抽取容量为 25 的样本,S^2 为样本方差,求:

(1) $P\{S^2>9.1\}$;

(2) $P\{3.462<S^2\leqslant10.745\}$.

4. 设总体 X 服从 $N(50,6^2)$,总体 Y 服从 $N(46,4^2)$,分别从 X,Y 中抽取容量为 10,8

的样本,两个样本相互独立,求:

(1) $P\{0<\overline{X}-\overline{Y}<8\}$;

(2) $P\left\{\dfrac{S_1^2}{S_2^2}<8.28\right\}$.

5. 某种线的平均张力强度为 78.3 N,标准差 5.6 N,当样本容量依下列条件改变时,样本均值的标准差如何改变:

(1) 从 64 增至 196;

(2) 从 784 降至 49.

6. 设总体 X 服从 $N(8,2^2)$,抽取样本 $X_1,X_2,\cdots,X_{10}$,求:

(1) $P\{\max(X_1,X_2,\cdots,X_{10})>10\}$;

(2) $P\{\min(X_1,X_2,\cdots,X_{10})\leqslant5\}$.

7. 以 X 表示一种产品中某种化学物质的含量,且 X 的概率密度为 $f(x;\theta)=(\theta+1)x^\theta(0\leqslant x\leqslant1),\theta\geqslant0$ 未知,$X_1,X_2,\cdots,X_n$ 为来自 X 的样本.

(1) 求 $X_1,X_2,\cdots,X_n$ 的联合概率密度;

(2) 在 $\sum\limits_{i=1}^n X_i,\sum\limits_{i=1}^n(X_i-\overline{X})^4,\sum\limits_{i=1}^n(X_i-\theta)^2$ 中哪些是统计量?

(3) 求 $E(\overline{X}),D(\overline{X}),E(S^2)$.

8. 设 X_1,X_2,X_3,X_4,X_5 是来自总体 $N(0,1)$ 的一个样本,若统计量 $U=c(X_1+X_2)/\sqrt{X_3^2+X_4^2+X_5^2}\sim t(n)$,试确定 c,n 的值.

9. 假设总体 X 在区间 (a,b) 上服从均匀分布,$X_1,X_2,\cdots,X_n$ 为来自 X 的一个简单随机样本,求 $X_{(1)}=\min\{X_1,X_2,\cdots,X_n\}$ 和 $X_{(n)}=\max\{X_1,X_2,\cdots,X_n\}$ 的概率密度 $f_1(x),f_2(x)$.

10. 设总体 X 服从 $N(72,100)$,为使样本均值大于 70 的概率不小于 90%,则样本容量至少取多少?

封面扫码，
带你走进统计学家的传记人生

威廉·希利·戈塞（William Sealy Gosset，1876—1937）

第7章 参数估计

参数估计是统计推断中最基本的问题之一,在很多实际问题中,知道总体 X 的分布函数形式,但不知道分布中的参数.利用总体的样本对总体的未知参数作出估计的问题称为参数估计,一般主要有两类估计:一类是点估计,另一类是区间估计.

本章重点介绍未知参数的矩估计法、最大似然估计法、估计量的评选标准以及区间估计.

§7.1 点 估 计

若总体 X 的分布函数的形式为已知,但它的一个或多个参数为未知,则由总体 X 的一个样本去估计总体未知参数值的问题就是参数的点估计问题.

【引例】 某灯泡厂日生产灯泡 20000 只,灯泡的寿命 X 服从参数为 θ 的指数分布,θ 未知,统计员从中抽取样本 $X_1, X_2, \cdots, X_n$,样本的观测值为 $x_1, x_2, \cdots, x_n$,如何用样本 $X_1, X_2, \cdots, X_n$ 来估计寿命 X 的数学期望 θ 的值,这就是参数的点估计所要解决的问题.

设 θ 为总体 X 分布中的未知参数,$X_1, X_2, \cdots, X_n$ 为总体 X 的样本,$x_1, x_2, \cdots, x_n$ 为 $X_1, X_2, \cdots, X_n$ 的观测值.点估计的问题就是由样本来构造统计量 $\hat{\theta}(X_1, X_2, \cdots, X_n)$,用其观测值 $\hat{\theta}(x_1, x_2, \cdots, x_n)$ 作为总体参数 θ 的估计值,称为参数的**点估计**(**point estimate**),称 $\hat{\theta}(X_1, X_2, \cdots, X_n)$ **为总体参数 θ 的估计量**(**estimator**),$\hat{\theta}(x_1, x_2, \cdots, x_n)$ **为总体参数 θ 的估计值**(**estimate value**).在不致混淆的情况下,估计量和估计值统称为估计,简记为 $\hat{\theta}$.

7.1.1 矩估计法

1. 矩估计法的思想

这一估计方法是由皮尔逊(K. Pearson)在 19 世纪末到 20 世纪初提出的一个替换原则,它通常是指用样本矩替换总体矩,用样本矩的函数替换相应的总体矩的函数.这是矩估计法的最基本的思想.

2. 矩估计法的步骤

第一步:求出总体 X 的前 k 阶总体矩和前 k 阶样本矩,k 为未知参数的个数.

设 X 为离散型随机变量,其分布律为 $P\{X=x\} = p(x; \theta_1, \theta_2, \cdots, \theta_k)$,或 X 为连续型随

机变量,其概率密度为 $f(x;\theta_1,\theta_2,\cdots,\theta_k)$,其中 $\theta_1,\theta_2,\cdots,\theta_k$ 为未知参数,$X_1,X_2,\cdots,X_n$ 为来自总体 X 的样本.假设总体 X 的前 k 阶总体矩存在,则

$$\mu_l = E(X^l) = \begin{cases} \displaystyle\sum_{x \in R_X} x^l p(x;\theta_1,\theta_2,\cdots,\theta_k), & X \text{ 为离散型}, \\[2mm] \displaystyle\int_{-\infty}^{+\infty} x^l f(x;\theta_1,\theta_2,\cdots,\theta_k)\mathrm{d}x, & X \text{ 为连续型}, \end{cases} \quad l = 1,2,\cdots,k.$$

X 的前 k 阶样本矩为

$$A_l = \frac{1}{n}\sum_{i=1}^{n} X_i^l, l = 1,2,\cdots,k.$$

第二步:由替换原则,用样本矩替换总体矩,令 k 阶总体矩和 k 阶样本矩相等,列出方程组

$$\begin{cases} A_1 = \mu_1(\theta_1,\theta_2,\cdots,\theta_k), \\ A_2 = \mu_2(\theta_1,\theta_2,\cdots,\theta_k), \\ \qquad\cdots \\ A_k = \mu_k(\theta_1,\theta_2,\cdots,\theta_k). \end{cases}$$

这是 k 个方程组成的联列方程组,一般来说可以从中解出

$$\begin{cases} \theta_1 = \theta_1(A_1,A_2,\cdots,A_k), \\ \theta_2 = \theta_2(A_1,A_2,\cdots,A_k), \\ \qquad\cdots \\ \theta_k = \theta_k(A_1,A_2,\cdots,A_k), \end{cases}$$

就以 $\hat{\theta}_i = \theta_i(A_1,A_2,\cdots,A_k)$ 作为 $\theta_i(i=1,2,\cdots,k)$ 的估计量,这种估计量称为 **矩估计量** (**moment estimator**). 矩估计量的观测值 $\hat{\theta}_i = \theta_i(a_1,a_2,\cdots,a_k)$ 称为 θ_i 的矩估计值(**moment estimator value**).

【例 7.1】　设总体 X 服从参数为 λ 的泊松分布,$X_1,X_2,\cdots,X_n$ 为来自总体 X 的样本,求参数 λ 的矩估计量.

解　第一步:题中只有一个待估参数,所以求出总体 X 的 1 阶总体矩和 1 阶样本矩,即

$$\mu_1 = E(X) = \lambda, A_1 = \frac{1}{n}\sum_{i=1}^{n} X_i = \overline{X}.$$

第二步:用样本矩替换总体矩,令总体矩和样本矩对应相等,即 $A_1 = \mu_1$,即 $\lambda = \overline{X}$,参数 λ 的矩估计量为 $\hat{\lambda} = \overline{X}$.

【例 7.2】　设总体 X 的均值 μ 及方差 σ^2 都存在,且有 $\sigma^2 > 0$. 但 μ,σ^2 均为未知,又设 $X_1,X_2,X_3,\cdots,X_n$ 为来自 X 的样本,求 μ,σ^2 的矩估计量.

解　第一步:题中有两个待估参数,所以求出总体 X 的前 2 阶总体矩和前 2 阶样本矩,即

$$\begin{cases} \mu_1 = E(X) = \mu, \\ \mu_2 = E(X^2) = D(X) + [E(X)]^2 = \sigma^2 + \mu^2, \end{cases}$$

和

$$A_1 = \frac{1}{n}\sum_{i=1}^{n} X_i = \overline{X}, A_2 = \frac{1}{n}\sum_{i=1}^{n} X_i^2.$$

第二步:用样本矩替换总体矩,令总体矩和样本矩对应相等,即 $A_1 = \mu_1, A_2 = \mu_2$,列出方程组,所以得

$$\begin{cases} \mu = \overline{X}, \\ \sigma^2 + \mu^2 = \frac{1}{n}\sum_{i=1}^{n} X_i^2. \end{cases}$$

解得 μ, σ^2 的矩估计量分别为

$$\hat{\mu} = \overline{X}, \hat{\sigma}^2 = \frac{1}{n}\sum_{i=1}^{n} X_i^2 - \overline{X}^2 = \frac{1}{n}\sum_{i=1}^{n}(X_i - \overline{X})^2.$$

所得结果表明无论总体服从什么分布,总体均值与方差的矩估计量的表达式都相同.

【例7.3】 设总体 X 在区间 $[\theta_1, \theta_2]$ 上服从均匀分布,θ_1, θ_2 未知,求参数 θ_1, θ_2 的矩估计量.

解 第一步:题中有两个待估参数,所以求出总体 X 的前2阶总体矩和前2阶样本矩,即

$$\begin{cases} \mu_1 = E(X) = \dfrac{\theta_1 + \theta_2}{2}, \\ \mu_2 = E(X^2) = D(X) + [E(X)]^2 = \dfrac{(\theta_2 - \theta_1)^2}{12} + \left(\dfrac{\theta_1 + \theta_2}{2}\right)^2, \end{cases}$$

和

$$A_1 = \frac{1}{n}\sum_{i=1}^{n} X_i = \overline{X}, A_2 = \frac{1}{n}\sum_{i=1}^{n} X_i^2.$$

第二步:用样本矩替换总体矩,令总体矩和样本矩对应相等,即 $A_1 = \mu_1, A_2 = \mu_2$,列出方程组,所以得

$$\begin{cases} \dfrac{\theta_1 + \theta_2}{2} = \overline{X}, \\ \dfrac{(\theta_2 - \theta_1)^2}{12} + \left(\dfrac{\theta_1 + \theta_2}{2}\right)^2 = \dfrac{1}{n}\sum_{i=1}^{n} X_i^2. \end{cases}$$

解此方程组,θ_1, θ_2 的矩估计量分别为

$$\begin{cases} \hat{\theta}_1 = \overline{X} - \sqrt{\dfrac{3}{n}\sum_{i=1}^{n}(X_i - \overline{X})^2}, \\ \hat{\theta}_2 = \overline{X} + \sqrt{\dfrac{3}{n}\sum_{i=1}^{n}(X_i - \overline{X})^2}. \end{cases}$$

7.1.2 最大似然估计法

1. 最大似然估计法的思想

最大似然估计法是点估计中最常用的方法,它最早是由高斯在1821年提出的,但一般归功于费希尔(Fisher),因为费希尔在1922年再次提出了这种想法并证明了它的一些性质

而使得最大似然估计得到广泛的应用.

它是建立在最大似然原理的基础上的一个统计方法. 最大似然原理的直观想法是:一个随机试验如有若干个可能的结果 $A,B,C,\cdots$,若在一次试验中,结果 A 出现,则一般认为试验条件对 A 出现有利,也即 A 出现的概率很大. 例如,设甲箱中有 99 个白球,1 个黑球;乙箱中有 1 个白球,99 个黑球. 现随机取出一箱,再从中随机取出一球,结果是黑球,这时我们自然更多地相信这个黑球是取自乙箱的.

先看下面这个例子.

【例 7.4】 设产品分为合格品和不合格品两类,我们用随机变量 X 来表示某个产品是否合格,$X=0$ 表示合格品,$X=1$ 表示不合格品,则 X 服从 $0-1$ 分布 $b(1,p)$,其中 p 是未知的不合格率,$0<p<1$. 现抽取样本 $X_1,X_2,\cdots,X_n$,样本观测值为 $x_1,x_2,\cdots,x_n$,则这批观测值发生的概率为

$$P\{X_1=x_1,X_2=x_2,\cdots,X_n=x_n;p\}=p^{\sum x_i}(1-p)^{n-\sum x_i},$$

$x_1,x_2,\cdots,x_n$ 在抽样中出现,说明 $\{X_1=x_1,X_2=x_2,\cdots,X_n=x_n\}$ 出现的概率很大. p 的取值范围为 $0<p<1$. 最大似然估计的思想就是找到 p 的估计 $\hat{p}$ 使得 $\{X_1=x_1,X_2=x_2,\cdots,X_n=x_n\}$ 出现的概率达到最大.

定义 7.1 (1)总体 X 为离散型随机变量,分布律 $P\{X=x\}=p(x;\theta)$ 的形式已知,θ 为未知参数,$\theta\in\Theta,\Theta$ 为 θ 的可能取值范围. $X_1,X_2,\cdots,X_n$ 为总体 X 的样本,样本观测值为 $x_1,x_2,\cdots,x_n$,则 $X_1,X_2,\cdots,X_n$ 的联合分布律为

$$P\{X_1=x_1,X_2=x_2,\cdots,X_n=x_n;\theta\}=\prod_{i=1}^{n}p(x_i;\theta),$$

称为样本的**似然函数**(likelihood function),记为

$$L(\theta)=L(x_1,x_2,\cdots,x_n;\theta)=\prod_{i=1}^{n}p(x_i;\theta). \tag{7-1}$$

(2)总体 X 为连续型随机变量,概率密度 $f(x;\theta)$ 的形式已知,θ 为未知参数,$\theta\in\Theta,\Theta$ 为 θ 的可能取值范围. $X_1,X_2,\cdots,X_n$ 为总体 X 的样本,样本观测值为 $x_1,x_2,\cdots,x_n$,则 $X_1,X_2,\cdots,X_n$ 的联合概率密度为 $\prod_{i=1}^{n}f(x_i;\theta)$,称为样本的**似然函数**(likelihood function),记为

$$L(\theta)=L(x_1,x_2,\cdots,x_n;\theta)=\prod_{i=1}^{n}f(x_i;\theta). \tag{7-2}$$

定义 7.2 定义 7.1 中未知参数 $\theta,\theta\in\Theta,\Theta$ 为 θ 的可能取值范围,若存在 Θ 中的估计值 $\hat{\theta}=\hat{\theta}(x_1,x_2,\cdots,x_n)$,使得

$$L(\hat{\theta})=L(x_1,x_2,\cdots,x_n;\hat{\theta})=\max_{\theta\in\Theta}L(x_1,x_2,\cdots,x_n;\theta),$$

则称 $\hat{\theta}(x_1,x_2,\cdots,x_n)$ 为 θ 的**最大似然估计值**(maximum likelihood estimator value),$\hat{\theta}(X_1,X_2,\cdots,X_n)$ 为 θ 的**最大似然估计量**(maximum likelihood estimator).

最大似然估计的基本思想就是寻找 $\hat{\theta}=\hat{\theta}(x_1,x_2,\cdots,x_n)$,使得 $L(\theta)$ 达到最大.

2. 最大似然估计法的一般步骤

总体 X 分布中有未知参数 $\theta,X_1,X_2,\cdots,X_n$ 为总体 X 的样本,样本观测值为 $x_1,x_2,$

$\cdots,x_n$,求最大似然函数估计的一般步骤为:

第一步:写出似然函数.

X 为离散型随机变量,其分布律为 $P\{X=x\}=p(x;\theta)$,似然函数为

$$L(\theta)=\prod_{i=1}^{n} p(x_i;\theta).$$

X 为连续型随机变量,其概率密度为 $f(x;\theta)$,似然函数为

$$L(\theta)=\prod_{i=1}^{n} f(x_i;\theta).$$

第二步:求 $\hat{\theta}=\hat{\theta}(x_1,x_2,\cdots,x_n)$,使得 $L(\hat{\theta})=\max_{\theta\in\Theta} L(\theta)$.

确定最大似然估计的问题,可以采用微积分中求最大值的方法. 在很多情况下,对似然函数直接求导并令其等于 0,即

$$\frac{\mathrm{d}L(\theta)}{\mathrm{d}\theta}=0, \tag{7-3}$$

解得的 θ 即是最大似然估计 $\hat{\theta}$.

但有时直接求导比较麻烦,由于 $\ln x$ 是 x 的单调递增函数,因此使对数似然函数 $\ln L(\theta)$ 达到最大与使似然函数 $L(\theta)$ 达到最大是等价的,所以对对数似然函数求导令其等于 0,即

$$\frac{\mathrm{d}\ln L(\theta)}{\mathrm{d}\theta}=0, \tag{7-4}$$

解得的 θ 就是最大似然估计 $\hat{\theta}$. 有时求导的方法也会失效,可用其他方法求得,例如考察其单调性等.

【例 7.5】 已知总体 X 服从参数为 $\lambda(\lambda>0)$ 的泊松分布,λ 未知,$X_1,X_2,\cdots,X_n$ 为总体 X 的样本,求 λ 的最大似然估计量.

解 第一步:写出似然函数.

X 服从参数为 λ 的泊松分布,则 $P(X=x)=\dfrac{\lambda^x}{x!}\mathrm{e}^{-\lambda}$,设 $x_1,x_2,\cdots,x_n$ 为样本 $X_1,X_2,X_3,\cdots,X_n$ 的观测值,似然函数为

$$L(\lambda)=L(x_1,x_2,\cdots,x_n;\lambda)=\prod_{i=1}^{n} P\{X=x_i\}=\frac{\lambda^{\sum\limits_{i=1}^{n} x_i}}{x_1!\,x_2!\cdots x_n!}\mathrm{e}^{-n\lambda}.$$

第二步:求 $\hat{\lambda}(x_1,x_2,\cdots,x_n)$,使得 $L(\hat{\lambda})=\max L(\lambda)$.

似然函数直接求导比较麻烦,对似然函数取对数得

$$\ln L(\lambda)=\sum_{i=1}^{n} x_i\ln\lambda-n\lambda-\ln(x_1!x_2!\cdots x_n!),$$

求导并令其等于 0,即

$$\frac{\mathrm{d}\ln L(\lambda)}{\mathrm{d}\lambda}=\frac{\sum\limits_{i=1}^{n} x_i}{\lambda}-n=0.$$

解得 $\lambda = \dfrac{1}{n}\sum\limits_{i=1}^{n} x_i = \overline{x}$. 所以 λ 的最大似然估计量为

$$\hat{\lambda} = \frac{1}{n}\sum_{i=1}^{n} X_i = \overline{X}.$$

【例 7.6】 已知总体 X 服从参数为 $\theta(\theta>0)$ 的指数分布, θ 未知. 其概率密度为

$$f(x;\theta) = \begin{cases} \dfrac{1}{\theta}\mathrm{e}^{-\frac{x}{\theta}}, & x>0, \\ 0, & x\leqslant 0, \end{cases}$$

$X_1, X_2, \cdots, X_n$ 为总体 X 的样本, 求 θ 的最大似然估计量.

解 第一步:写出似然函数.

设 $x_1, x_2, \cdots, x_n$ 为样本 $X_1, X_2, \cdots, X_n$ 的观测值, 所以似然函数为

$$L(\theta) = \prod_{i=1}^{n} f(x_i;\theta) = \begin{cases} \dfrac{1}{\theta^n}\mathrm{e}^{-\frac{1}{\theta}\sum\limits_{i=1}^{n}x_i}, & x_1, x_2\cdots, x_n>0, \\ 0, & \text{其他.} \end{cases}$$

第二步:求 $\hat{\theta} = \hat{\theta}(x_1, x_2, \cdots, x_n)$, 使得 $L(\hat{\theta}) = \max\limits_{\theta \in \Theta} L(\theta)$.

对于 $x_i > 0(i=1,2,\cdots,n)$, $L(\theta) = \dfrac{1}{\theta^n}\mathrm{e}^{-\frac{1}{\theta}\sum\limits_{i=1}^{n}x_i}$, 直接求导比较麻烦, 对似然函数取对数得

$$\ln L(\theta) = -n\ln\theta - \frac{1}{\theta}\sum_{i=1}^{n} x_i,$$

求导并令其等于 0, 即

$$\frac{\mathrm{d}\ln L(\theta)}{\mathrm{d}\theta} = -\frac{n}{\theta} + \frac{1}{\theta^2}\sum_{i=1}^{n} x_i = 0,$$

解得

$$\theta = \frac{1}{n}\sum_{i=1}^{n} x_i = \overline{x},$$

所以 θ 的最大似然估计量为

$$\hat{\theta} = \frac{1}{n}\sum_{i=1}^{n} X_i = \overline{X}.$$

最大似然估计法也适用于分布中含有多个未知参数 $\theta_1, \theta_2, \cdots, \theta_k$ 的情况. 此时只需令 $\dfrac{\partial}{\partial \theta_i}\ln L = 0(i=1,2,\cdots,k)$, 解出由这 k 个方程组成的方程组, 即可得到未知参数 $\theta_1, \theta_2, \cdots, \theta_k$ 的最大似然估计量.

【例 7.7】 已知总体 X 服从正态分布 $N(\mu, \sigma^2)$, 而 μ, σ^2 为未知参数, $X_1, X_2, \cdots, X_n$ 为总体 X 的样本, 求 μ, σ^2 的最大似然估计量.

解 第一步:写出似然函数.

设 $x_1, x_2, \cdots, x_n$ 为样本 $X_1, X_2, \cdots, X_n$ 的观测值, 总体 X 的概率密度为

$$f(x;\mu,\sigma^2) = \frac{1}{\sqrt{2\pi}\sigma}\mathrm{e}^{-\frac{(x-\mu)^2}{2\sigma^2}},$$

所以似然函数为

$$L(\mu,\sigma^2) = L(x_1,x_2,\cdots,x_n;\mu,\sigma^2) = \prod_{i=1}^{n} f(x_i;\mu,\sigma^2)$$

$$= (2\pi)^{-n/2}(\sigma^2)^{-n/2}\exp\left[-\frac{1}{2\sigma^2}\sum_{i=1}^{n}(x_i-\mu)^2\right].$$

第二步：求 $\hat{\mu},\hat{\sigma^2}$，使得 $L(\hat{\mu},\hat{\sigma^2}) = \max L(\mu,\sigma^2)$.

似然函数对 μ,σ^2 求导比较麻烦，对似然函数取对数得

$$\ln L(\mu,\sigma^2) = \ln\prod_{i=1}^{n} f(x_i;\mu,\sigma^2) = -\frac{n}{2}\ln 2\pi - \frac{n}{2}\ln\sigma^2 - \frac{1}{2\sigma^2}\sum_{i=1}^{n}(x_i-\mu)^2.$$

求导令其等于 0 得

$$\begin{cases} \dfrac{\partial\ln L(\mu,\sigma^2)}{\partial\mu} = \dfrac{1}{\sigma^2}\left(\sum_{i=1}^{n}x_i - n\mu\right) = 0, \\ \dfrac{\partial\ln L(\mu,\sigma^2)}{\partial\sigma^2} = -\dfrac{n}{2\sigma^2} + \dfrac{1}{2(\sigma^2)^2}\sum_{i=1}^{n}(x_i-\mu)^2 = 0. \end{cases}$$

解方程组得 $\mu = \overline{x} = \dfrac{1}{n}\sum_{i=1}^{n}x_i, \sigma^2 = \dfrac{1}{n}\sum_{i=1}^{n}(x_i-\overline{x})^2$，所以 μ,σ^2 的最大似然估计量为

$$\hat{\mu} = \overline{X}, \hat{\sigma^2} = \frac{1}{n}\sum_{i=1}^{n}(X_i-\overline{X})^2,$$

这与相应的矩估计量相同.

【例7.8】 设总体 X 在区间 $[\theta_1,\theta_2]$ 上服从均匀分布，θ_1,θ_2 未知，$X_1,X_2,\cdots,X_n$ 为总体 X 的样本，求未知参数 θ_1,θ_2 的最大似然估计量.

解 第一步：写出似然函数.

总体 X 在区间 $[\theta_1,\theta_2]$ 上服从均匀分布，则总体 X 的概率密度为

$$f(x;\theta_1,\theta_2) = \begin{cases} \dfrac{1}{\theta_2-\theta_1}, & \theta_1\leqslant x\leqslant\theta_2, \\ 0, & \text{其他}. \end{cases}$$

$X_1,X_2,\cdots,X_n$ 为总体 X 的样本，设 $x_1,x_2,\cdots,x_n$ 为样本观测值，所以似然函数为

$$L(\theta_1,\theta_2) = \prod_{i=1}^{n} f(x_i;\theta_1,\theta_2) = \begin{cases} \dfrac{1}{(\theta_2-\theta_1)^n}, & \theta_1\leqslant x_1,x_2,\cdots,x_n\leqslant\theta_2, \\ 0, & \text{其他}. \end{cases}$$

第二步：求 $\hat{\theta_1}(x_1,x_2,\cdots,x_n),\hat{\theta_2}(x_1,x_2,\cdots,x_n)$，使得 $L(\hat{\theta_1},\hat{\theta_2}) = \max L(\theta_1,\theta_2)$.
当 $\theta_1\leqslant x_1,x_2,\cdots,x_n\leqslant\theta_2$，对似然函数两边取对数得

$$\ln L(\theta_1,\theta_2) = -n\ln(\theta_2-\theta_1),$$

$$\frac{\partial\ln L(\theta_1,\theta_2)}{\partial\theta_1} = \frac{n}{\theta_2-\theta_1}, \frac{\partial\ln L(\theta_1,\theta_2)}{\partial\theta_2} = -\frac{n}{\theta_2-\theta_1}.$$

无论 θ_1,θ_2 取何值，上面两个导数都不能等于零. 这个方法行不通.

记 $x_{(1)} = \min\{x_1,x_2,\cdots,x_n\}, x_{(n)} = \max\{x_1,x_2,\cdots,x_n\}$，似然函数可以写成

$$L(\theta_1,\theta_2) = \prod_{i=1}^{n} f(x_i;\theta_1,\theta_2) = \begin{cases} \dfrac{1}{(\theta_2-\theta_1)^n}, & \theta_1\leqslant x_{(1)},\theta_2\geqslant x_{(n)}, \\ 0, & \text{其他}. \end{cases}$$

$L(\theta_1, \theta_2)$ 在 $\theta_1 = x_{(1)}, \theta_2 = x_{(n)}$ 有最大值 $\dfrac{1}{(x_{(n)} - x_{(1)})^n}$，所以 θ_1, θ_2 的最大似然估计值为 $\hat{\theta}_1 = x_{(1)}, \hat{\theta}_2 = x_{(n)}$. θ_1, θ_2 最大似然估计量为

$$\hat{\theta}_1 = X_{(1)} = \min \{X_1, X_2, \cdots, X_n\}, \hat{\theta}_2 = X_{(n)} = \max \{X_1, X_2, \cdots, X_n\}.$$

对比例 3，均匀分布参数 θ_1, θ_2 的矩估计量和最大似然估计量是不相同的.

最大似然估计有一个简单而有用的性质：如果 $\hat{\theta}$ 是 θ 的最大似然估计，$\mu = g(\theta)$ 存在单值反函数，则 $g(\theta)$ 的最大似然估计为 $g(\hat{\theta})$，该性质称为最大似然估计的不变性，从而使得具有复杂结构的参数最大似然估计的计算变得容易了. 例如，例 7 中 σ^2 的最大似然估计量为

$$\hat{\sigma^2} = \frac{1}{n} \sum_{i=1}^{n} (X_i - \overline{X})^2,$$

则 σ 的最大似然估计量为

$$\hat{\sigma} = \sqrt{\frac{1}{n} \sum_{i=1}^{n} (X_i - \overline{X})^2}.$$

练习 7.1　封面扫码查看参考答案 🔍

1. 矩估计法的统计思想是什么？

2. 最大似然估计法的统计思想是什么？

3. 设样本 $X_1, X_2, \cdots, X_n$ 来自服从几何分布的总体 X，总体 X 的分布律为
$$P\{X = k\} = p(1-p)^{k-1}, k = 1, 2, \cdots$$
其中 p 未知，$0 < p < 1$，试求 p 的矩估计量.

4. 设 $X_1, X_2, \cdots, X_n$ 是来自总体 X 的一个样本，总体 X 的概率密度为
$$f(x; a) = \begin{cases} \dfrac{2}{a^2}(a-x), & 0 < x < a, \\ 0, & 其他. \end{cases}$$
求：a 的矩估计量.

5. 设总体 $X \sim b(m, p)$，其中 $0 < p < 1, X_1, X_2, \cdots, X_n$ 是来自总体 X 的一个样本，试求未知参数 p 的矩估计量和最大似然估计量.

6. 设总体 X 的概率密度为
$$f(x; \theta) = \begin{cases} \theta x^{\theta-1}, & 0 < x < 1, \\ 0, & 其他. \end{cases}$$
其中 θ 是未知参数，且 $\theta > 0, X_1, X_2, \cdots, X_n$ 是来自总体 X 的一个样本，试求 θ 的矩估计量和最大似然估计量.

7. 设总体 X 的概率密度为
$$f(x; \beta) = \begin{cases} \dfrac{\beta^k}{(k-1)!} x^{k-1} e^{-\beta x}, & x > 0, \\ 0, & x \leqslant 0. \end{cases}$$
其中 k 是已知的正整数，β 为未知参数，试由样本 $X_1, X_2, \cdots, X_n$，求 β 的矩估计量和最大似然估计量.

8. 设 $X_1, X_2, \cdots, X_n$ 是来自总体 X 的一个样本,总体 X 服从参数为 λ 的泊松分布,其中 λ 未知,$\lambda > 0$,求 λ 的矩估计量和最大似然估计量. 如得到一组样本观测值由下表给出.

X	0	1	2	3	4
频数	17	20	10	2	1

求:λ 的矩估计值和最大似然估计值.

9. 总体 X 的分布律由下表给出.

X	0	1	2	3
P	θ^2	$2\theta(1-\theta)$	θ^2	$1-2\theta$

其中 $\theta\left(0 < \theta < \dfrac{1}{2}\right)$ 是未知参数,已知取得样本值 $3, 1, 3, 0, 3, 1, 2, 3$,试求 θ 的矩估计值和最大似然估计值.

§7.2 估计量的评选标准

从 §7.1 我们看到,同一个参数往往有不止一种看来合理的估计量,因此,自然会想到估计量优劣比较的问题.

由于估计量是样本的函数,其估计误差会随着样本取值不同而异,所以在考虑估计量的优劣比较时,必须从某种整体性能上去衡量它,而不能看它在个别样本值下的表现如何. 应当注意的是,估计量优劣的比较仍然是相对性的. 具有某种特性的估计是否一定就好? 即使作为比较原则,也可以有很多种. 很可能出现这样的比较:甲准则下 $\hat{\theta}_1$ 优于 $\hat{\theta}_2$,而在乙准则下则反之. 下面介绍几个常用的评选标准.

7.2.1 无偏性

点估计量作为随机变量,其取值是不稳定的,不可能指望它总与被估计参数的真值吻合. 我们希望这种取值的波动以被估计参数的真值为中心,也就是说,这个点估计量的期望是被估计参数的真值.

定义 7.3 设 $\hat{\theta}(X_1, X_2, \cdots, X_n)$ 是 θ 的一个估计量,$\theta \in \Theta$,对任意的 $\theta \in \Theta$,有

$$E(\hat{\theta}) = \theta, \tag{7-5}$$

则称 $\hat{\theta}$ 为 θ 的**无偏估计量**,否则称**有偏估计量**.

估计量的无偏性的直观意义是没有系统误差,用估计量 $\hat{\theta}$ 估计 θ 会时而偏大,时而偏小. 然而在总体上,其平均值为 θ. 这好比用一杆秤称东西的重量,如果称本身存在问题,称出的值有偏高或偏低的倾向——有的投机商贩就是靠用带有偏低倾向的不合法的称来谋取非法利润的,这时的误差就成了系统误差. 在度量中,无偏性要求用来度量的工具没有系统误差. 在这种情况下,度量结果是客观真实的无偏估计. 但只要还存在随机误差,这种无偏估

计也就不可能都是正确无误的.

【例 7.9】 总体 X 的均值为 μ,方差为 σ^2,判断 $\overline{X} = \dfrac{1}{n}\sum\limits_{i=1}^{n} X_i$ 是否为 μ 的无偏估计量,

$S^2 = \dfrac{1}{n-1}\sum\limits_{i=1}^{n}(X_i - \overline{X})^2, \dfrac{1}{n}\sum\limits_{i=1}^{n}(X_i - \overline{X})^2$ 是否为 σ^2 的无偏估计量?

解 由 §6.2 我们知道

$$E(\overline{X}) = \mu, E(S^2) = \sigma^2,$$

所以 $\overline{X} = \dfrac{1}{n}\sum\limits_{i=1}^{n} X_i$ 为 μ 的无偏估计量,$S^2 = \dfrac{1}{n-1}\sum\limits_{i=1}^{n}(X_i - \overline{X})^2$ 为 σ^2 的无偏估计量. 而

$$E\left[\frac{1}{n}\sum_{i=1}^{n}(X_i - \overline{X})^2\right] = \frac{n-1}{n}E(S^2) = \frac{n-1}{n}\sigma^2,$$

所以 $\dfrac{1}{n}\sum\limits_{i=1}^{n}(X_i - \overline{X})^2$ 不是 σ^2 的无偏估计量.

【例 7.10】 从总体 X 中抽取样本 X_1, X_2, X_3,总体 X 的均值为 μ,方差为 σ^2,判断下列三个统计量

$$\hat{\mu}_1 = \frac{X_1}{2} + \frac{X_2}{3} + \frac{X_3}{6}, \hat{\mu}_2 = \frac{X_1}{2} + \frac{X_2}{3} + \frac{X_3}{4}, \hat{\mu}_3 = \frac{X_1}{3} + \frac{X_2}{3} + \frac{X_3}{3}$$

是否为 μ 的无偏估计量.

解 X_1, X_2, X_3 为来自总体 X 的样本,则

$$E(X_i) = E(X) = \mu, i = 1, 2, 3,$$

所以

$$E(\hat{\mu}_1) = E\left(\frac{X_1}{2} + \frac{X_2}{3} + \frac{X_3}{6}\right) = \frac{1}{2}E(X_1) + \frac{1}{3}E(X_2) + \frac{1}{6}E(X_3) = \mu,$$

$$E(\hat{\mu}_2) = E\left(\frac{X_1}{2} + \frac{X_2}{3} + \frac{X_3}{4}\right) = \frac{1}{2}E(X_1) + \frac{1}{3}E(X_2) + \frac{1}{4}E(X_3) = \frac{13}{12}\mu,$$

$$E(\hat{\mu}_3) = E\left(\frac{X_1}{3} + \frac{X_2}{3} + \frac{X_3}{3}\right) = \frac{1}{3}E(X_1) + \frac{1}{3}E(X_2) + \frac{1}{3}E(X_3) = \mu.$$

于是,$\hat{\mu}_1, \hat{\mu}_3$ 为 μ 的无偏估计量,$\hat{\mu}_2$ 不是 μ 的无偏估计量.

7.2.2 有效性

仅仅要求估计量的无偏性还是很不够的. 有的估计量虽然无偏,但是取值偏离 θ 很远的概率很大,这种无偏估计量显然是很不理想的. 为了使估计有很大的优良性,应在无偏的基础上,进一步使得方差尽量小. 这是因为,精度常用误差平方的均值 $E[(\hat{\theta} - \theta)^2]$ 来衡量. 当 θ 无偏时,$E(\hat{\theta}) = \theta$,于是有

$$E[(\hat{\theta} - \theta)^2] = D(\hat{\theta}), \tag{7-6}$$

从这个意义上来说,无偏估计以方差小者为好.

定义 7.2 设 $\hat{\theta}_1(X_1, X_2, \cdots, X_n)$ 和 $\hat{\theta}_2(X_1, X_2, \cdots, X_n)$ 是 θ 的两个无偏估计量,若对于任意的 $\theta \in \Theta$,有

$$D(\hat{\theta}_1) \leqslant D(\hat{\theta}_2)$$

且至少对于某一个 $\theta \in \Theta$ 不等式成立,则称 $\hat{\theta}_1$ 较 $\hat{\theta}_2$ 有效.

【例 7.11】(续例 7.10) 判断 $\hat{\mu}_1, \hat{\mu}_2, \hat{\mu}_3$ 哪个是最有效的?

解 判断有效性,首先要满足无偏性,在 $\hat{\mu}_1, \hat{\mu}_2, \hat{\mu}_3$ 中,$\hat{\mu}_1, \hat{\mu}_3$ 为 μ 的无偏估计量,$\hat{\mu}_2$ 不是 μ 的无偏估计量. 所以,只要比较 $\hat{\mu}_1, \hat{\mu}_3$ 的方差的大小即可.

X_1, X_2, X_3 为来自总体 X 的样本,则

$$D(X_i) = D(X) = \sigma^2, i = 1, 2, 3.$$

$$D(\hat{\mu}_1) = D\left(\frac{X_1}{2} + \frac{X_2}{3} + \frac{X_3}{6}\right) = \frac{1}{4}D(X_1) + \frac{1}{9}D(X_2) + \frac{1}{36}D(X_3) = \frac{7}{18}\sigma^2,$$

$$D(\hat{\mu}_3) = D\left(\frac{X_1}{3} + \frac{X_2}{3} + \frac{X_3}{3}\right) = \frac{1}{9}D(X_1) + \frac{1}{9}D(X_2) + \frac{1}{9}D(X_3) = \frac{1}{3}\sigma^2.$$

所以 $D(\hat{\mu}_1) \geqslant D(\hat{\mu}_3)$,从而 $\hat{\mu}_3$ 比 $\hat{\mu}_1$ 更有效.

注意在上面求 $\hat{\mu}_1, \hat{\mu}_3$ 的方差的时候,用到了样本的独立性.

7.2.3 相合性

定义 7.4 设 $\hat{\theta}(X_1, X_2, \cdots, X_n)$ 为参数 θ 的估计量,若对于任意的 $\theta \in \Theta, \varepsilon > 0$,有

$$\lim_{n \to +\infty} P\{|\hat{\theta} - \theta| < \varepsilon\} = 1, \qquad (7-7)$$

则称 $\hat{\theta}$ 为 θ 的**相合估计量**.

证明相合性一般可以应用切比雪夫不等式、大数定律或直接用定义.

【例 7.12】 总体 X 的均值为 μ,方差为 σ^2,证明:$\overline{X} = \frac{1}{n}\sum_{i=1}^{n} X_i$ 是 μ 的相合估计量.

证明 因为

$$D(\overline{X}) = D\left(\frac{1}{n}\sum_{i=1}^{n} X_i\right) = \frac{1}{n}\sigma^2,$$

由切比雪夫不等式得

$$P\{|\overline{X} - \mu| < \varepsilon\} \geqslant 1 - \frac{D(\overline{X})}{\varepsilon^2},$$

所以

$$1 \geqslant \lim_{n \to +\infty} P\{|\overline{X} - \mu| < \varepsilon\} \geqslant \lim_{n \to +\infty}\left(1 - \frac{\sigma^2}{n\varepsilon^2}\right) = 1,$$

从而有

$$\lim_{n \to +\infty} P\{|\overline{X} - \mu| < \varepsilon\} = 1,$$

由相合性的定义 $\overline{X} = \frac{1}{n}\sum_{i=1}^{n} X_i$ 是 μ 的相合估计量.

对点估计量的相合性的讨论属大样本统计范畴,其意义在于讨论当样本容量 n 趋于无穷大时,估计量的值是否稳定地趋于被估计参数的真实值. 相合性被认为是对估计量的一个最基本的要求. 如果一个估计量,在样本容量不断增大的情况时,它都不能把被估计参数估

计到任意指定的精度,那么这个估计是很值得怀疑的.通常不满足相合性要求的估计一般不予考虑.

> **练习 7.2** 封面扫码查看参考答案

1. 设 X_1,X_2 是取自正态总体 $N(\mu,1)$(μ 未知)的一个样本,试判断如下三个估计量是否为 μ 的无偏估计量,并确定谁最有效.

$$\hat{\mu}_1 = \frac{2}{3}X_1 + \frac{1}{3}X_2, \hat{\mu}_2 = \frac{1}{4}X_1 + \frac{3}{4}X_2, \hat{\mu}_3 = \frac{1}{2}X_1 + \frac{1}{2}X_2.$$

2. 设 X_1,X_2,X_3 是来自正态总体 $N(\mu,\sigma^2)$ 的样本,试判断如下三个估计量是否为 μ 的无偏估计量,并确定谁最有效.

$$\hat{\mu}_1 = \frac{1}{2}\overline{X} + \frac{1}{10}X_2 + \frac{2}{5}X_3, \hat{\mu}_2 = \frac{1}{3}X_1 + \frac{1}{4}X_2 + \frac{5}{12}X_3, \hat{\mu}_3 = \frac{1}{3}X_1 + X_2 - \frac{1}{12}X_3.$$

3. 设 $X_1,X_2,\cdots,X_n$ 是来自正态总体 $N(\mu,\sigma^2)$ 的样本,试证 $S^2 = \dfrac{1}{n-1}\sum\limits_{i=1}^{n}(X_i - \overline{X})^2$ 是 σ^2 的相合估计量.

4. 设 $X_1,X_2,\cdots,X_n$ 是来自正态总体 $N(\mu,\sigma^2)$ 的样本,请你适当选择常数 c,使 $c\sum\limits_{i=1}^{n-1}(X_{i+1} - X_i)^2$ 为 σ^2 的无偏估计量.

5. 设 $X_1,X_2,\cdots,X_n$ 是来自正态总体 $N(\mu,\sigma^2)$ 的样本,比较总体均值 μ 的两个无偏估计量 $\hat{\mu}_1 = \dfrac{1}{n}\sum\limits_{i=1}^{n}X_i, \hat{\mu}_2 = \sum\limits_{i=1}^{n}\alpha_i X_i \Big/ \sum\limits_{i=1}^{n}\alpha_i\ (\sum\limits_{i=1}^{n}\alpha_i \neq 0)$ 的有效性.

§7.3 区 间 估 计

参数的点估计是用一个“点”(即一个数)去估计未知参数.顾名思义,区间估计就是用一个区间去估计未知参数,把未知参数的值估计在某两数值之间.例如,估计一个人的年龄在 30 到 35 之间;估计某项开支所需费用在 1000 到 2000 元之间等等.区间估计是一种很常用的形式,其好处是把可能的误差用醒目的形式表示出来.譬如,若估计“某项开支需要 1000元”,人们一般会认为会有误差,误差是多少? 单从估计中给出的 1000 元这个数字还得不到什么信息,如果我们事先对此项目做一些调研,给出估计“该项开支在 800 到 1200 元之间”,则人们会相信你在作出这一估计时,已把可能出现的误差考虑到了,可以给人以更大的可信度.

现今应用广泛的一种区间估计理论是由原籍波兰的美国统计学家纽曼(J. Neyman)在 20 世纪 30 年代建立起来的.

设 $X_1,X_2,\cdots,X_n$ 是来自总体 X 的样本,$x_1,x_2,\cdots,x_n$ 为其观测值,θ 是总体分布的一个未知参数.所谓区间估计,就是要找两个统计值 $\overline{\theta}(x_1,x_2,\cdots,x_n)$ 和 $\underline{\theta}(x_1,x_2,\cdots,x_n)$ $[\underline{\theta}(x_1,x_2,\cdots,x_n) < \overline{\theta}(x_1,x_2,\cdots,x_n)]$,使得 θ 在区间 $(\underline{\theta},\overline{\theta})$ 内.区间估计通常要求区间

$(\underline{\theta},\overline{\theta})$ 盖住 θ 的概率 $P\{\underline{\theta}<\theta<\overline{\theta}\}$ 尽可能大,这必然导致区间的长度增大.为了平衡这个矛盾,我们把这个概率事先给定,这个概率称为置信水平,下面给出置信区间的定义.

定义 7.5 设总体 X 的分布函数 $F(x;\theta)$ 含有一个未知参数 $\theta,\theta\in\Theta$(Θ 是 θ 所有可能取值的范围),对于给定的 $\alpha(0<\alpha<1)$,若由来自总体 X 的样本 $X_1,X_2,\cdots,X_n$ 所确定的两个统计量 $\underline{\theta}(X_1,X_2,\cdots,X_n)$ 和 $\overline{\theta}(X_1,X_2,\cdots,X_n)$($\underline{\theta}<\overline{\theta}$),对于任意的 $\theta\in\Theta$ 满足

$$P\{\underline{\theta}(X_1,X_2,\cdots,X_n)<\theta<\overline{\theta}(X_1,X_2,\cdots,X_n)\}=1-\alpha, \tag{7-8}$$

则称区间 $(\underline{\theta},\overline{\theta})$ 是 θ 的置信水平为 $1-\alpha$ 的**置信区间**(confidence interval),$\underline{\theta}$ 和 $\overline{\theta}$ 分别称为置信水平为 $1-\alpha$ 的**双侧置信区间的置信下限**(confidence lower)和**置信上限**(confidence upper),$1-\alpha$ 为**置信水平**(confidence level).

置信水平 $1-\alpha$ 有一个频率解释:若反复抽样多次,每个样本值确定一个区间 $(\underline{\theta},\overline{\theta})$,在这些区间中,包含 θ 真值的约占 $100(1-\alpha)\%$,不包含 θ 真值的约占 $100\alpha\%$,例如,若 $\alpha=0.01$,反复抽样 1000 次,则得到的 1000 个区间中包含 θ 的约有 990 个.

【例 7.13】 某种绝缘子抗扭程度 $X\sim N(\mu,\sigma^2)$,其中 μ 未知,σ^2 已知($\sigma=45$ kg・m).求总体 X 的均值 μ 的置信水平为 $1-\alpha$ 的置信区间.

解 设 $X_1,X_2,\cdots,X_n$ 是来自总体 X 的样本,$\overline{X}$ 为样本均值,$\overline{X}$ 是参数 μ 的无偏估计,$\overline{X}\sim N\left(\mu,\dfrac{\sigma^2}{n}\right)$,则

$$Z=\frac{\overline{X}-\mu}{\sigma/\sqrt{n}}\sim N(0,1).$$

它有两个特点:

(1) Z 中包含所要估计的未知参数 μ(其中 σ 已知);

(2) $Z\sim N(0,1)$ 与未知参数 μ 的取值无关.

如图 7-1 所示,由标准正态分布的上 α 分位点,有

$$P\left\{\left|\frac{\overline{X}-\mu}{\sigma/\sqrt{n}}\right|<z_{\alpha/2}\right\}=1-\alpha,$$

即

$$P\left\{\overline{X}-\frac{\sigma}{\sqrt{n}}z_{\alpha/2}<\mu<\overline{X}+\frac{\sigma}{\sqrt{n}}z_{\alpha/2}\right\}=1-\alpha,$$

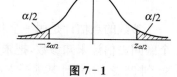

图 7-1

所以,μ 的置信水平为 $1-\alpha$ 的置信区间为

$$\left(\overline{X}-\frac{\sigma}{\sqrt{n}}z_{\alpha/2},\overline{X}+\frac{\sigma}{\sqrt{n}}z_{\alpha/2}\right). \tag{7-9}$$

可简记作 $\left(\overline{X}\pm\dfrac{\sigma}{\sqrt{n}}z_{\alpha/2}\right)$.

当 $\alpha=0.05,z_{\alpha/2}=1.96$,$\mu$ 的置信水平为 0.95 的置信区间为

$$\left(\overline{X}-1.96\frac{\sigma}{\sqrt{n}},\overline{X}+1.96\frac{\sigma}{\sqrt{n}}\right).$$

抽取样本,当 $n=32,\overline{x}=160$ kg・m,则 μ 的置信水平为 0.95 的置信区间为 $(144.4,175.6)$.

这种寻求未知参数 θ 的置信区间的方法也称为枢轴量法,由上面例题将步骤归纳为如下三步.

第一步:设法构造样本 $X_1, X_2, \cdots, X_n$ 和 θ 的函数 $W = W(X_1, X_2, \cdots, X_n; \theta)$,使得 W 的分布不依赖于 θ,函数 $W = W(X_1, X_2, \cdots, X_n; \theta)$ 称为**枢轴量**.

第二步:对于给定的置信水平 $1-\alpha$,适当的选择两个常数 a, b,使得

$$P\{a < W(X_1, X_2, \cdots, X_n; \theta) < b\} = 1-\alpha.$$

第三步:对 $a < W < b$ 进行不等式等价变形,化为 $\underline{\theta} < \theta < \overline{\theta}$,则

$$P\{\underline{\theta} < \theta < \overline{\theta}\} = 1-\alpha,$$

其中 $\underline{\theta}(X_1, X_2, \cdots, X_n)$ 和 $\overline{\theta}(X_1, X_2, \cdots, X_n)$ 都是统计量,那么区间 $(\underline{\theta}, \overline{\theta})$ 就是 θ 的置信水平为 $1-\alpha$ 的置信区间.

练习7.3 封面扫码查看参考答案 🔍

1. 置信区间的确定受哪些因素影响?

2. 设 $X_1, X_2, \cdots, X_n$ 是来自正态总体 $N(\mu, \sigma^2)$ 的一个样本,σ^2 已知,求均值 μ 的置信水平为 $1-\alpha$ 的置信区间.

3. 一个车间生产滚珠,滚珠直径服从正态分布,从某天的产品里随机抽出 5 个,测得直径如下:(单位:mm)

$$14.6, 15.1, 14.9, 15.2, 15.1.$$

如果知该天生产的滚珠直径的方差是 0.05,试找出平均直径的置信水平为 0.95 置信区间.

§7.4 正态总体参数的区间估计

上节我们学了区间估计的一般步骤,本节就正态总体的情况来进行讨论.

7.4.1 单个正态总体均值 μ 的区间估计

设给定的置信水平为 $1-\alpha$,$X_1, X_2, \cdots, X_n$ 是来自总体 X 的样本,$\overline{X}$ 为样本均值,S^2 为样本方差.

1. σ^2 已知的情形

由 §7.3 知,采用枢轴量 $Z = \dfrac{\overline{X}-\mu}{\sigma/\sqrt{n}} \sim N(0,1)$,总体均值 μ 的置信水平为 $1-\alpha$ 的置信区间为

$$\left(\overline{X} - \frac{\sigma}{\sqrt{n}} z_{\alpha/2}, \overline{X} + \frac{\sigma}{\sqrt{n}} z_{\alpha/2}\right) \text{或} \left(\overline{X} \pm \frac{\sigma}{\sqrt{n}} z_{\alpha/2}\right).$$

2. σ^2 未知的情形

因为 σ^2 未知,此时不能继续采用枢轴量 $Z=\dfrac{\overline{X}-\mu}{\sigma/\sqrt{n}}\sim N(0,1)$,由于 $T=\dfrac{\overline{X}-\mu}{S/\sqrt{n}}\sim t(n-1)$,它有两个特点:

(1) t 中包含所要估计的未知参数 μ;

(2) $T\sim t(n-1)$ 与未知参数 μ 的取值无关.

所以,选择枢轴量

$$T=\frac{\overline{X}-\mu}{S/\sqrt{n}}\sim t(n-1),$$

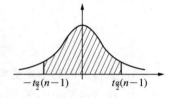

如图 7-2 所示,由 t 分布的上 α 分位点,有

$$P\left\{\left|\frac{\overline{X}-\mu}{S/\sqrt{n}}\right|<t_{\alpha/2}(n-1)\right\}=1-\alpha,$$

即

$$P\left\{\overline{X}-\frac{S}{\sqrt{n}}t_{\alpha/2}(n-1)<\mu<\overline{X}+\frac{S}{\sqrt{n}}t_{\alpha/2}(n-1)\right\}=1-\alpha,$$

图 7-2

所以 μ 的置信水平为 $1-\alpha$ 的置信区间为

$$\left(\overline{X}-\frac{S}{\sqrt{n}}t_{\alpha/2}(n-1),\overline{X}+\frac{S}{\sqrt{n}}t_{\alpha/2}(n-1)\right)或\left(\overline{X}\pm\frac{S}{\sqrt{n}}t_{\alpha/2}(n-1)\right). \qquad (7-10)$$

【例 7.14】 某种零件重量服从正态分布 $N(\mu,\sigma^2)$,其中 μ,σ^2 均未知. 先从中抽取容量为 16 的样本,样本观测值为(单位:kg)

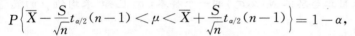

| 4.8 | 4.7 | 5.0 | 5.2 | 4.7 | 4.9 | 5.0 | 5.0 |
| 4.6 | 4.7 | 5.0 | 5.1 | 4.7 | 4.5 | 4.9 | 4.9 |

求零件均值 μ 的置信水平为 0.95 的置信区间.

解 因为 σ^2 未知,μ 的置信水平为 $1-\alpha$ 的置信区间为

$$\left(\overline{X}-\frac{S}{\sqrt{n}}t_{\alpha/2}(n-1),\overline{X}+\frac{S}{\sqrt{n}}t_{\alpha/2}(n-1)\right),$$

由样本数据容易算出 $\overline{x}=4.856,s=0.193$,置信水平 $1-\alpha=0.95$,则 $\alpha=0.05$,查得 $t_{0.025}(15)=2.1315$,代入置信区间中,得 μ 的置信水平为 0.95 的置信区间为 $(4.753,4.959)$.

7.4.2 单个正态总体方差 σ^2 的区间估计

此时虽然也可以就 μ 是否已知分两种情况讨论 σ^2 的置信区间,但在实际中,σ^2 未知时,μ 已知的情况,是极为罕见的,所以只在 μ 未知的条件下讨论 σ^2 的置信区间.

选择枢轴量 $\chi^2=\dfrac{(n-1)S^2}{\sigma^2}\sim\chi^2(n-1)$,它满足:

(1) χ^2 中包含所要估计的未知参数 σ^2;

(2) $\chi^2=\dfrac{(n-1)S^2}{\sigma^2}\sim\chi^2(n-1)$ 与未知参数 σ^2 的取值无关.

如图 7-3 所示,由 χ^2 分布的上 α 分位点,有

$$P\left\{\chi_{1-\alpha/2}^2(n-1) < \frac{(n-1)S^2}{\sigma^2} < \chi_{\alpha/2}^2(n-1)\right\} = 1-\alpha,$$

即

$$P\left\{\frac{(n-1)S^2}{\chi_{\alpha/2}^2(n-1)} < \sigma^2 < \frac{(n-1)S^2}{\chi_{1-\alpha/2}^2(n-1)}\right\} = 1-\alpha,$$

所以,σ^2 的置信水平为 $1-\alpha$ 的置信区间为

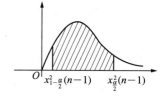

图 7-3

$$\left(\frac{(n-1)S^2}{\chi_{\alpha/2}^2(n-1)}, \frac{(n-1)S^2}{\chi_{1-\alpha/2}^2(n-1)}\right). \tag{7-11}$$

还可以得到 σ 的置信水平为 $1-\alpha$ 的置信区间为

$$\left(\frac{\sqrt{(n-1)}S}{\sqrt{\chi_{\alpha/2}^2(n-1)}}, \frac{\sqrt{(n-1)}S}{\sqrt{\chi_{1-\alpha/2}^2(n-1)}}\right). \tag{7-12}$$

【例 7.15】 为确定某种溶液中的甲醛浓度,取得 4 个独立测量值的样本,甲醛的样本均值为 $\bar{x}=8.34\%$,样本标准差为 $s=0.03\%$. 设被测总体服从正态分布,置信水平 $1-\alpha=0.95$,求 σ^2 的置信水平为 $1-\alpha$ 的置信区间.

解 μ 未知,σ^2 的置信水平为 $1-\alpha$ 的置信区间为

$$\left(\frac{(n-1)S^2}{\chi_{\alpha/2}^2(n-1)}, \frac{(n-1)S^2}{\chi_{1-\alpha/2}^2(n-1)}\right),$$

因为 $1-\alpha=0.95$,查表 $\chi_{\alpha/2}^2(n-1)=\chi_{0.025}^2(3)=9.348$,$\chi_{1-\alpha/2}^2(n-1)=\chi_{0.975}^2(3)=0.216$. 又由 $\bar{x}=8.34\%$,$s=0.03\%$,$n=4$,代入置信区间中,得 σ^2 的置信水平为 0.95 的置信区间为 $(0.00029\times10^{-4}, 0.0125\times10^{-4})$.

7.4.3 两个正态总体的均值差及方差比的区间估计

设有来自总体 $N(\mu_1, \sigma_1^2)$ 和 $N(\mu_2, \sigma_2^2)$ 的两组相互独立的样本,容量分别为 n 和 m,样本均值、方差分别为 $\overline{X}_1, S_1^2$ 和 $\overline{X}_2, S_2^2$.

(1) 当 σ_1^2 和 σ_2^2 已知时,求均值差 $\mu_1-\mu_2$ 的置信区间.

由第 6 章定理 6.3 知,取枢轴量

$$\frac{\overline{X}_1 - \overline{X}_2 - (\mu_1-\mu_2)}{\sqrt{\dfrac{\sigma_1^2}{n} + \dfrac{\sigma_2^2}{m}}} \sim N(0,1),$$

由此得 $\mu_1-\mu_2$ 的置信水平为 $1-\alpha$ 的置信区间为

$$\left(\overline{X}_1 - \overline{X}_2 - z_{\alpha/2}\sqrt{\frac{\sigma_1^2}{n} + \frac{\sigma_2^2}{m}}, \overline{X}_1 - \overline{X}_2 + z_{\alpha/2}\sqrt{\frac{\sigma_1^2}{n} + \frac{\sigma_2^2}{m}}\right). \tag{7-13}$$

(2) 当 $\sigma_1^2 = \sigma_2^2 = \sigma^2$ 未知时,求均值差 $\mu_1-\mu_2$ 的置信区间.

由第 6 章定理 6.3 知,取枢轴量

$$\frac{\overline{X}_1 - \overline{X}_2 - (\mu_1-\mu_2)}{S_w\sqrt{\dfrac{1}{n} + \dfrac{1}{m}}} \sim t(n+m-2),$$

由此得 $\mu_1-\mu_2$ 的置信水平为 $1-\alpha$ 的置信区间为

$$\left(\overline{X}_1 - \overline{X}_2 - t_{\alpha/2}(n+m-2)S_w\sqrt{\frac{1}{n}+\frac{1}{m}}, \overline{X}_1 - \overline{X}_2 + t_{\alpha/2}(n+m-2)S_w\sqrt{\frac{1}{n}+\frac{1}{m}}\right).$$

$$(7-14)$$

其中

$$S_w^2 = \frac{(n-1)S_1^2 + (m-1)S_2^2}{n+m-2}, S_w = \sqrt{S_w^2}.$$

【例 7.16】 某厂分别从两条流水生产线上抽取样本：$X_1, X_2, \cdots, X_{12}$ 及 $Y_1, Y_2, \cdots, Y_{17}$，测得 $\overline{x} = 10.6(\text{g})$，$\overline{y} = 9.5(\text{g})$，$s_1^2 = 2.4(\text{g})$，$s_2^2 = 4.7(\text{g})$. 设两个正态总体的均值分别为 μ_1 和 μ_2，且有相同方差，求 $\mu_1 - \mu_2$ 的置信水平为 95% 的置信区间.

解 由于方差相同，$\mu_1 - \mu_2$ 的置信水平为 $1-\alpha$ 的置信区间为

$$\left(\overline{X} - \overline{Y} - t_{\alpha/2}(n+m-2)S_w\sqrt{\frac{1}{n}+\frac{1}{m}}, \overline{X} - \overline{Y} + t_{\alpha/2}(n+m-2)S_w\sqrt{\frac{1}{n}+\frac{1}{m}}\right),$$

由 $s_w^2 = \dfrac{(n-1)s_1^2 + (m-1)s_2^2}{n+m-2} = \dfrac{11 \times 2.4 + 16 \times 4.7}{12+17-2} = 3.763$，$s_w = \sqrt{3.763} = 1.94$，查表得 $t_{\frac{\alpha}{2}}(n+m-2) = t_{0.025}(27) = 2.0518$，$\overline{x} - \overline{y} = 10.6 - 9.5 = 1.1(\text{g})$. 代入置信区间的公式得 $\mu_1 - \mu_2$ 的置信水平为 95% 的置信区间为 $(-0.40, 2.60)$.

(3) 方差比 σ_1^2/σ_2^2 的置信区间.

仅讨论 μ_1, μ_2 未知的情况. 由第 6 章定理 6.3 知，取枢轴量

$$\frac{S_1^2/S_2^2}{\sigma_1^2/\sigma_2^2} \sim F(n-1, m-1),$$

所以 σ_1^2/σ_2^2 的置信水平为 $1-\alpha$ 的置信区间为

$$\left(\frac{1}{F_{\alpha/2}(n-1, m-1)} \cdot \frac{S_1^2}{S_2^2}, \frac{1}{F_{1-\alpha/2}(n-1, m-1)} \cdot \frac{S_1^2}{S_2^2}\right).$$

$$(7-15)$$

因为

$$F_{\alpha/2}(n-1, m-1) = \frac{1}{F_{1-\alpha/2}(m-1, n-1)},$$

所以 σ_1^2/σ_2^2 的置信水平为 $1-\alpha$ 的置信区间也记为

$$\left(\frac{1}{F_{\alpha/2}(n-1, m-1)} \cdot \frac{S_1^2}{S_2^2}, F_{\alpha/2}(m-1, n-1) \cdot \frac{S_1^2}{S_2^2}\right).$$

$$(7-16)$$

【例 7.17】 设两位化验员 A，B 分别独立地对某种化合物各做 10 次测定，测定值的样本方差分别为 $s_A^2 = 0.5419$，$s_B^2 = 0.6065$. 设两个总体均为正态分布，求方差比 σ_A^2/σ_B^2 的置信水平为 95% 的置信区间.

解 方差比 σ_A^2/σ_B^2 的置信水平为 95% 的置信区间为

$$\left(\frac{1}{F_{\alpha/2}(n-1, m-1)} \cdot \frac{S_A^2}{S_B^2}, F_{\alpha/2}(m-1, n-1) \cdot \frac{S_A^2}{S_B^2}\right).$$

查表 $F_{\alpha/2}(9,9) = F_{0.025}(9,9) = 4.03$，代入求置信区间的公式得 σ_A^2/σ_B^2 的置信区间为

$$\left(\frac{s_A^2}{s_B^2} \cdot \frac{1}{F_{0.025}(9,9)}, \frac{s_A^2}{s_B^2} F_{0.025}(9,9)\right) = \left(\frac{s_A^2}{s_B^2} \cdot \frac{1}{4.03}, 4.03 \frac{s_A^2}{s_B^2}\right) = (0.222, 3.601).$$

练习7.4 封面扫码查看参考答案

1. 某银行要测定业务柜台上处理每笔业务所花费的时间,假设处理每笔业务所需时间服从正态分布.现随机抽取16笔业务,测得所需时间为 $x_1, x_2, \cdots, x_{16}$(单位:min).由此算出 $\bar{x}=13, s^2=5.6$,求处理每笔业务平均所需时间的置信水平为0.95的置信区间.

2. 某单位职工每天的医疗费服从正态分布 $N(\mu, \sigma^2)$,现抽查了25天,得 $\bar{x}=170$ 元,$s=30$ 元,求职工每天医疗费均值 μ 的置信水平为0.95的置信区间.

3. 已知一批零件的长度 X(单位:cm)服从正态分布 $N(\mu, 1)$,从中随机的抽取16个零件,得到长度的平均值为40 cm,求 μ 的置信水平为0.95的置信区间.

4. 随机地取某种子弹9发做试验,测得子弹速度的样本标准差 $S=11$,设子弹速度服从正态分布 $N(\mu, \sigma^2)$,求这种子弹速度的标准差 σ 的置信水平为0.95的置信区间.

5. 从一批火箭推力装置中抽取10个进行试验,测得燃烧时间(s)如下:

50.7　54.9　54.3　44.8　42.2　69.8　53.4　66.1　48.1　　34.5

设燃烧时间服从正态分布 $N(\mu, \sigma^2)$,求燃烧时间标准差 σ 的置信水平为90%的置信区间.

6. 某自动包装机包装洗衣粉,其重量服从正态分布 $N(\mu, \sigma^2)$,今随机抽查12袋测得其质量(单位:g)分别为:1001,1004,1003,1000,997,999,1004,1000,996,1002,998,999.

(1) 求 μ 的置信水平为95%的置信区间;

(2) 求 σ^2 的置信水平为95%的置信区间;

(3) 若已知 $\sigma^2=9$,求 μ 的置信水平为95%的置信区间.

7. 设超大牵伸纺机所纺纱的抗拉强度 $X \sim N(\mu_1, 2.18^2)$,普通纺纱机所纺纱的抗拉强度 $Y \sim N(\mu_2, 1.76^2)$.现对前者抽取一容量 $n_1=200$ 的样本,对后者抽取一容量为 $m=100$ 的样本.经计算,得 $\bar{x}=5.32, \bar{y}=5.76$.求 $\mu_1-\mu_2$ 的置信水平为0.95的置信区间.

8. 设从两个正态总体 $N(\mu_1, \sigma^2), N(\mu_2, \sigma^2)$ 中分别抽取容量为10和12的样本,算得 $\bar{x}=20, \bar{y}=24$.又样本标准差分别为 $S_1=5, S_2=6$,求 $\mu_1-\mu_2$ 的置信水平为0.95的置信区间.

9. 为了估计磷肥对农作物增产的作用,现选20块条件大致相同的土地,其中10块施磷肥,10块不施磷肥.测得

10块不施磷肥的亩产(kg):560　590　560　570　580　570　600　550　570　550

10块施磷肥的亩产(kg):620　570　650　600　630　580　570　600　600　580

设不施磷肥的亩产和施磷肥的亩产均服从正态分布,且方差相同.试对施磷肥的平均亩产与不施磷肥的平均亩产之差作区间估计(α 取0.05).

10. 为了比较甲、乙两类试验田的收获量,随机抽取甲类试验田8块,乙类试验田10块,测得收获量如下(单位:kg):

甲类:12.6　10.2　11.7　12.3　11.1　10.5　10.6　12.2

乙类:8.6　7.9　9.3　10.7　11.2　11.4　9.8　9.5　10.1　8.5

假设这两类试验田的收获量都服从正态分布且方差相同,求均值差 $\mu_1-\mu_2$ 的置信水平为0.95的置信区间.

11. 生产厂家与使用厂家分别对某种染料的有效含量做了 13 次与 10 次测定，测定值的方差分别为 $S_1^2=0.7241, S_2^2=0.6872$，设两厂的测定值都服从正态分布，其方差分别为 σ_1^2 和 σ_2^2，求方差比 $\dfrac{\sigma_1^2}{\sigma_2^2}$ 的置信水平为 0.90 的置信区间.

12. 设两位化验员 A，B 独立地对某种聚合物含氯量用相同的方法各做 10 次测定，其测定值的样本方差依次为 $S_A^2=0.5419, S_B^2=0.6065$. 设总体均为正态的，$\sigma_A^2, \sigma_B^2$ 分别为 A，B 所测定的测定值总体的方差，求方差比 $\dfrac{\sigma_A^2}{\sigma_B^2}$ 的置信水平为 0.95 置信区间.

§7.5 0-1 分布参数的区间估计

前面讨论的区间估计都是在总体服从正态分布的情况下得到的. 对于非正态分布，常用大样本做近似估计. 下面介绍在应用上很重要的 0-1 分布 $b(1, p)$ 中 p 的区间估计问题.

设 $X_1, X_2, \cdots, X_n$ 为来自总体 X 的样本，$X \sim b(1, p)$，其中 $p(0 < p < 1)$ 为未知参数，对于给定的置信水平 $1-\alpha$，如何求 p 的置信水平为 $1-\alpha$ 的置信区间呢？

由中心极限定理知，对于任何总体 X，只要其方差 $D(X)$ 存在，且 $D(X) > 0$，都有当 $n \to \infty$ 时，$\dfrac{\overline{X} - E(\overline{X})}{\sqrt{D(\overline{X})}}$ 的分布函数收敛到标准正态分布 $N(0, 1)$ 的分布函数. 这表明当样本容量 n 充分大时，样本均值 $\overline{X}$ 的标准化随机变量的分布会近似服从标准正态分布.

总体 $X \sim b(1, p)$，则 $E(X)=p, D(X)=p(1-p)$. 设 $X_1, X_2, \cdots, X_n$ 为来自总体 X 的样本，则 $E(\overline{X})=p, D(\overline{X})=\dfrac{p(1-p)}{n}$. 当 $n \to \infty$ 时，由中心极限定理知，$\dfrac{\overline{X}-p}{\sqrt{p(1-p)/n}}$ 近似地服从 $N(0, 1)$. 于是有

$$P\left\{-z_{\alpha/2} < \frac{\overline{X}-p}{\sqrt{p(1-p)/n}} < z_{\alpha/2}\right\} \approx 1-\alpha,$$

即

$$P\left\{(n+z_{\alpha/2}^2)p^2 - (2n\overline{X}+z_{\alpha/2}^2)p + n\overline{X}^2 < 0\right\} \approx 1-\alpha,$$

等价于

$$P\left\{\frac{-b-\sqrt{b^2-4ac}}{2a} < p < \frac{-b+\sqrt{b^2-4ac}}{2a}\right\} \approx 1-\alpha, \qquad (7-17)$$

其中 $a=n+z_{\alpha/2}^2, b=-(2n\overline{X}+z_{\alpha/2}^2), c=n\overline{X}^2$. 这表明 p 的置信水平为 $1-\alpha$ 的置信区间为

$$\left(\frac{-b-\sqrt{b^2-4ac}}{2a}, \frac{-b+\sqrt{b^2-4ac}}{2a}\right), \qquad (7-18)$$

其中 $a=n+z_{\alpha/2}^2, b=-(2n\overline{X}+z_{\alpha/2}^2), c=n\overline{X}^2$.

【例 7.18】 从某厂的一批产品中抽查了 100 件，发现其中有一级品 60 件，求这批产品的一级率的置信水平为 95% 的置信区间.

解 设该批产品的一级率为 p，则

$$X_i = \begin{cases} 1, & \text{抽查的第 } i \text{ 件产品为一级品,} \\ 0, & \text{抽查的第 } i \text{ 件产品非一级品,} \end{cases} i=1,2,\cdots,100.$$

设 $X_1, X_2, \cdots, X_{100}$ 为来自总体 X 样本，$X \sim b(1, p)$，则 $\sum\limits_{i=1}^{100} x_i = 60, n = 100, \bar{x} = \dfrac{60}{100} = 0.6$，又 $1 - \alpha = 0.95, z_{0.025} = 1.96$，因为 p 的置信水平为 $1 - \alpha$ 的置信区间为

$$\left(\frac{-b - \sqrt{b^2 - 4ac}}{2a}, \frac{-b + \sqrt{b^2 - 4ac}}{2a} \right),$$

其中 $a = n + z_{\alpha/2}^2, b = -(2n\bar{x} + z_{\alpha/2}^2), c = n\bar{x}^2$. 将数据代入即得这批产品的一级率的置信水平为 95% 的置信区间为 $(0.50, 0.69)$.

【例 7.19】 对某事件 A 作 120 次观察，A 发生 36 次. 试给出事件 A 发生的概率 p 的置信水平为 0.95 的置信区间.

解 设 $X_i = \begin{cases} 1, & \text{第 } i \text{ 次事件 } A \text{ 发生}, \\ 0, & \text{第 } i \text{ 次事件 } A \text{ 未发生}. \end{cases}$ $i = 1, 2, \cdots, 120.$

设 $X_1, X_2, \cdots, X_{120}$ 为来自总体 X 样本，$X \sim b(1, p)$，则

$$\sum_{i=1}^{120} x_i = 36, n = 120, \bar{x} = \frac{36}{120} = 0.3.$$

又 $1 - \alpha = 0.95, z_{0.025} = 1.96$，因为 p 的置信水平为 $1 - \alpha$ 的置信区间为

$$\left(\frac{-b - \sqrt{b^2 - 4ac}}{2a}, \frac{-b + \sqrt{b^2 - 4ac}}{2a} \right),$$

其中 $a = n + z_{\alpha/2}^2, b = -(2n\bar{x} + z_{\alpha/2}^2), c = n\bar{x}^2$. 将数据代入即得事件 A 发生的概率 p 的置信水平为 0.95 的置信区间为 $(0.218, 0.382)$.

练习 7.5 封面扫码查看参考答案 🔍

---

1. 从一批货物中随机抽取 100 件进行检查，发现 16 件次品，求这批货物次品率的置信水平为 95% 的置信区间.

2. 从一大批产品中随机的抽出 100 个进行检查，其中有 4 个是次品. 求次品率 p 的置信水平为 0.95 的置信区间.

3. 假定在每次试验中，事件 A 发生的概率 p 未知，若在 60 次独立的试验中，A 发生了 15 次，求概率 p 的置信水平为 0.95 的置信区间.

§7.6 单侧置信区间

前面我们已经学过双侧置信区间，对未知参数 θ，可以求出置信区间 $(\underline{\theta}, \bar{\theta})$. 但是，在有些实际问题当中，我们只关注"上限"或"下限". 例如，在考察某灯泡厂生产的灯泡的寿命时，只关心灯泡的平均寿命的"下限"；而在考察空气中的污染物时，关注的是空气中所能容纳污染物的"上限". 对此类问题，我们做估计时，用双侧置信区间显得不够完美. 为此，我们引进单侧置信区间的概念.

定义 7.6 设总体 X 的分布中有未知参数 $\theta, \theta \in \Theta$，若由样本 $X_1, X_2, \cdots, X_n$ 确定的统计量 $\underline{\theta}(X_1, X_2, \cdots, X_n)$ 和 $\bar{\theta}(X_1, X_2, \cdots, X_n)$ 分别满足

$$P\{\theta > \underline{\theta}(X_1, X_2, \cdots, X_n)\} = 1-\alpha \text{ 或 } P\{\theta < \overline{\theta}(X_1, X_2, \cdots, X_n)\} = 1-\alpha,$$

$$(7-19)$$

则称 $(\underline{\theta}, +\infty)$ 和 $(-\infty, \overline{\theta})$ 为参数 θ 的置信水平为 $1-\alpha$ 的**单侧置信区间**,称 $\underline{\theta}$ 为置信水平为 $1-\alpha$ 的**单侧置信区间下限**,$\overline{\theta}$ 为置信水平为 $1-\alpha$ 的**单侧置信区间上限**.

我们以下面两种情况为例来介绍如何来确定单侧置信区间.

(1) 设总体 X 服从正态分布 $N(\mu, \sigma^2)$,其中 μ, σ^2 均未知,给定的置信水平为 $1-\alpha$,X_1,$X_2, \cdots, X_n$ 是来自总体 X 的样本,$\overline{X}$ 为样本均值,S^2 为样本方差. 采用枢轴量

$$T = \frac{\overline{X} - \mu}{S/\sqrt{n}} \sim t(n-1),$$

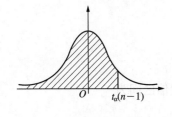

图 7 - 4

如图 7-4 所示,由 t 分布的上 α 分位点,有

$$P\left\{\frac{\overline{X} - \mu}{S/\sqrt{n}} < t_\alpha(n-1)\right\} = 1-\alpha,$$

即

$$P\left\{\mu > \overline{X} - \frac{S}{\sqrt{n}}t_\alpha(n-1)\right\} = 1-\alpha,$$

所以 μ 的置信水平为 $1-\alpha$ 的单侧置信区间为

$$\left(\overline{X} - \frac{S}{\sqrt{n}}t_\alpha(n-1), +\infty\right),$$

$$(7-20)$$

其中 $\underline{\mu} = \overline{X} - \frac{S}{\sqrt{n}}t_\alpha(n-1)$ 为单侧置信区间下限.

(2) 设总体 X 服从正态分布 $N(\mu, \sigma^2)$,其中 μ, σ^2 均未知,给定的置信水平为 $1-\alpha$,X_1,$X_2, \cdots, X_n$ 是来自总体 X 的样本,$\overline{X}$ 为样本均值,S^2 为样本方差. 采用枢轴量

$$\chi^2 = \frac{(n-1)S^2}{\sigma^2} \sim \chi^2(n-1),$$

如图 7-5 所示,由 χ^2 分布的上 α 分位点,有

$$P\left\{\frac{(n-1)S^2}{\sigma^2} > \chi^2_{1-\alpha}(n-1)\right\} = 1-\alpha,$$

即

$$P\left\{\sigma^2 < \frac{(n-1)S^2}{\chi^2_{1-\alpha}(n-1)}\right\} = 1-\alpha,$$

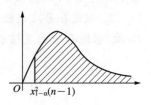

图 7 - 5

所以 σ^2 的置信水平为 $1-\alpha$ 的单侧置信区间为

$$\left(0, \frac{(n-1)S^2}{\chi^2_{1-\alpha}(n-1)}\right),$$

$$(7-21)$$

还可以得到 σ 的置信水平为 $1-\alpha$ 的单侧置信区间为

$$\left(0, \frac{\sqrt{(n-1)}S}{\sqrt{\chi^2_{1-\alpha}(n-1)}}\right),$$

$$(7-22)$$

其中 $\bar{\sigma}=\dfrac{\sqrt{(n-1)}S}{\sqrt{\chi^2_{1-\alpha}(n-1)}}$ 为置信水平为 $1-\alpha$ 的单侧置信区间上限. 其余情况可参见表 7-1.

表 7-1　正态总体均值、方差的置信区间与单侧置信限（置信水平为 $1-\alpha$）

	待估参数	其他参数	枢轴量 W 的分布	置信区间	单侧置信限
一个正态总体	μ	σ^2 已知	$Z=\dfrac{\overline{X}-\mu}{\sigma/\sqrt{n}}\sim N(0,1)$	$\left(\overline{X}\pm\dfrac{\sigma}{\sqrt{n}}z_{\alpha/2}\right)$	$\bar{\mu}=\overline{X}+\dfrac{\sigma}{\sqrt{n}}z_\alpha$　$\underline{\mu}=\overline{X}-\dfrac{\sigma}{\sqrt{n}}z_\alpha$
	μ	σ^2 未知	$t=\dfrac{\overline{X}-\mu}{S/\sqrt{n}}\sim t(n-1)$	$\left(\overline{X}\pm\dfrac{S}{\sqrt{n}}t_{\alpha/2}(n-1)\right)$	$\bar{\mu}=\overline{X}+\dfrac{S}{\sqrt{n}}t_\alpha(n-1)$ $\underline{\mu}=\overline{X}-\dfrac{S}{\sqrt{n}}t_\alpha(n-1)$
	σ^2	μ 未知	$\chi^2=\dfrac{(n-1)S^2}{\sigma^2}\sim\chi^2(n-1)$	$\left(\dfrac{(n-1)S^2}{\chi^2_{\alpha/2}(n-1)},\dfrac{(n-1)S^2}{\chi^2_{1-\alpha/2}(n-1)}\right)$	$\bar{\sigma}^2=\dfrac{(n-1)S^2}{\chi^2_{1-\alpha}(n-1)}$　$\underline{\sigma}^2=\dfrac{(n-1)S^2}{\chi^2_\alpha(n-1)}$
两个正态总体	$\mu_1-\mu_2$	σ_1^2,σ_2^2 已知	$Z=\dfrac{\overline{X}-\overline{Y}-(\mu_1-\mu_2)}{\sqrt{\dfrac{\sigma_1^2}{n}+\dfrac{\sigma_2^2}{m}}}$ $\sim N(0,1)$	$\left(\overline{X}-\overline{Y}\pm z_{\alpha/2}\sqrt{\dfrac{\sigma_1^2}{n}+\dfrac{\sigma_2^2}{m}}\right)$	$\overline{\mu_1-\mu_2}=\overline{X}-\overline{Y}+z_\alpha\sqrt{\dfrac{\sigma_1^2}{n}+\dfrac{\sigma_2^2}{m}}$ $\underline{\mu_1-\mu_2}=\overline{X}-\overline{Y}-z_\alpha\sqrt{\dfrac{\sigma_1^2}{n}+\dfrac{\sigma_2^2}{m}}$
	$\mu_1-\mu_2$	$\sigma_1^2=\sigma_2^2=\sigma^2$ 未知	$t=\dfrac{(\overline{X}-\overline{Y})-(\mu_1-\mu_2)}{S_w\sqrt{\dfrac{1}{n}+\dfrac{1}{m}}}$ $\sim t(n+m-2)$ $S_w=\sqrt{\dfrac{(n-1)S_1^2+(m-1)S_2^2}{n+m-2}}$	$\left(\overline{X}-\overline{Y}\pm t_{\alpha/2}(n+m-2)\right.$ $\left. S_w\sqrt{\dfrac{1}{n}+\dfrac{1}{m}}\right)$	$\overline{\mu_1-\mu_2}=\overline{X}-\overline{Y}$ $+t_\alpha(n+m-2)S_w\sqrt{\dfrac{1}{n}+\dfrac{1}{m}}$ $\underline{\mu_1-\mu_2}=\overline{X}-\overline{Y}$ $-t_\alpha(n+m-2)S_w\sqrt{\dfrac{1}{n}+\dfrac{1}{m}}$
	$\dfrac{\sigma_1^2}{\sigma_2^2}$	μ_1,μ_2 未知	$F=\dfrac{S_1^2/S_2^2}{\sigma_1^2/\sigma_2^2}\sim F(n-1,m-1)$	$\left(\dfrac{S_1^2}{S_2^2}\dfrac{1}{F_{\alpha/2}(n-1,m-1)},\right.$ $\left.\dfrac{S_1^2}{S_2^2}\dfrac{1}{F_{1-\alpha/2}(n-1,m-1)}\right)$	$\overline{\dfrac{\sigma_1^2}{\sigma_2^2}}=\dfrac{S_1^2}{S_2^2}\dfrac{1}{F_{1-\alpha}(n-1,m-1)}$ $\underline{\dfrac{\sigma_1^2}{\sigma_2^2}}=\dfrac{S_1^2}{S_2^2}\dfrac{1}{F_\alpha(n-1,m-1)}$

【例 7.20】 抽取多乐士油漆的 9 个样本，其干燥时间（单位：h）分别为：

6.0　　5.7　　5.8　　6.5　　7.0　　6.3　　5.6　　6.1　　5.0

设干燥时间随机变量 $X\sim N(\mu,\sigma^2)$，求 μ 的置信水平为 0.95 的单侧置信区间上限.

解　由于 σ^2 未知，μ 的置信水平为 $1-\alpha$ 的单侧置信区间上限 $\bar{\mu}=\overline{X}+\dfrac{S}{\sqrt{n}}t_\alpha(n-1)$，由

题中数据，可以计算 $\bar{x}=6.0, s^2=\dfrac{1}{n-1}\sum\limits_{i=1}^{n}(x_i-\bar{x})^2=0.33, 1-\alpha=0.95, t_\alpha(n-1)=$

$t_{0.05}(8)=1.8595$，于是

$$\bar{\mu}=\bar{x}+\frac{s}{\sqrt{n}}t_\alpha(n-1)=6.0+\frac{\sqrt{0.33}}{3}\times1.8595=6.356.$$

练习 7.6 封面扫码查看参考答案 🔍

1. 设总体 X 服从正态分布 $N(\mu,\sigma^2)$，其中 μ,σ^2 均未知，置信水平为 $1-\alpha$，$X_1,X_2,\cdots,$ X_n 是来自总体 X 的样本，$\overline{X}$ 为样本均值，S^2 为样本方差. 所以 μ 的置信水平为 $1-\alpha$ 的单侧置信区间下限为 _____，μ 的置信水平为 $1-\alpha$ 的单侧置信区间上限为 _____，σ^2 的置信水平为 $1-\alpha$ 的单侧置信区间为 _____.

2. 从一批电子元件中随机的取出 5 只做寿命试验，测得寿命数据（单位：h）如下：

$$1050 \quad 1100 \quad 1120 \quad 1250 \quad 1280$$

若寿命服从正态分布 $N(\mu,\sigma^2)$，试求寿命均值的置信水平为 0.95 的单侧置信区间下限.

3. 设制造某种产品每件所需时间服从正态分布 $N(\mu,\sigma^2)$，现随机记录了 5 件产品所用工时：

$$10.5 \quad 11 \quad 11.2 \quad 12.5 \quad 12.8$$

求：(1) μ 的置信水平为 0.95 的单侧置信区间上限；

(2) σ^2 的置信水平为 0.95 的单侧置信区间下限.

4. 从汽车轮胎厂生产的某种轮胎中抽取容量为 10 的样本进行磨损试验，直至轮胎行驶到磨坏为止，测得他们的行驶路程（km）如下：

$$41250 \quad 41010 \quad 42650 \quad 38970 \quad 40200$$
$$42550 \quad 43500 \quad 40400 \quad 41870 \quad 38900$$

设汽车轮胎行驶路程服从正态分布 $N(\mu,\sigma^2)$，求：

(1) μ 的置信水平为 0.95 的单侧置信区间下限；

(2) σ^2 的置信水平为 0.95 的单侧置信区间上限.

5. 从一批电视机显像管中随机抽取 6 个测试其使用寿命（单位：kh），得到样本观测值为

$$15.6 \quad 14.9 \quad 16.0 \quad 14.8 \quad 15.3 \quad 15.5$$

设显像管使用寿命 X 服从正态分布 $N(\mu,\sigma^2)$，其中 μ,σ^2 都是未知参数，求：

(1) 使用寿命均值 μ 的置信水平为 0.95 的单侧置信区间下限；

(2) 使用寿命方差 σ^2 的置信水平为 0.90 的单侧置信区间上限.

知识结构图

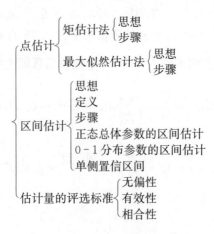

习 题 七

封面扫码查看参考答案 🔍

一、选择题

1. 设总体 $X \sim N(\mu, \sigma^2)$，$X_1, X_2, \cdots, X_n$ 是来自总体 X 的样本，μ, σ^2 未知，则 σ^2 的最大似然估计量是 （　　）

    A. $\dfrac{1}{n-1} \sum\limits_{i=1}^{n} (X_i - \overline{X})^2$　　　　　　　　B. $\dfrac{1}{n} \sum\limits_{i=1}^{n} (X_i - \overline{X})^2$

    C. $\dfrac{1}{n} \sum\limits_{i=1}^{n} X_i^2$　　　　　　　　　　D. $\dfrac{1}{n+1} \sum\limits_{i=1}^{n} (X_i - \overline{X})^2$

2. 设总体 $X \sim N(\mu, \sigma^2)$，X_1, X_2, X_3 是取自总体 X 的样本，则下面 μ 的 4 个估计量，最有效的是 （　　）

    A. $2\overline{X} - X_1$　　　　　　　　　　B. $\overline{X}$

    C. $2\overline{X}$　　　　　　　　　　　　D. $\dfrac{1}{2} X_1 + \dfrac{2}{3} X_2 - \dfrac{1}{6} X_3$

3. 设从均值是 μ，方差为 $\sigma^2 > 0$ 的总体中，分别抽取容量为 n, m 的两个独立样本，$\overline{X}_1$，$\overline{X}_2$ 分别是两个样本的均值. 令 $Y = a\overline{X}_1 + b\overline{X}_2$ 是 μ 的无偏估计，则使 $D(Y)$ 达到最小的 a, b 满足 （　　）

    A. $a = \dfrac{1}{2}, b = \dfrac{1}{2}$　　　　　　　　B. $a = \dfrac{1}{3}, b = \dfrac{2}{3}$

    C. $a = \dfrac{m}{n+m}, b = \dfrac{n}{n+m}$　　　　D. $a = \dfrac{n}{n+m}, b = \dfrac{m}{n+m}$

4. 设由来自正态总体 $X \sim N(\mu, 0.9^2)$ 容量为 9 的样本得到样本均值 $\overline{x} = 5$，则未知参数 μ 的置信水平为 0.95 的置信区间是 （　　）

    A. $(3.412, 4.588)$　B. $(4.312, 5.488)$　C. $(4.412, 5.588)$　D. $(2.312, 5.488)$

5. 设总体 X 的概率密度为

$$f(x; \theta) = \begin{cases} e^{-(x-\theta)}, & x \geqslant \theta, \\ 0, & x < \theta. \end{cases}$$

$X_1, X_2, \cdots, X_n$ 是取自总体 X 的样本，则未知参数 θ 的矩估计量为 （　　）

    A. $\overline{X}$　　　　　　B. $\overline{X} - 1$　　　　　C. $\overline{X} - 2$　　　　　D. $\overline{X} - 3$

6. 设 $X_1, X_2, \cdots, X_n$ 是取自总体 X 的样本，则 $E(X^2)$ 的矩估计是 （　　）

    A. $\dfrac{1}{n-1} \sum\limits_{i=1}^{n} (X_i - \overline{X})^2$　　　　　　　B. $\dfrac{1}{n} \sum\limits_{i=1}^{n} (X_i - \overline{X})^2$

    C. $\overline{X}^2 + \dfrac{1}{n-1} \sum\limits_{i=1}^{n} (X_i - \overline{X})^2$　　　D. $\overline{X}^2 + \dfrac{1}{n} \sum\limits_{i=1}^{n} (X_i - \overline{X})^2$

7. 设总体 $X \sim N(\mu, \sigma^2)$，$X_1, X_2, \cdots, X_n$ 是取自总体 X 的样本，$x_1, x_2, \cdots, x_n$ 为样本的观测值，σ^2 为未知，则 μ 的置信水平为 $1 - \alpha$ 的置信区间为 （　　）

A. $\left(\dfrac{\sum\limits_{i=1}^{n}(x_i-\overline{x})^2}{\chi^2_{\alpha/2}(n-1)},\dfrac{\sum\limits_{i=1}^{n}(x_i-\overline{x})^2}{\chi^2_{1-\alpha/2}(n-1)}\right)$ B. $\left(\overline{x}-\dfrac{s}{\sqrt{n}}z_{\alpha/2},\overline{x}+\dfrac{s}{\sqrt{n}}z_{\alpha/2}\right)$

C. $\left(\overline{x}-\dfrac{\sigma}{\sqrt{n}}z_{\alpha/2},\overline{x}+\dfrac{\sigma}{\sqrt{n}}z_{\alpha/2}\right)$ D. $\left(\overline{x}-\dfrac{s}{\sqrt{n}}t_{\alpha/2(n-1)},\overline{x}+\dfrac{s}{\sqrt{n}}t_{\alpha/2(n-1)}\right)$

8. 设总体 $X\sim N(\mu,\sigma^2)$，$X_1,X_2,\cdots,X_n$ 是取自总体 X 的样本，$x_1,x_2,\cdots,x_n$ 为样本的观测值，μ 为未知，则 σ^2 的置信水平为 $1-\alpha$ 的置信区间为 （ ）

A. $\left(\dfrac{\sum\limits_{i=1}^{n}(x_i-\overline{x})^2}{\chi^2_{\alpha/2}(n-1)},\dfrac{\sum\limits_{i=1}^{n}(x_i-\overline{x})^2}{\chi^2_{1-\alpha/2}(n-1)}\right)$ B. $\left(\dfrac{\sum\limits_{i=1}^{n}(x_i-\mu)^2}{\chi^2_{\alpha/2}(n)},\dfrac{\sum\limits_{i=1}^{n}(x_i-\mu)^2}{\chi^2_{1-\alpha/2}(n)}\right)$

C. $\left(\sqrt{\dfrac{\sum\limits_{i=1}^{n}(x_i-\overline{x})^2}{\chi^2_{\alpha/2}(n-1)}},\sqrt{\dfrac{\sum\limits_{i=1}^{n}(x_i-\overline{x})^2}{\chi^2_{1-\alpha/2}(n-1)}}\right)$ D. $\left(\sqrt{\dfrac{\sum\limits_{i=1}^{n}(x_i-\mu)^2}{\chi^2_{\alpha/2}(n-1)}},\sqrt{\dfrac{\sum\limits_{i=1}^{n}(x_i-\mu)^2}{\chi^2_{1-\alpha/2}(n-1)}}\right)$

9. 设总体 $X\sim N(\mu,\sigma^2)$，$X_1,X_2,\cdots,X_n$ 是取自总体 X 的样本，$x_1,x_2,\cdots,x_n$ 为样本的观测值，σ^2 为未知，则 μ 的置信水平为 $1-\alpha$ 的单侧置信区间上限为 （ ）

A. $\overline{x}-\dfrac{S}{\sqrt{n}}z_\alpha$　　　　　　　B. $\overline{x}+\dfrac{S}{\sqrt{n}}z_\alpha$

C. $\overline{x}+\dfrac{S}{\sqrt{n}}t_{\alpha/2}(n-1)$　　　　　D. $\overline{x}+\dfrac{S}{\sqrt{n}}t_\alpha(n-1)$

二、填空题

1. 设总体 X 的方差为 1，根据来自总体 X 的容量为 100 的样本，测得样本均值为 5，则 X 的数学期望的置信水平为 0.95 的置信区间为_____.

2. 设随机变量 X 的概率密度为

$$f(x;\theta)=\begin{cases}5e^{-5(x-\theta)}, & x\geq\theta,\\ 0, & x<\theta,\end{cases}$$

$X_1,X_2,\cdots,X_n$ 是取自总体 X 的样本，则参数 θ 的最大似然估计量为_____.

3. 在处理快艇的 6 次试验数据中，得到下列最大速度值(m/s)：

　　　　　　27　38　30　37　35　31

设最大速度服从正态分布，则

(1) 最大艇速的均值的无偏估计是_____；

(2) 最大艇速的方差的无偏估计是_____.

4. 设总体 $X\sim N(\mu,\sigma^2)$，其中 μ,σ^2 均未知，$X_1,X_2,\cdots,X_n$ 是取自总体 X 的样本，则 μ 的置信水平为 0.95 的置信区间是_____.

5. 设电池寿命 X 服从正态分布 $N(\mu,\sigma^2)$，随机抽取 5 个电池，其使用寿命为（单位：年）

　　　　　　1.9　2.4　3.0　3.5　4.2

则 σ^2 的置信水平为 0.95 的置信区间为_____.

6. 某次数学测验的分数呈正态分布，随机抽取 20 名学生的成绩，得平均分数 $\overline{x}=72$，样

本方差 $s^2=16$，则总体方差 σ^2 的置信水平为 98% 的置信区间是_____.

7. 某火箭发射系统进行火箭发射，在 40 次发射中有 34 次成功，则发射成功的概率 p 的置信水平为 0.95 的置信区间为_____.

三、解答题

1. 总体 X 具有分布律由下表给出.

X	1	2	3
p_k	θ^2	$2\theta(1-\theta)$	$(1-\theta)^2$

其中 $\theta(0<\theta<1)$ 是未知参数.已知取得样本值 $x_1=1,x_2=2,x_3=1$，试求 θ 的矩估计值和最大似然估计值.

2. 设 $X_1,X_2,\cdots,X_n$ 是取自总体 X 的样本，X 的概率密度为

$$f(x;\theta)=\begin{cases}-\theta^x\ln\theta, & x\geqslant 0,\\ 0, & x\leqslant 0.\end{cases}$$

其中 $0<\theta<1$，求未知参数 θ 的矩估计量.

3. 设总体 X 的概率密度为

$$f(x;\lambda)=\begin{cases}\lambda\alpha x^{\alpha-1}e^{-\lambda x^\alpha}, & x>0,\\ 0, & x\leqslant 0.\end{cases}$$

其中 $\lambda>0$ 是未知参数，$\alpha>0$ 是已知常数，试根据来自总体 X 的样本 $X_1,X_2,\cdots,X_n$，求 λ 的最大似然估计量.

4. 设总体 X 服从均匀分布 $U(0,\theta)$，它的概率密度为

$$f(x;\theta)=\begin{cases}\dfrac{1}{\theta}, & 0<x<\theta,\\ 0, & 其他.\end{cases}$$

求：(1) 未知参数 θ 的矩估计量和最大似然估计量；(2) 当样本观测值为 0.3，0.8，0.27，0.35，0.62，0.55 时，求 θ 的矩估计值和最大似然估计值.

5. 设总体 X 的概率密度为

$$f(x;\theta,\lambda)=\begin{cases}\dfrac{1}{\lambda}e^{-\frac{x-\theta}{\lambda}}, & x\geqslant\theta,\\ 0, & 其他.\end{cases}$$

$X_1,X_2,\cdots,X_n$ 是取自总体 X 的样本，求 θ 及 λ 的最大似然估计量.

6. 为了估计湖中鱼的条数 n，先从湖中捕捉 r 条鱼做上标记后放回，然后从湖中捕出 l 条，发现其中 s 条有标记，试求 n 的最大似然估计.

7. 设 X_1,X_2,X_3,X_4 是来自均值为 θ 的指数分布总体的样本，其中 θ 未知.设有估计量：

$$T_1=\frac{1}{6}(X_1+X_2)+\frac{1}{3}(X_3+X_4),$$

$$T_2=\frac{1}{5}(X_1+2X_2+3X_3+4X_4),$$

$$T_3 = \frac{1}{4}(X_1 + X_2 + X_3 + X_4).$$

(1) 指出 T_1, T_2, T_3 中哪几个是 θ 的无偏估计量;

(2) 在上述 θ 的无偏估计量中指出哪一个较为有效.

8. 设 $\hat{\theta}_1, \hat{\theta}_2$ 是 θ 的两个独立的无偏估计量,且 $D(\hat{\theta}_1) = 2D(\hat{\theta}_2)$. 找出常数 k_1, k_2,使 $k_1\hat{\theta}_1 + k_2\hat{\theta}_2$ 也是 θ 的无偏估计量,并且使它在所有这样形式的估计量中方差最小.

9. 铅的密度测量值是服从正态分布 $X \sim N(\mu, \sigma^2)$,σ^2 未知,如果测量 16 次,算得 $\bar{x} = 2.705, s = 0.029$,试求铅的密度均值 μ 的置信水平为 95% 的置信区间.

10. 设由来自正态总体 $X \sim N(\mu, 1.5^2)$ 容量为 9 的样本,测得样本均值 $\bar{x} = 6$,求未知参数 μ 的置信水平为 0.9 置信区间.

11. 从一批钉子中随机抽取 16 枚,测得其长度(单位:cm)为

$$2.14 \quad 2.10 \quad 2.13 \quad 2.15 \quad 2.13 \quad 2.12 \quad 2.13 \quad 2.10$$
$$2.15 \quad 2.12 \quad 2.14 \quad 2.10 \quad 2.13 \quad 2.11 \quad 2.14 \quad 2.11$$

假设钉子的长度 X 服从正态分布 $N(\mu, \sigma^2)$,在下列两种情况下分别求总体均值 μ 的置信水平为 90% 的置信区间.

(1) $\sigma = 0.01$;   (2) σ 未知.

12. 为了估计灯泡使用时数的均值 μ 和标准差 σ,共测试了 10 个灯泡,得 $\bar{x} = 1500$ h,$s = 20$ h. 如果灯泡使用时数是服从正态分布的,求 μ 和 σ 的置信水平为 0.95 的置信区间.

13. 某厂生产一批金属材料,其抗弯强度服从正态分布,今从这批金属材料中随机抽取 11 个样本,测得他们的抗弯强度为(单位:N)

$$42.5 \quad 42.7 \quad 43.0 \quad 42.3 \quad 43.4 \quad 44.5 \quad 44.0 \quad 43.8 \quad 44.1 \quad 43.9 \quad 43.7$$

求:(1) 平均抗弯强度 μ 的置信水平为 0.95 的置信区间;

(2) 抗弯强度标准差 σ^2 的置信水平为 0.90 的置信区间.

14. 分别使用金球和铂球测定引力常数(单位:10^{-11} m^3 · kg^{-1} · s^{-2}):

(1) 使用金球测定观察值分别为 $6.683, 6.681, 6.676, 6.678, 6.679, 6.672$;

(2) 使用铂球测定观察值分别为 $6.661, 6.661, 6.667, 6.667, 6.664$.

设测定值总体 $X \sim N(\mu, \sigma^2)$,μ, σ^2 均未知,试就(1)(2)两种情况分别求 μ 的置信水平为 0.90 的置信区间,并求 σ^2 的置信水平为 0.90 的置信区间.

(3) 用金球和铂球测定时,测定值总体的方差相等,求两个测定值总体均值差的置信水平为 0.90 的置信区间.

15. 设某种产品来自甲、乙两个厂家,为考察产品性能的差异,现从甲、乙两厂产品中分别抽取了 8 件和 9 件产品,测得其性能指标 X,得到两组数据,经对其相应运算,得 $\bar{x}_1 = 0.190, S_1^2 = 0.006, \bar{x}_2 = 0.238, S_2^2 = 0.008$,假定测得结果服从正态分布 $N(\mu_i, \sigma_i^2)(i = 1, 2)$. 求 σ_1^2/σ_2^2 和 $\mu_1 - \mu_2$ 的置信水平为 90% 的置信区间,并对所得结果加以说明.

16. 研究两种固体燃料火箭推进器的燃烧率,设两者都服从正态分布,并且燃烧率的标准差均近似为 0.05 cm/s,取样本容量为 $n_1 = n_2 = 20$,得燃烧率的样本均值分别为 $\bar{x}_1 = 18$ cm/s,$\bar{x}_2 = 24$ cm/s,求两燃烧率总体均值 $\mu_1 - \mu_2$ 的置信水平为 0.99 的置信区间.

17. 已知总体 $X \sim N(\mu_1, \sigma_1^2)$,总体 $Y \sim N(\mu_2, \sigma_2^2)$,今从 X 中抽取容量为 25 的样本,从

Y 中抽取容量为 15 的样本,设两样本独立. 两样本的方差分别为 $S_1^2=4.292, S_2^2=3.429$. 求 σ_1^2/σ_2^2 的置信水平为 90% 的置信区间.

18. 为了比较 A,B 两种灯泡的寿命,从 A 型号中随机地抽取 80 只灯泡,测得平均寿命 $\bar{x}=2000$ h,样本标准差 $S_1=80$ h;从 B 型号中随机地抽取 100 只灯泡,测得平均寿命 $\bar{y}=1900$ h,样本标准差 $S_2=100$ h. 假设两种灯泡的寿命均服从正态分布且相互独立,试求:

(1) 总体均值差 $\mu_1-\mu_2$ 的置信水平为 0.99 的置信区间.

(2) 总体方差比 σ_1^2/σ_2^2 的置信水平为 0.90 的置信区间.

19. 从一批产品中,抽取 100 个样品,发现其中有 75 个优质品,求这批产品的优质品率 p 的置信水平为 0.95 的置信区间.

20. 从一批产品中抽取 200 个样本,发现其中有 9 个次品,求这批产品中的次品率 p 的置信水平为 0.90 的置信区间.

21. 从一批产品中随机抽取 5 件产品做寿命试验,测得寿命(单位:h)的样本平均值为 $\bar{x}=1160$ h,样本方差为 $S^2=9950$ h. 假设该产品寿命服从正态分布,求该产品寿命的置信水平为 0.95 的单侧置信区间下限.

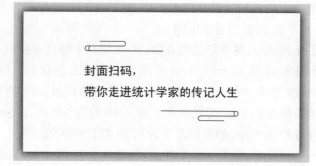

封面扫码，
带你走进统计学家的传记人生

耶日·奈曼(Jerzy Neyman,1894—1981)

第8章

假设检验

假设检验是统计推断的另一基本问题. 它与参数估计类似, 但是角度不同. 参数估计利用样本信息推断总体的未知参数, 而假设检验则是对总体分布中的未知参数或未知分布形式作出一个假设, 然后利用样本信息判断假设是否成立.

§8.1 假设检验的基本思想

8.1.1 假设检验问题陈述

现实生活中, 人们经常要对某个"假设"作出判断, 确定它是真的还是假的. 例如, 一种新药研制出来后, 研究人员需要判断新药是否比原有药物更有效; 在抽检某个品牌的洗衣粉时, 抽检人员主要判断其净含量是否达到说明书中所标记的重量; 再如, 公司收到一批货物时, 质检人员要判断该批货物的属性是否与合同中规定的一致等等.

下面通过第七章第一节的一个例子来引入假设检验的概念.

【例 8.1】 有两个箱子, 设甲箱中有 99 个白球, 1 个黑球; 乙箱中有 1 个白球, 99 个黑球. 现随机取出一箱, 连续放回抽样三次, 结果都是黑球. 问能否认为抽取到的黑球来自乙箱?

对于这个实际问题, 需要我们对命题"抽取到的黑球来自乙箱"作出"是"还是"否"的判定. 生活常识很可能让读者的选择为"是", 但是会这样选择的原因可能难以详细地叙述清楚, 接下来我们运用统计的方法来分析这个问题.

首先设 p 表示"一次抽样得到黑球"的概率, 那么 p 的所有可能取值有两个, 即 0.99 和 0.01, 并且当抽取到的黑球来自乙箱时 $p=0.99$, 来自甲箱时 $p=0.01$. 于是, 命题"抽取到的黑球来自乙箱"是否成立分别等价于 $p=0.99$ 和 $p=0.01$, 可以将命题表述为如下关于参数 p 的两个假设:

$$H_0: p=0.99; H_1: p=0.01,$$

称 H_0 为**原假设**(null hypothesis), H_1 为**备择假设**(alternative hypothesis). 对于给定的假设, 如何在两者间做一个抉择呢? 因为三次抽样是独立同分布的, 当 H_0 成立时, 三次都是黑球的概率为 0.99^3(约 0.97); 而当 H_1 成立时, 三次都是黑球的概率为 0.01^3(百万分之一), 这个概率如此之小, 和买彩票中大奖的概率差不多, 根据**"小概率事件在一次试验中几乎不会发生"**原理, 我们有理由怀疑 H_1 成立, 所以我们总是会倾向于选择"抽取到的黑球来自乙箱". 这种根据试验的样本对**假设**正确与否作出判断的过程, 在统计中称为**检**

验（test）．

数理统计中像这种关于某一个参数的取值的假设检验问题被称为参数假设检验，否则被称为非参数假设检验．例 8.1 显然是一个参数假设检验的问题．有时我们需要对总体服从什么分布作出假设检验，如本章的第四节，就是非参数假设检验问题．

8.1.2 假设检验的基本步骤

接下来通过一个正态总体的例子，来叙述假设检验的基本步骤．

【例 8.2】 某一门课考试的成绩 X，根据以往的经验可以认为服从正态分布 $N(\mu,\sigma^2)$，已知标准差 $\sigma=5$．现在从中随机地抽取 10 个学生的成绩，得到如下一组样本值：

$$72,65,81,81,63,52,75,69,70,86,$$

其平均值 $\bar{x}=71.4$ 分，问能否认为这门课考试的平均成绩为 71 分？

在例 8.2 中，总体 X 的分布函数形式是已知的，为正态分布 $N(\mu,5^2)$，其中仅含一个未知参数 μ．根据正态分布的数字特征，可以知道参数 μ 就是总体的平均值。因此关于命题"这门课考试的平均成绩为 71 分"，可以表示成这样的假设

$$H_0:\mu=71; \quad H_1:\mu\neq71.$$

显然当 H_0 成立时候，命题"这门课考试的平均成绩为 71 分"成立，反之则不成立。现在将面临第一个问题：**怎样判断统计假设 $H_0(\mu=71)$ 的正确性**？由于要检验的假设涉及总体均值 μ，而我们从该总体中抽取的一个容量为 10 的简单随机样本，这个样本也一定程度上反映了总体的分布规律，因此样本中必然包含关于未知参数 μ 的信息。但是要从样本中直接推断原假设是否成立是很困难的，还必须对样本进行加工，把样本中包含的关于未知参数 μ 的信息集中起来，也就是说要构造一个适用于检验假设 H_0 的统计量。根据第七章的知识，样本均值 $\bar{X}$ 是总体均值 μ 的一个无偏估计，且 $\bar{X}$ 比样本的每个分量 X_i 更集中地分布在总体均值 μ 的周围。如果假设 $H_0(\mu=71)$ 是真的，则样本均值 $\bar{X}$ 的观测值应较集中在 71 附近，否则就应有偏离该点的趋势．因此，如果假设 H_0 为真，样本均值 $\bar{x}$ 与 71 的偏差 $|\bar{x}-71|$ 一般不应过大，若 $|\bar{x}-71|$ 过大，我们就怀疑 H_0 的正确性而拒绝 H_0，并考虑到当原假设 $H_0(\mu=71)$ 为真时，X 服从于 $N(71,25)$ 分布，由抽样分布知 $\dfrac{\bar{X}-71}{\sqrt{2.5}}\sim N(0,1)$，而衡量 $|\bar{x}-71|$ 的大小可以归结为衡量 $\dfrac{|\bar{x}-71|}{\sqrt{2.5}}$ 的大小．基于以上的想法，拒绝域（拒绝原假设对应的区域）的形式表示为

$$W=\left\{(x_1,x_2,\cdots,x_n)\,\Big|\,\frac{|\bar{x}-71|}{\sqrt{2.5}}\geq k\right\} \tag{8-1}$$

是合理的。

当拒绝域确定了，检验的判别准则也就确定了：

若 $(x_1,x_2,\cdots,x_n)\in W$，则认为原假设 H_0 不成立；反之认为 H_0 成立。

现在我们面临着第二个问题：**拒绝域（8-1）中的临界值 k 如何取值呢**？在例 8.2 中，对于平均值的判定是用所抽取的 10 个学生的成绩作为样本进行的，抽样过程中不可避免地出现抽取到极端值的可能性。例如有可能抽到该班前十名或者后十名的学生，这种情况下如

果 H_0 成立,根据这样的样本很可能得到拒绝 H_0 的结论,显然这样的结论是错误的,而且犯这种错误的可能性是无法消除的。因此自然希望将犯这类错误的概率控制在一定的范围内,即给出一个较小的数 $\alpha(0<\alpha<1)$,使得犯这类错误的概率不超过 α,即使得

$$P\{拒绝\ H_0|H_0\ 为真\}\leqslant\alpha, \tag{8-2}$$

数 α 称为**显著性水平**(observed significance level)。对于实际问题,应根据不同的需要和侧重指定不同的显著性水平. 通常可取 α 为 $0.01, 0.05, 0.10$ 等.

由于只允许犯这类错误的概率最大为 α,为得到临界值 k,可将(8-2)式写成

$$P\{拒绝\ H_0|H_0\ 为真\}=P\left\{\left|\frac{\overline{X}-71}{\sqrt{2.5}}\right|\geqslant k\bigg|H_0\ 为真\right\}=\alpha. \tag{8-3}$$

由于当 H_0 为真时,$Z=\dfrac{\overline{X}-71}{\sqrt{2.5}}\sim N(0,1)$。由标准正态分布的上 α 分位点的定义,得 $k=z_{\alpha/2}$. 因此,(8-1)式拒绝域的具体形式表示为

$$W=\left\{(x_1,x_2,\cdots,x_n)\bigg|\frac{|\overline{x}-71|}{\sqrt{2.5}}\geqslant z_{\alpha/2}\right\}. \tag{8-4}$$

有了明确的拒绝域后,根据样本观测值,我们可以作出判断。在例 8.2 中,取显著性水平 $\alpha=0.05$,则 $k=z_{0.05/2}=z_{0.025}=1.96$,再由样本值得 $\overline{x}=71.4$,

$$z=\left|\frac{\overline{x}-71}{\sqrt{2.5}}\right|=0.253<1.96$$

没有落在拒绝域内,因此不能拒绝 H_0,即接受 H_0,可以认为这门课考试的平均成绩为 71 分。

以上的例题反映了一个完整的假设检验的过程. 一般来说,假设检验遵循以下的基本步骤:

> 1. 根据实际问题要求,确立原假设 H_0 和备择假设 H_1;
> 2. 选择一个显著性水平 α,抽取容量为 n 的样本;
> 3. 选择检验统计量,给出拒绝域的形式;
> 4. 根据样本观测值计算统计量的值,根据其是否落在拒绝域,作出判断,确定是否拒绝原假设。

类似于前面的检验问题通常叙述为:总体 X 服从正态分布 $N(\mu,\sigma^2)$,$X_1,X_2,\cdots,X_n$ 是来自总体 X 的一个随机样本,在显著性水平 α 下,对于假设检验问题

$$H_0:\mu=\mu_0;H_1:\mu\neq\mu_0, \tag{8-5}$$

我们要做的工作就是构造检验统计量 $T(X_1,X_2,\cdots,X_n)$,根据检验统计量的取值,作出是否拒绝 H_0 的判断. 也就是找一个区域 W,使得当统计量 $T(X_1,X_2,\cdots,X_n)$ 的取值 $t\in W$ 时,拒绝原假设,称区域 W 为**拒绝域**,拒绝域的边界点称为**临界点**。如上例中拒绝域为 $|z|\geqslant z_{\alpha/2}$,而 $z_{\alpha/2}$ 和 $-z_{\alpha/2}$ 为临界点. 从这个意义上可以说,设计一个检验本质上就是找到一个恰当的拒绝域 W,使得在 H_0 下,它的概率为

$$P\{W|H_0\}=\alpha. \tag{8-6}$$

形如(8-5)的备择假设 $H_1:\mu\neq\mu_0$,表示 $\mu>\mu_0$ 或者 $\mu<\mu_0$,称之为双边备择假设,这样

的检验称为**双边假设检验**.

有时候我们会关心总体的均值是否增大(或减小),例如换了新的教学方法,考虑学生的考试成绩是否提高(或降低),此时就需要构造如下假设

$$H_0 : \mu \leqslant \mu_0 ; H_1 : \mu > \mu_0 , \tag{8-7}$$

或者

$$H_0 : \mu \geqslant \mu_0 ; H_1 : \mu < \mu_0 . \tag{8-8}$$

称(8-7)为**右边检验**,称(8-8)为**左边检验**,这两种检验统称为**单边检验**,它是数理统计中非常重要的一类检验.

最后,我们作以下几点说明.

1. 第一类错误和第二类错误

前述(8-2)式表示当 H_0 成立时,作出了拒绝 H_0 的判断,所犯这种错误称之为**第一类错误**,也称**拒真错误**;而在实际中,另一种类型的错误也是不可忽视的,就是当 H_1 成立时作出拒绝 H_1 的判定,这种类型的错误称之为**第二类错误**,也称**受伪错误**。这两种类型的错误在假设检验中是不可避免的,对于给定的一对 H_0 和 H_1 ,总可以找出许多拒绝域,人们自然希望找到使得犯两类错误的概率都很小的拒绝域。事实上这个是不可能达到的,减少犯一种类型的错误的概率是以增加犯另一种类型错误的概率为代价的。奈曼—皮尔逊(Neyman Pearson)提出了一个原则:"在控制犯第一类错误的概率不超过指定值 α 的条件下,尽量使犯第二类错误的概率 β 小",按这种法则作出的检验称为"**显著性检验**"。在实际问题中,常常只控制第一类错误的发生概率 α ,其中数 α 称为**显著性水平**(**observed significance level**).

2. 关于原假设和备择假设的选择

在对一个命题进行假设检验时,如何进行原假设和备择假设的选择是一个两难的问题。但是在显著性检验时,我们常常控制犯第一类错误的概率 α ,使其取值很小,这就意味着概率 $P\{$拒绝 $H_0 | H_0$ 为真$\}$ 很小,保证了 H_0 成立时作出拒绝 H_0 的判断的可能性很小,显然 H_0 和 H_1 之间是不对等的,因此在选择 H_0 的时候要慎之又慎。例如,要预测某种灾难是否发生,可能面临着这样的两种错误:(1)灾难发生了,没有预测到,这样的错误带来的风险是大量生命和财产的损失;(2)灾难没有发生,但是作出灾难发生的预测,它所带来的风险就是一定的经济损失。显然(1)比(2)带来的后果严重,因此在原假设的选择上,采用"灾难发生了",则第一类错误"灾难发生了,但是没有预测到"的概率是可控的并且很小的。也就是说,两类错误中选择后果严重的错误作为第一类错误,这是选择 H_0 和 H_1 的一个原则。

3. "接受原假设 H_0"与"拒绝原假设 H_0"的实际意义

因为两种判断都不可避免地存在错误,"接受原假设 H_0"并不意味着确信 H_0 是真的,只是意味着某种逻辑形式上的判断,以期采取某种相应的对策;"拒绝原假设 H_0"也并不意味着确信 H_0 是假的,它对应另一种相应对策。

练习 8.1　封面扫码查看参考答案　🔍

1. 假设检验的基本思想可以用_____来解释.

A. 中心极限定理 　　　　　　　　　B. 置信区间

C. 小概率事件 　　　　　　　　　　D. 正态分布的性质

2. 在假设检验中,原假设 H_0,备择假设 H_1,则称(　　)为犯第二类错误.

A. H_0 为真,接受 H_1 　　　　　　B. H_0 为真,拒绝 H_1

C. H_0 不真,接受 H_0 　　　　　　D. H_0 不真,拒绝 H_0

3. 机床厂某日从两台机器所加工的同一种零件中,分别抽取 $n_1=20, n_2=25$ 的两个样本,检验两台机床的加工精度是否相同,则提出假设　　　　　　　　　　　　　　　(　　)

A. $H_0: \mu_1=\mu_2; H_1: \mu_1\neq\mu_2$ 　　　　B. $H_0: \sigma_1^2=\sigma_2^2; H_1: \sigma_1^2\neq\sigma_2^2$

C. $H_0: \mu_1\leqslant\mu_2; H_1: \mu_1>\mu_2$ 　　　D. $H_0: \sigma_1^2\leqslant\sigma_2^2; H_1: \sigma_1^2>\sigma_2^2$

4. 对正态总体的数学期望 μ 进行假设检验,如果在显著性水平 0.05 下接受 $H_0: \mu=\mu_0$,那么在显著性水平 0.01 下,下列结论正确的是　　　　　　　　　　　(　　)

A. 必接受 H_0 　　　　　　　　　　B. 可能接受 H_0,也可能拒绝

C. 必拒绝 H_0 　　　　　　　　　　D. 不接受,也不拒绝

5. 在建立假设的过程中通常要注意哪些问题?

6. 显著性检验的一般步骤是什么?

7. 机器罐装的牛奶每瓶标明为 355 ml,设 X 为实际容量,由过去的经验知道,在正常生产情况下,$X\sim N(\mu, 4)$ 为检验罐装生产线的生产是否正常,某日开工后抽查了 12 瓶,其容量分别为:

$$350, 353, 354, 356, 351, 352, 354, 355, 357, 353, 354, 355.$$

问:由这些样本我们能否认为该日的生产是正常的(显著性水平 $\alpha=0.05$)?

§8.2　正态总体均值的假设检验

8.2.1　单个正态总体均值的假设检验

设总体 $X\sim N(\mu, \sigma^2)$,$X_1, X_2, \cdots, X_n$ 是来自总体 X 的一个样本,考虑如下三种关于参数 μ 的假设检验问题.

双边检验:$H_0: \mu=\mu_0; H_1: \mu\neq\mu_0$.

右边检验:$H_0: \mu\leqslant\mu_0; H_1: \mu>\mu_0$.

左边检验:$H_0: \mu\geqslant\mu_0; H_1: \mu<\mu_0$.

由于对总体均值 μ 进行检验设时,该总体中的另一个参数,即方差 σ^2 是否已知会影响到对于检验统计量的选择,故下面分两种情形进行讨论.

1. 方差 σ^2 已知情形(Z 检验法)

检验假设 $H_0: \mu=\mu_0; H_1: \mu\neq\mu_0$.其中 μ_0 为已知常数.

由第 6 章定理 6.1 知,当 H_0 为真时,有

$$Z = \frac{\overline{X} - \mu_0}{\sigma/\sqrt{n}} \sim N(0,1),$$

其中 $\overline{X}$ 为样本均值,故选取 Z 作为检验统计量,记其观测值为 z. 相应的检验法称为 **Z 检验法**.

因为 $\overline{X}$ 是 μ 的无偏估计量,当 H_0 成立时,$|z|$ 不应太大,当 H_1 成立时,$|z|$ 有偏大的趋势,故拒绝域形式为

$$|z| = \left| \frac{\overline{x} - \mu_0}{\sigma/\sqrt{n}} \right| \geqslant k.$$

对于给定的显著性水平 α,$P\{|Z| \geqslant z_{\alpha/2}\} = \alpha$,由此得拒绝域为

$$|z| = \left| \frac{\overline{x} - \mu_0}{\sigma/\sqrt{n}} \right| \geqslant z_{\alpha/2}.$$

根据一次抽样后得到的样本观测值 $x_1, x_2, \cdots, x_n$ 计算出 Z 的观测值 z. 若 $|z| \geqslant z_{\alpha/2}$,则拒绝原假设 H_0,即认为总体均值与 μ_0 有显著差异;若 $|z| < z_{\alpha/2}$,则接受原假设 H_0,即认为总体均值与 μ_0 无显著差异,如图 8-1 所示.

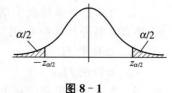

图 8-1

【例 8.3】 糖厂用自动包装机包糖,要求每袋 0.5 kg,假定该机器包装糖重量为 $X \sim N(\mu, 0.015^2)$,现从生产线上随机取 9 袋称重得 $\overline{x} = 0.509$,问该包装机生产是否正常(显著性水平为 0.05)?

解 依题意建立如下的原假设和备择假设

$$H_0: \mu = 0.5; H_1: \mu \neq 0.5.$$

由于 $\sigma_0^2 = 0.015^2$ 已知,可用 Z 检验法,它的拒绝域为

$$|z| = \left| \frac{\overline{x} - \mu_0}{\sigma/\sqrt{n}} \right| \geqslant z_{\alpha/2},$$

由 $\alpha = 0.05$,查表得 $z_{\alpha/2} = z_{0.025} = 1.96$,而 $|z| = \left| \frac{0.509 - 0.5}{0.015/\sqrt{9}} \right| = 1.8 < 1.96$,没有落入拒绝域 W 内,所以通过该样本检验,并没有足够的理由拒绝原假设 H_0,故接受原假设,即认为生产是正常的.

类似的,对单边检验的还有:

(i) 右边检验:$H_0: \mu \leqslant \mu_0; H_1: \mu > \mu_0$. 其中 μ_0 为已知常数. 可得拒绝域为

$$z = \frac{\overline{x} - \mu_0}{\sigma/\sqrt{n}} \geqslant z_\alpha;$$

(ii) 左边检验:$H_0: \mu \geqslant \mu_0; H_1: \mu < \mu_0$. 其中 μ_0 为已知常数. 可得拒绝域为

$$z = \frac{\overline{x} - \mu_0}{\sigma/\sqrt{n}} \leqslant -z_\alpha.$$

【例 8.4】 设某电子产品平均寿命 5000 h 为达到标准,现从一大批产品中抽出 12 件试验结果如下:

5059　　3897　　3631　　5050　　7474　　5077

4545　　6279　　3532　　2773　　7419　　5116

假设该产品的寿命 $X \sim N(\mu, 1400)$,问这批产品是否合格(显著性水平 $\alpha = 0.05$)?

  解 由题意建立原假设和备择假设

$$H_0: \mu \geqslant 5000; H_1: \mu < 5000.$$

此为关于参数 μ 的左边假设检验,而 $\sigma_0 = \sqrt{1400}$ 已知,因此采用 Z 检验法,拒绝域为

$$z = \frac{\overline{x} - \mu_0}{\sigma / \sqrt{n}} \leqslant -z_\alpha,$$

计算知 $\overline{x} = 4986, n = 12$. 由 $\alpha = 0.05$,得 $z_\alpha = z_{0.05} = 1.645$,则

$$z = \frac{\overline{x} - \mu_0}{\sigma_0 / \sqrt{n}} = \frac{4986 - 5000}{\sqrt{1400} / \sqrt{12}} \approx -1.296 > -z_\alpha = -1.645,$$

故可接受 H_0,即认为这批产品合格.

  2. 方差 σ^2 未知情形(t 检验法)

  由于 σ^2 未知,显然此时不能再用 Z 检验法了,但是我们注意到样本方差 S^2 是 σ^2 的无偏估计,因此我们可以用样本标准差 S 来代替 σ.

  检验假设 $H_0: \mu = \mu_0; H_1: \mu \neq \mu_0$. 其中 μ_0 为已知常数.

  由第 6 章定理 6.2 知,当 H_0 为真时,有

$$T = \frac{\overline{X} - \mu_0}{S / \sqrt{n}} \sim t(n-1),$$

故选取 T 作为检验统计量,记其观测值为 t. 相应的检验法称为 **t 检验法.**

  由于 $\overline{X}$ 是 μ 的无偏估计量,S^2 是 σ^2 的无偏估计量,当 H_0 成立时,$|t|$ 不应太大,当 H_1 成立时,$|t|$ 有偏大的趋势,故拒绝域形式为

$$|t| = \left| \frac{\overline{x} - \mu_0}{s / \sqrt{n}} \right| \geqslant k.$$

对于给定的显著性水平 α,由 $P\{|T| \geqslant t_{\alpha/2}(n-1)\} = \alpha$(见图 8-2),得拒绝域为

$$|t| = \left| \frac{\overline{x} - \mu_0}{s / \sqrt{n}} \right| \geqslant t_{\alpha/2}(n-1).$$

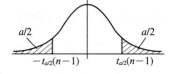

图 8-2　t 分布

  根据一次抽样后得到的样本观测值 $x_1, x_2, \cdots, x_n$ 计算出 T 的观测值 t,若 $|t| \geqslant t_{\alpha/2}(n-1)$,则拒绝原假设 H_0,即认为总体均值 μ 与 μ_0 有显著差异;若 $|t| < t_{\alpha/2}(n-1)$,则接受原假设 H_0,即认为总体均值 μ 与 μ_0 无显著差异.

  类似的,对单边检验有:

  (i) 右边检验:$H_0: \mu \leqslant \mu_0; H_1: \mu > \mu_0$. 其中 μ_0 为已知常数. 可得拒绝域为

$$t = \frac{\overline{x} - \mu_0}{s / \sqrt{n}} \geqslant t_\alpha(n-1);$$

  (ii) 左侧检验:$H_0: \mu \geqslant \mu_0; H_1: \mu < \mu_0$,其中 μ_0 为已知常数. 可得拒绝域为

$$t = \frac{\overline{x} - \mu_0}{s / \sqrt{n}} \leqslant -t_\alpha(n-1).$$

【例 8.5】 某部门对当前市场的价格情况进行调查. 以鸡蛋为例, 所抽查的全省 20 个集市上, 售价分别为(单位: 元/500 克)

3.05　3.31　3.34　3.82　3.30　3.16　3.84　3.10　3.90　3.18

3.88　3.22　3.28　3.34　3.62　3.28　3.30　3.22　3.54　3.30

一般可认为全省鸡蛋价格服从正态分布 $N(\mu, \sigma^2)$, 已知往年的平均售价一直稳定在 3.25 元/500 克左右, 在显著性水平 $\alpha = 0.05$ 下能否认为全省当前的鸡蛋售价与往年相比有显著变化?

解 由题意建立原假设和备择假设

$$H_0 : \mu = 3.25; \quad H_1 : \mu \neq 3.25.$$

由于 σ^2 未知, 因此可用 t 检验法, 即取检验统计量为

$$T = \frac{\overline{X} - \mu_0}{S/\sqrt{n}},$$

并且拒绝域为

$$|t| = \left| \frac{\overline{x} - \mu_0}{s/\sqrt{n}} \right| \geqslant t_{\frac{\alpha}{2}}(n-1)$$

根据题意可得 $n = 20, \overline{x} = 3.399, s = 0.2622$, 查表得 $t_{\frac{\alpha}{2}}(n-1) = t_{0.025}(19) = 2.0930$, 于是

$$|t| = \left| \frac{\overline{x} - \mu_0}{s/\sqrt{n}} \right| = 2.477 > t_{\frac{\alpha}{2}}(n-1) = 2.0930$$

故拒绝 H_0, 即鸡蛋的价格较往年有显著变化.

8.2.2　两个正态总体均值差的假设检验

设 $X_1, X_2, \cdots, X_n$ 为来自总体 $N(\mu_1, \sigma_1^2)$ 的样本, $Y_1, Y_2, \cdots, Y_m$ 为来自总体 $N(\mu_2, \sigma_2^2)$ 的样本, 两个总体的样本之间独立, 关于 $\mu_1 - \mu_2$ 求假设

$$H_0 : \mu_1 - \mu_2 = \mu_0; \quad H_1 : \mu_1 - \mu_2 \neq \mu_0$$

的显著性水平, 为 α 的检验.

1. 方差 σ_1^2, σ_2^2 已知情形(Z 检验法)

由第 6 章定理 6.3 知, 当 H_0 为真时, 有

$$Z = \frac{\overline{X} - \overline{Y} - \mu_0}{\sqrt{\sigma_1^2/n + \sigma_2^2/m}} \sim N(0, 1),$$

故选取 Z 作为检验统计量. 记其观测值为 z. 称相应的检验法为 **Z 检验法**.

由于 $\overline{X}$ 与 $\overline{Y}$ 是 μ_1 与 μ_2 的无偏估计量, 因此当 H_0 成立时, $|z|$ 不应太大; 当 H_1 成立时, $|z|$ 有偏大的趋势. 故拒绝域形式为

$$|z| = \left| \frac{\overline{x} - \overline{y} - \mu_0}{\sqrt{\sigma_1^2/n + \sigma_2^2/m}} \right| \geqslant k.$$

对于给定的显著性水平 α, 由

$$P\{|Z| \geqslant z_{\alpha/2}\} = \alpha,$$

得拒绝域为

$$\mid z \mid = \left| \frac{\overline{x} - \overline{y} - \mu_0}{\sqrt{\sigma_1^2/n + \sigma_2^2/m}} \right| \geqslant z_{\alpha/2}.$$

根据一次抽样后得到的样本观测值 $x_1, x_2, \cdots, x_n$ 和 $y_1, y_2, \cdots, y_m$ 计算出 Z 的观测值 z. 若 $\mid z \mid \geqslant z_{\alpha/2}$,则拒绝原假设 H_0,当 $\mu_0 = 0$ 时,即认为总体均值 μ_1 与 μ_2 有显著差异;若 $\mid z \mid < z_{\alpha/2}$,则接受原假设 H_0,当 $\mu_0 = 0$ 时即认为总体均值 μ_1 与 μ_2 无显著差异.

类似的,对单边检验有:

(i) 右边检验:$H_0: \mu_1 - \mu_2 \leqslant \mu_0$;$H_1: \mu_1 - \mu_2 > \mu_0$. 其中 μ_0 为已知常数. 得拒绝域为

$$z = \frac{\overline{x} - \overline{y} - \mu_0}{\sqrt{\sigma_1^2/n + \sigma_2^2/m}} \geqslant z_\alpha;$$

(ii) 左边检验:$H_0: \mu_1 - \mu_2 \geqslant \mu_0$;$H_1: \mu_1 - \mu_2 < \mu_0$,其中 μ_0 为已知常数,得拒绝域为

$$z = \frac{\overline{x} - \overline{y} - \mu_0}{\sqrt{\sigma_1^2/n + \sigma_2^2/m}} \leqslant - z_\alpha.$$

2. 方差 σ_1^2, σ_2^2 未知,但 $\sigma_1^2 = \sigma_2^2 = \sigma^2$

由第 6 章定理 6.3 知,当 H_0 为真时,统计量

$$T = \frac{\overline{X} - \overline{Y} - \mu_0}{S_w \sqrt{1/n + 1/m}} \sim t(n + m - 2),$$

其中 $S_w = \sqrt{\dfrac{(n-1)S_1^2 + (m-1)S_2^2}{n + m - 2}}$,$S_1^2$ 和 S_2^2 分别为总体 X 和 Y 的样本方差. 选取 T 作为检验统计量. 记其观测值为 t. 相应的检验法称为 **t 检验法.**

由于 S_w^2 也是 σ^2 的无偏估计量,因此当 H_0 成立时,$\mid t \mid$ 不应太大,当 H_1 成立时,$\mid t \mid$ 有偏大的趋势,故拒绝域形式为

$$\mid t \mid = \left| \frac{\overline{x} - \overline{y} - \mu_0}{s_w \sqrt{1/n + 1/m}} \right| \geqslant k.$$

对于给定的显著性水平 α,由

$$P\{\mid T \mid \geqslant t_{\alpha/2}(n + m - 2)\} = \alpha,$$

得拒绝域为

$$\mid t \mid = \left| \frac{\overline{x} - \overline{y} - \mu_0}{s_w \sqrt{1/n + 1/m}} \right| \geqslant t_{\alpha/2}(n + m - 2).$$

根据一次抽样后得到的样本观测值 $x_1, x_2, \cdots, x_n$ 和 $y_1, y_2, \cdots, y_m$ 计算出 T 的观测值 t,若 $\mid t \mid \geqslant t_{\alpha/2}(n + m - 2)$,则拒绝原假设 H_0,否则接受原假设 H_0.

类似的,对单边检验有:

(i) 右边检验:$H_0: \mu_1 - \mu_2 \leqslant \mu_0$;$H_1: \mu_1 - \mu_2 > \mu_0$. 其中 μ_0 为已知常数. 得拒绝域为

$$t = \frac{\overline{x} - \overline{y} - \mu_0}{s_w \sqrt{1/n + 1/m}} \geqslant t_\alpha(n + m - 2);$$

(ii) 左边检验:$H_0: \mu_1 - \mu_2 \geqslant \mu_0$;$H_1: \mu_1 - \mu_2 < \mu_0$. 其中 μ_0 为已知常数,得拒绝域为

$$t = \frac{\overline{x} - \overline{y} - \mu_0}{s_w \sqrt{1/n + 1/m}} \leqslant - t_\alpha(n_1 + n_2 - 2).$$

【例 8.6】 用两种方法测定冰自 $-0.72℃$ 转变 $0°$ 的水的融化热(以 cal/g 计),测得以下的数据:

方法 A:79.98　80.04　80.02　80.04　80.03　80.03　80.04　79.97　80.05 80.03　80.02　80.00　80.02

方法 B:80.02　79.94　79.98　79.97　79.97　80.03　79.95　78.97

设这两个样本相互独立,且分别来自正态总体 $N(\mu_1, \sigma^2)$,$N(\mu_2, \sigma^2)$,μ_1, μ_2, σ^2 均未知. 试检验假设 $H_0: \mu_1 - \mu_2 \leqslant 0$;$H_1: \mu_1 - \mu_2 > 0$.(显著性水平 α 取 0.05)

解 因为 $n_1 = 13$,$\overline{x}_A = 80.02$,$s_A^2 = 0.024^2$,$m = 8$,$\overline{x}_B = 79.86$,$s_B^2 = 0.03^2$,$s_w^2 = 0.0007178$.

$$t = \frac{\overline{x}_A - \overline{x}_B}{s_w \sqrt{1/n + 1/m}} = 3.33 > t_{0.05}(13+8-2) = 1.7291.$$

故拒绝 H_0,认为方法 A 比方法 B 测得的融化热要大.

练习 8.2　封面扫码查看参考答案 🔍

---

1. $X \sim N(\mu, \sigma^2)$,σ^2 未知,假设检验问题 $H_0: \mu \geqslant \mu_0$;$H_1: \mu < \mu_0$ 的拒绝域为　　　　( )

　A. $t \leqslant -t_\alpha$ 　　　　　B. $t \geqslant -t_\alpha$ 　　　　　C. $|t| \leqslant t_\alpha$ 　　　　　D. $t \geqslant -t_{\alpha/2}$

2. 设某种药品中有效成分的含量服从正态分布 $N(\mu, \sigma^2)$,原工艺生产的产品中有效成分的平均含量为 μ_0,现在检验新工艺是否真的提高了有效成分的含量,要求当新工艺没有提高有效成分的含量时,误认为新工艺提高了有效成分的含量的概率不超过 5%,那么应取原假设 H_0 及检验显著性水平 α 是　　　　　　　　　　　　( )

　A. $H_0: \mu \leqslant \mu_0$,$\alpha = 0.01$ 　　　　　　　B. $H_0: \mu \geqslant \mu_0$,$\alpha = 0.05$

　C. $H_0: \mu \leqslant \mu_0$,$\alpha = 0.05$ 　　　　　　　D. $H_0: \mu \geqslant \mu_0$,$\alpha = 0.01$

3. 对正态总体 $N(\mu, \sigma^2)$ 的假设检验问题(σ^2 未知),$H_0: \mu \geqslant \mu_0 = 1$,若显著性水平 α 取 0.05,则当_____成立时,拒绝 H_0.

　A. $|\overline{x} - 1| > z_{0.05}$ 　　　　　　　　　　B. $\overline{x} < 1 + t_{0.05}(n-1) \dfrac{s}{\sqrt{n}}$

　C. $|\overline{x} - 1| > t_{0.025}$ 　　　　　　　　　　D. $\overline{x} < 1 - t_{0.05}(n-1) \dfrac{s}{\sqrt{n}}$

4. 总体 $X_1 \sim N(\mu_1, \sigma_1^2)$,$X_2 \sim N(\mu_2, \sigma_2^2)$,其中 σ_1^2 和 σ_2^2 已知,假设检验问题 $H_0: \mu_1 \geqslant \mu_2$;$H_1: \mu_1 < \mu_2$ 的拒绝域为　　　　　　　　　　　　　( )

　A. $z \leqslant z_\alpha$ 　　　　　B. $z \geqslant -z_\alpha$ 　　　　　C. $z \leqslant -z_\alpha$ 　　　　　D. $z \geqslant z_\alpha$

5. 设 $X_1, X_2, \cdots, X_n$ 是取自正态总体 $N(\mu, \sigma^2)$ 的样本,若 σ^2 已知,要检验 $H_0: \mu = \mu_0$;$H_1: \mu \neq \mu_0$(μ_0 为已知常数),用_____检验法,检验的统计量是_____,当 H_0 成立时,该检验统计量服从_____分布.

6. 设 $X_1, X_2, X_3, \cdots, X_n$ 是取自正态总体 $N(\mu, \sigma^2)$ 的样本,记 $\overline{x} = \dfrac{1}{n} \sum_{i=1}^{n} X_i$,$M^2 = \sum_{i=1}^{n} (X_i - \overline{x})^2$. 当 μ 和 σ^2 未知时,则检验假设 $H_0: \mu = \mu_0 = 0$;$H_1: \mu \neq \mu_0$. 所用的统计量是

_____,其拒绝域为_____.

7. 设两正态总体 $X \sim N(\mu_1, \sigma_1^2)$，$Y \sim N(\mu_2, \sigma_2^2)$，分别从两总体 X, Y 抽取容量分别为 η_1 和 η_2 的两个独立样本 $X_1, X_2, \cdots, X_n$ 和 $Y_1, Y_2, \cdots, Y_m$，则：

(1) 如果 σ_1 和 σ_2 已知，要检验假设 $H_0: \mu_1 \geqslant \mu_2$，应取统计量_____，其拒绝域为_____.

(2) 如果 σ_1 和 σ_2 未知，但 $\sigma_1 = \sigma_2$，则检验假设 $H_0: \mu_1 \geqslant \mu_2$，应选统计量为_____，其拒绝域为_____.

8. 某种钢筋的强度依赖于其中的 C，Si 和 Mn 的含量. 今炼了 6 炉钢，其中含 C：0.15%；含 Si：0.40%；含 Mn：1.20%. 这 6 炉钢生产出的钢筋的强度（kg/mm³）分别是：48.5，49.0，53.5，49.5，56.0，52.5. 根据长期资料分析，钢筋强度服从正态分布. 问：按上述配方生产出来的钢筋可否认为其强度的均值为 52.0？（显著性水平 α 取 0.05）

9. 一个汽车轮胎制造商声称，他所生产的轮胎平均寿命在一定的汽车重量和正常行驶条件下大于 40000 km，对一个由 15 个轮胎组成的随机样本做了试验，得到了平均值和标准差分别为 42000 km 和 3000 km. 假定轮胎寿命的公里数近似服从正态分布，我们能否从这些数据作出结论，该制造商的声称是可信的.（显著性水平 α 取 0.05）

10. 某市调查职工平均每天用于家务劳动的时间. 该市统计局主持这项调查的人以为职工用于家务劳动的时间不超过 2 h. 随机抽取 400 名职工进行调查的结果为：$\overline{x} = 1.8$ h，$s^2 = 1.44$. 假定家务劳动时间服从正态分布，问：调查结果是否支持调查主持人的看法，$\alpha = 0.05$？

11. 设甲、乙两煤矿产出的煤的含碳率分别服从 $N(\mu_1, 7.5)$ 和 $N(\mu_2, 2.6)$，现从两矿中各抽取样本分析其含碳率（%）如下：

甲矿：24.3，20.8，23.7，21.3，17.4；

乙矿：18.2，16.9，20.2，19.7.

问：甲、乙两矿所采煤的含碳率的期望值 μ_1 和 μ_2 有无显著性差异（$\alpha = 0.1$）？

12. 假设有 A，B 两种药，试验者欲比较它们在服用 2 h 后血液中的含量是否有差异. 对药品 A，随机抽取 8 个病人，测得他们服用 2 h 后血液中药的浓度为

$$1.23, \ 1.42, \ 1.41, \ 1.62, \ 1.55, \ 1.51, \ 1.60, \ 1.76,$$

对药品 B，随机抽取 6 个病人，测得他们服用 2 h 后血液中药的浓度为

$$1.76, \ 1.41, \ 1.87, \ 1.49, \ 1.67, \ 1.81,$$

假定这两组观察值抽自具有相同方差的正态总体，试在 $\alpha = 0.1$ 的显著性水平下，检验病人血液中这两种药的浓度是否显著不同？

§8.3 正态总体方差的假设检验

8.3.1 单个正态总体方差的假设检验

设总体 $X \sim N(\mu, \sigma^2)$，$X_1, X_2, \cdots, X_n$ 是取自 X 的一个样本，$\overline{X}$ 与 S^2 分别为样本均值与样本方差. 由于 S^2 是参数 σ^2 的无偏估计，因此对于 σ^2 的假设检验，我们从 S^2 着手研究.

由于在实际应用中,绝大部分参数 μ 都是未知的,因此我们这里仅仅讨论参数 μ 未知时,对 σ^2 进行检验.

检验假设 $H_0: \sigma^2 = \sigma_0^2$; $H_1: \sigma^2 \neq \sigma_0^2$. 其中 σ_0 为已知常数.

由于 S^2 是 σ^2 的无偏估计量,因此当 H_0 成立时,S^2 应在 σ_0^2 附近,当 H_1 成立时,S^2 有偏小或偏大的趋势,又由第 6 章定理 6.1 知,当 H_0 为真时,有

$$\chi^2 = \frac{n-1}{\sigma_0^2} S^2 \sim \chi^2(n-1),$$

故选取 χ^2 作为检验统计量. 相应的检验法称为 χ^2 检验法,并且拒绝域形式为

$$\chi^2 = \frac{n-1}{\sigma_0^2} s^2 \leqslant k_1 \text{ 或 } \chi^2 = \frac{n-1}{\sigma_0^2} s^2 \geqslant k_2.$$

对于给定的显著性水平 α,有

$$P\{\{\chi^2 \leqslant \chi_{1-\alpha/2}^2(n-1)\} \bigcup \{\chi^2 \geqslant \chi_{\alpha/2}^2(n-1)\}\} = \alpha.$$

由此得拒绝域为

$$\chi^2 = \frac{n-1}{\sigma_0^2} s^2 \leqslant \chi_{1-\alpha/2}^2(n-1) \text{ 或 } \chi^2 = \frac{n-1}{\sigma_0^2} s^2 \geqslant \chi_{\alpha/2}^2(n-1). \tag{8-9}$$

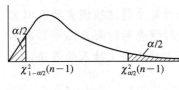

图 8-3

根据一次抽样后得到的样本观测值 $x_1, x_2, \cdots, x_n$ 计算出 χ^2 的观测值 χ^2,若 $\chi^2 \leqslant \chi_{1-\alpha/2}^2(n-1)$ 或 $\chi^2 \geqslant \chi_{\alpha/2}^2(n-1)$,则拒绝原假设 H_0,即认为总体方差与 σ_0^2 有显著差异;反之,则接受原假设 H_0,即认为总体方差与 σ_0^2 无显著差异,如图 8-3 所示.

【例 8.7】 根据长期资料的积累,某维尼龙厂生产的维尼龙的纤度服从正态分布,它的方差为 0.048^2. 某日随机地抽取 5 根纤维测得其纤度为 1.32,1.55,1.36,1.40,1.44,问该日生产的维尼龙纤度的方差有无显著变化?($\alpha = 0.1$)

解 由题意建立原假设和备择假设

$$H_0: \sigma^2 = 0.048^2; H_1: \sigma^2 \neq 0.048^2.$$

这里采用 χ^2 检验法,拒绝域为

$$\chi^2 = \frac{n-1}{\sigma_0^2} s^2 \leqslant \chi_{1-\alpha/2}^2(n-1) \text{ 或 } \chi^2 = \frac{n-1}{\sigma_0^2} s^2 \geqslant \chi_{\alpha/2}^2(n-1).$$

直接计算可得 $s^2 = 0.00778$,$n = 5$,则

$$\chi^2 = \frac{(n-1)s^2}{\sigma_0^2} = \frac{4 \times 0.00778}{0.048^2} = 13.507,$$

对于 $\alpha = 0.1$,查附表 5 χ^2 分布表,可得

$$\chi_{1-\alpha/2}^2(4) = 0.711, \chi_{\alpha/2}^2(4) = 9.488.$$

因为 $\chi^2 = 13.507 > 9.488$,因此拒绝 H_0,即认为该日生产的维尼龙纤度的方差与往日的方差 0.048^2 有显著差异.

类似的,对单边检验有:

(i) 左边检验:$H_0: \sigma^2 \geqslant \sigma_0^2$;$H_1: \sigma^2 < \sigma_0^2$. 其中 σ_0 为已知常数. 可得拒绝域为

$$\chi^2 = \frac{n-1}{\sigma_0^2} s^2 \leqslant \chi_{1-\alpha}^2(n-1);$$

(ii) 右边检验：$H_0:\sigma^2\leqslant\sigma_0^2;H_1:\sigma^2>\sigma_0^2$. 其中 σ_0 为已知常数. 可得拒绝域为

$$\chi^2=\frac{n-1}{\sigma_0^2}s^2\geqslant\chi_\alpha^2(n-1).$$

【例 8.8】 某车间生产的铜丝,其质量一向比较稳定,今从中任意抽取 10 根检查其折断力,得数据如下(单位:kg):

$$578\quad572\quad570\quad568\quad572\quad570\quad570\quad572\quad596\quad584.$$

问:可否相信该车间生产的铜丝折断力的方差不大于 70? ($\alpha=0.05$)

解 由题意建立原假设和备择假设

$$H_0:\sigma^2\leqslant70;H_1:\sigma^2>70.$$

这里采用 χ^2 检验法,拒绝域为

$$\chi^2=\frac{n-1}{\sigma_0^2}s^2\geqslant\chi_\alpha^2(n-1).$$

已知 $n=10,\sigma_0^2=70$,经计算得 $s^2=68.16$,则

$$\chi^2=\frac{(n-1)s^2}{\sigma_0^2}=\frac{9\times68.16}{70}=8.76.$$

对于 $\alpha=0.05$,查附表 5 χ^2 分布表,可得 $\chi_\alpha^2(9)=16.9$.

因为 $\chi^2=8.76<\chi_\alpha^2(9)=16.9$,所以接受 H_0,即认为该车间生产的铜丝折断力的方差不大于 70.

8.3.2 两个正态总体方差的假设检验

设 $X_1,X_2,\cdots,X_n$ 为取自总体 $N(\mu_1,\sigma_1^2)$ 的一个样本,$Y_1,Y_2,\cdots,Y_m$ 为取自总体 $N(\mu_2,\sigma_2^2)$ 的一个样本,并且两个样本相互独立,记 $\overline{X}$ 与 $\overline{Y}$ 分别为相应的样本均值,S_1^2 与 S_2^2 分别为相应的样本方差.

检验假设

$$H_0:\sigma_1^2=\sigma_2^2;H_1:\sigma_1^2\neq\sigma_2^2.$$

由第 6 章定理 6.3 知,当 H_0 为真时,有

$$F=S_1^2/S_2^2\sim F(n-1,m-1),$$

故选取 F 作为检验统计量. 相应的检验法称为 **F 检验法**.

由于 S_1^2 与 S_2^2 是 σ_1^2 与 σ_2^2 的无偏估计量,当 H_0 成立时,F 的取值应集中在 1 的附近. 当 H_1 成立时,F 的取值有偏小或偏大的趋势,故拒绝域形式为

$$F\leqslant k_1 \text{ 或 } F\geqslant k_2.$$

对于给定的显著性水平 α,得

$$k_1=F_{1-\alpha/2}(n-1,m-1),k_2=F_{\alpha/2}(n-1,m-1),$$

使

$$P\{F\leqslant F_{1-\alpha/2}(n-1,m-1) \text{ 或 } F\geqslant F_{\alpha/2}(n-1,m-1)\}=\alpha,$$

由此即得拒绝域为

$$F\leqslant F_{1-\alpha/2}(n-1,m-1) \text{ 或 } F\geqslant F_{\alpha/2}(n-1,m-1). \tag{8-10}$$

根据一次抽样后得到的样本观测值 $x_1,x_2,\cdots,x_n$ 和 $y_1,y_2,\cdots,y_m$ 计算出 F 的观测值,

若(8-10)式成立,则拒绝原假设 H_0,否则接受原假设 H_0.

类似的,对单边检验有:

(i) 检验假设 $H_0 : \sigma_1^2 \leqslant \sigma_2^2 ; H_1 : \sigma_1^2 > \sigma_2^2$. 得拒绝域为

$$F \geqslant F_\alpha(n-1, m-1);$$

(ii) 检验假设 $H_0 : \sigma_1^2 \geqslant \sigma_2^2 ; H_1 : \sigma_1^2 < \sigma_2^2$. 得拒绝域为

$$F \leqslant F_{1-\alpha}(n-1, m-1).$$

【例 8.9】 一台机床大修前曾加工一批零件,共 $n_1 = 10$(件),加工尺寸的样本方差为 $s_1^2 = 2500(\mu m^2)$. 大修后加工一批零件,共 $n_2 = 12$(件),加工尺寸的样本方差为 $s_2^2 = 400(\mu m^2)$. 问此机床大修后,精度有明显提高的最小显著性水平大致有多大?

解 对此实际问题,可设加工尺寸服从正态分布,即机床大修前后加工尺寸分别服从 $N(\mu_1, \sigma_1^2)$ 和 $N(\mu_2, \sigma_2^2)$. 于是由题意建立原假设和备择假设为

$$H_0 : \sigma_1^2 \leqslant \sigma_2^2 ; H_1 : \sigma_1^2 > \sigma_2^2.$$

用 F 检验法,知

$$F = \frac{s_1^2}{s_2^2} = \frac{2500}{400} = 6.25.$$

拒绝域为 $\{F \geqslant F_\alpha(9, 11)\}$,查表得:

当 $\alpha = 0.005$ 时,$F_\alpha(9, 11) = 5.54 < 6.25$;

当 $\alpha = 0.001$ 时,$F_\alpha(9, 11) = 8.12 > 6.25$.

由此可知,在否定 H_0 的前提下,最小显著性水平在 0.001 到 0.005 之间.

正态总体均值和方差的假设检验归纳见表 8-1.

表 8-1

	原假设 H_0	备择假设 H_1	检验统计量	拒绝域
Z 检验 (σ^2 已知)	$\mu = \mu_0$	$\mu \neq \mu_0$	$Z = \dfrac{\overline{X} - \mu_0}{\sigma/\sqrt{n}}$	$|z| \geqslant z_{\alpha/2}$
	$\mu \leqslant \mu_0$	$\mu > \mu_0$		$z \geqslant z_\alpha$
	$\mu \geqslant \mu_0$	$\mu < \mu_0$		$z \leqslant -z_\alpha$
t 检验 (σ^2 未知)	$\mu = \mu_0$	$\mu \neq \mu_0$	$T = \dfrac{\overline{X} - \mu_0}{S/\sqrt{n}}$	$|t| \geqslant t_{\alpha/2}(n-1)$
	$\mu \leqslant \mu_0$	$\mu > \mu_0$		$t \geqslant t_\alpha(n-1)$
	$\mu \geqslant \mu_0$	$\mu < \mu_0$		$t \leqslant -t_\alpha(n-1)$
Z 检验 (σ_1^2, σ_2^2 已知)	$\mu_1 - \mu_2 = \mu_0$	$\mu_1 - \mu_2 \neq \mu_0$	$Z = \dfrac{\overline{X} - \overline{Y} - \mu_0}{\sqrt{\dfrac{\sigma_1^2}{n} + \dfrac{\sigma_2^2}{m}}}$	$|z| \geqslant z_{\alpha/2}$
	$\mu_1 - \mu_2 \leqslant \mu_0$	$\mu_1 - \mu_2 > \mu_0$		$z \geqslant z_\alpha$
	$\mu_1 - \mu_2 \geqslant \mu_0$	$\mu_1 - \mu_2 < \mu_0$		$z \leqslant -z_\alpha$
t 检验 ($\sigma_1^2 = \sigma_2^2 = \sigma^2$ 未知)	$\mu_1 - \mu_2 = \mu_0$	$\mu_1 - \mu_2 \neq \mu_0$	$T = \dfrac{\overline{X} - \overline{Y} - \mu_0}{S_w \sqrt{\dfrac{1}{n} + \dfrac{1}{m}}}$	$|t| \geqslant t_{\alpha/2}(n+m-2)$
	$\mu_1 - \mu_2 \leqslant \mu_0$	$\mu_1 - \mu_2 > \mu_0$		$t \geqslant t_\alpha(n+m-2)$
	$\mu_1 - \mu_2 \geqslant \mu_0$	$\mu_1 - \mu_2 < \mu_0$		$t \leqslant -t_\alpha(n+m-2)$

续 表

	原假设 H_0	备择假设 H_1	检验统计量	拒绝域
χ^2 检验 (μ 未知)	$\sigma^2 = \sigma_0^2$	$\sigma^2 \neq \sigma_0^2$	$\chi^2 = \dfrac{(n-1)S^2}{\sigma_0^2}$	$\chi^2 \geqslant \chi_{\alpha/2}^2(n-1)$ 或 $\chi^2 \leqslant \chi_{1-\alpha/2}^2(n-1)$
	$\sigma^2 \leqslant \sigma_0^2$	$\sigma^2 > \sigma_0^2$		$\chi^2 \geqslant \chi_\alpha^2(n-1)$
	$\sigma^2 \geqslant \sigma_0^2$	$\sigma^2 < \sigma_0^2$		$\chi^2 \leqslant \chi_{1-\alpha}^2(n-1)$
F 检验 (μ_1, μ_2 未知)	$\sigma_1^2 = \sigma_2^2$	$\sigma_1^2 \neq \sigma_2^2$	$F = \dfrac{S_1^2}{S_2^2}$	$F \geqslant F_{\alpha/2}(n-1, m-1)$ 或 $F \leqslant F_{1-\alpha/2}(n-1, m-1)$
	$\sigma_1^2 \leqslant \sigma_2^2$	$\sigma_1^2 > \sigma_2^2$		$F \geqslant F_\alpha(n-1, m-1)$
	$\sigma_1^2 \geqslant \sigma_2^2$	$\sigma_1^2 < \sigma_2^2$		$F \leqslant F_{1-\alpha}(n-1, m-1)$

练习 8.3 封面扫码查看参考答案

1. 机床厂某日从两台机器所加工的同一种零件中,分别抽取 $n_1 = 20, n_2 = 25$ 的两个样本,检验两台机床的加工精度是否相同,则提出假设 (　　)

A. $H_0: \mu_1 = \mu_2; H_1: \mu_1 \neq \mu_2$ 　　　　　B. $H_0: \sigma_1^2 = \sigma_2^2; H_1: \sigma_1^2 \neq \sigma_2^2$

C. $H_0: \mu_1 \leqslant \mu_2; H_1: \mu_1 > \mu_2$ 　　　　　D. $H_0: \sigma_1^2 \leqslant \sigma_2^2; H_1: \sigma_1^2 > \sigma_2^2$

2. 自动包装机包装的盐每袋重量服从正态分布,规定每袋重量的方差不超过 σ_0^2,为了检查自动包装机的工作是否正常,对它生产的产品进行抽样检验,检验假设为 $H_0: \sigma^2 = \sigma_0^2$; $H_1: \sigma^2 \neq \sigma_0^2, \alpha = 0.05$,则下列命题中正确的是 (　　)

A. 如果生产正常,则检验结果也认为正常的概率为 0.95

B. 如果生产不正常,则检验结果也认为生产不正常的概率为 0.95

C. 如果检验的结果认为生产正常,则生产确实正常的概率等于 0.95

D. 如果检验的结果认为生产不正常,则生产确实不正常的概率等于 0.95

3. 设总体 $X \sim N(\mu_1, \sigma_1^2), Y \sim N(\mu_2, \sigma_2^2)$. 检验假设 $H_0: \sigma_1^2 = \sigma_2^2; H_1: \sigma_1^2 \neq \sigma_2^2, \alpha = 0.10$. 从 X 中抽取容量为 $n_1 = 12$ 的样本,从 Y 中抽取 $n_2 = 10$ 的样本,算得 $s_1^2 = 118.4, s_2^2 = 31.93$,正确的检验方法和结论是 (　　)

A. 用 t 检验法,临界值 $t_{0.05}(20) = 1.72$,拒绝 H_0

B. 用 F 检验法,临界值 $F_{0.05}(11, 9) = 3.10, F_{0.95}(11, 9) = 0.34$,拒绝 H_0

C. 用 F 检验法,临界值 $F_{0.01}(11, 9) = 5.18, F_{0.99}(11, 9) = 0.21$,拒绝 H_0

D. 用 F 检验法,临界值 $F_{0.95}(11, 9) = 0.34, F_{0.05}(11, 9) = 3.10$,接受 H_0

4. 设总体 $X \sim N(\mu, \sigma^2)$,使用 χ^2 检验法,且给定显著性水平 α. 若拒绝域为 $(0, \chi_{1-\frac{\alpha}{2}}^2(n-1)] \bigcup [\chi_{\frac{\alpha}{2}}^2(n-1), +\infty)$,则相应的假设检验 H_0:_____; H_1:_____. 若拒绝域为 $(\chi_\alpha^2(n-1), +\infty)$,则相应的假设检验 H_0:_____; H_1:_____.

5. 设两正态总体 $X \sim N(\mu_1, \sigma_1^2), Y \sim N(\mu_2, \sigma_2^2)$,分别从两总体 X, Y 抽取容量分别为 n 和 m 的两个独立样本 $X_1, X_2, \cdots, X_n$ 和 $Y_1, Y_2, \cdots, Y_m$; 若 μ_1, μ_2 未知,检验假设 $H_0: \sigma_1^2 = \sigma_2^2$; $H_1: \sigma_1^2 \neq \sigma_2^2$,则应由样本值计算统计量_____的值,统计量服从_____分布,将其值与分

布临界值_____和_____作比较,作出判断,当其值属于_____范围时接受 H_0.

6. F 检验法可用于检验两个相互独立的正态总体的_____是否有显著性差异.

7. 一自动车床加工零件的长度服从正态分布 $N(\mu,\sigma^2)$,原来加工精度 $\sigma_0^2=0.18$,经过一段时间生产后,抽取这车床所加工的 $n=31$ 个零件,测得数据见表.

长度 x_i	10.1	10.3	10.6	11.2	11.5	11.8	12.0
频数 n_i	1	3	7	10	6	3	1

问:这一车床是否保持原来的加工精度?

8. 如果一矩形的宽度 w 与长度 l 的比 $\dfrac{w}{l}=\dfrac{1}{2}(\sqrt{5}-1)\approx0.618$,这样的矩形称为黄金矩形.这种尺寸的矩形使人看上去有良好的感觉.现代的建筑构件(如窗架)、工艺品(如图片镜框),甚至司机的执照、商业的信用卡等常常都是采用黄金矩形.下面列出某工艺品工厂随机取的 20 个矩形的宽度与长度的比值:

0.693　0.749　0.654　0.670　0.662　0.672　0.615　0.606　0.690　0.628

0.668　0.611　0.606　0.609　0.601　0.553　0.570　0.844　0.576　0.933

设这一工厂生产的矩形的宽度与长度的比值总体服从正态分布,其均值为 μ,方差为 σ^2,且 μ,σ^2 均未知.试检验假设(取 $\alpha=0.05$)

$$H_0:\sigma^2=0.11^2;\ H_1:\sigma^2\neq0.11^2.$$

9. 为研究正常成年男女血液中红细胞的平均数之差别,检查某地正常成年男子 36 名,正常成年女子 25 名,计算得男性红细胞平均数为 $4.6513\times10^6/\text{mm}^3$,标准差为 $5.480\times10^5/\text{mm}^3$;女性红细胞平均数为 $4.2216\times10^6/\text{mm}^3$,标准差为 $4.920\times10^5/\text{mm}^3$.由经验可假定男女血液中红细胞数均服从正态分布.在 $\alpha=0.02$ 下,检验该地正常成年人的红细胞数是否与性别有关.

§8.4　分布的拟合优度检验

在前面讨论的检验问题中,我们总是假定总体分布的形式是已知的.例如,我们总是假定 $X_1,X_2,\cdots,X_n$ 是来自正态总体 $X\sim N(\mu,\sigma^2)$ 的样本,然后对未知均值或方差的假设进行检验.然而在许多场合,事先并不知道总体分布的类型,这时首先需要依据样本对总体分布的假设进行检验.

【引例】 从 1500 年到 1931 年的 432 年间,每年爆发战争的次数可以看作是一个随机变量,据统计这 432 年间共爆发了 299 次战争,具体数据见表 8-2.

表 8-2

战争次数 X	发生 X 次战争的年数
0	223
1	142

续 表

战争次数 X	发生 X 次战争的年数
2	48
3	15
4	4

根据所学知识和经验,每年爆发战争的次数 X,可以用一个泊松随机变量来近似描述,即可以假设每年爆发战争次数 X 近似服从泊松分布. 于是问题归结为:如何利用上述数据检验 X 服从泊松分布的假设. 本节讨论的拟合优度检验就是为这一目的而设计的.

8.4.1 分布函数的拟合优度检验

设 $X_1,X_2,\cdots,X_n$ 是来自总体 X 的随机样本,但我们并不知道 X 的分布是什么,现欲检验假设:

$$H_0:X \text{ 的分布函数为 } F(x); H_1:X \text{ 的分布函数不是 } F(x).$$

这里的 $F(x)$ 是一已知的分布函数. 如果 $F(x)$ 中带有未知参数 $\theta=(\theta_1,\theta_2,\cdots,\theta_k)'$,则记为 $F(x;\theta)$.

拟合优度检验的思想和处理步骤:

第一步:划分区间.

将总体 X 的取值范围分成 r 个互不相交的小区间,记为 $A_1,A_2,\cdots,A_r$,如可取为

$$(a_0,a_1],(a_1,a_2],\cdots,(a_{r-2},a_{r-1}],(a_{r-1},a_r),$$

其中 a_0 可取 $-\infty$,a_r 可取 $+\infty$;区间的划分视具体情况而定,使每个小区间所含样本值个数不小于 5,而区间个数 r 不要太大也不要太小.

第二步:计算各区间上的理论频数.

如果原假设为真,即总体 X 的分布函数为 $F(x;\theta)$,从而 $X_i(i=1,2,\cdots,n)$ 落入区间 A_i 的概率为

$$p_i(\theta) = F(a_i;\theta) - F(a_{i-1};\theta), i = 1,2,\cdots,r. \tag{8-11}$$

由于样本容量为 n,因此样本中落入区间 A_i 的个数为 $np_i(\theta)$,这里的 $np_i(\theta)$ 称为理论频数. 如果 θ 是未知的,可用 θ 的最大似然估计 $\hat{\theta}$ 代入(8-11)式,得到 $p_i(\hat{\theta})$,这时的理论频数为 $np_i(\hat{\theta})$.

第三步:计算各区间上的实际频数.

设 $X_1,X_2,\cdots,X_n$ 中落入区间 A_i 的个数为 f_i,称 f_i 为组频数,所有组频数之和 $f_1+f_2+f_3+\cdots+f_r$ 等于样本容量 n.

第四步:计算检验统计量.

作出度量抽样结果与原假设差异的统计量为

$$\chi^2 = \sum_{i=1}^{r} \frac{[f_i - np_i(\hat{\theta})]^2}{np_i(\hat{\theta})}. \tag{8-12}$$

由于 $np_i(\hat{\theta})$ 是从分布函数 $F(x;\theta)$ 计算出来的区间 A_i 上的理论频数,而 f_i 是样本中

落入 A_i 的实际频数,它们差异的大小度量了样本与分布 $F(x;\theta)$ 的拟合程度.统计量 χ^2 称为皮尔逊拟合优度 χ^2 统计量.

由于

$$\chi^2 = \sum_{i=1}^{r} np_i(\hat{\theta}) \cdot \left[\frac{f_i - np_i(\hat{\theta})}{np_i(\hat{\theta})}\right]^2,$$

因此可将 χ^2 看成是实际频数与理论频数的相对偏差的加权平方和,而使用 $np_i(\hat{\theta})$ 作为权的主要目的是使 H_0 为真时,当 n 充分大时,统计量 χ^2 的近似分布比较简单.事实上可以证明:若 H_0 为真,则当 $n \rightarrow \infty$ 时,统计量 χ^2 的分布收敛到自由度为 $(r-k-1)$ 的 χ^2 分布.

第五步:借助样本进行判决.

如果(8-12)式的统计量 χ^2 的观测值比较小,说明拟合较好,接受 H_0;反之,说明拟合不好,即 X 的分布函数不是 $F(x)$,从而拒绝 H_0.对于给定的显著性水平 α,查自由度为 $(r-k-1)$ 的 χ^2 分布表,$\chi_\alpha^2(r-k-1)$ 满足

$$P\{\chi^2 \geqslant \chi_\alpha^2(r-k-1)\} = \alpha.$$

根据样本观测值算出皮尔逊统计量 χ^2 的观测值 c.当 $c \geqslant \chi_\alpha^2(r-k-1)$ 时,拒绝 H_0,否则接受 H_0.

在运用皮尔逊统计量 χ^2 作检验时,使用的是统计量(8-12)式的极限分布,所以在应用时要求 n 较大,并且在划分时,应该使各个 $np_i(\hat{\theta})$ 都不太小,这样才会使极限分布有较好的近似.通常认为 n 应不小于 50,并且每个 $np_i(\hat{\theta})$ 都不小于 5.如果 $(-\infty, +\infty)$ 的初始划分不满足后一个条件,则需将相邻区间合并,以满足这一要求.

【例 8.10】 某灯泡厂生产 220 V,25 W 的灯泡,现抽查 120 个灯泡测量其光通量,样本观测值的频数分布见表 8-3.

表 8-3

光通量区间	$(-\infty, 198.5)$	$[198.5, 201.5)$	$[201.5, 204.5)$	$[204.5, 207.5)$	$(207.5, 210.5)$
频数	6	7	14	20	23

光通量区间	$[210.5, 213.5)$	$[213.5, 216.5)$	$[216.5, 219.5)$	$[219.5, +\infty)$	—
频数	22	14	8	6	—

且 $\bar{x} = 209$,$s = 6.5$,问:灯泡的光通量是否服从正态分布($\alpha = 0.05$)?

解 记 X 为灯泡的光通量,欲检验假设:

$$H_0: X \sim N(\mu, \sigma^2) \ (\mu, \sigma^2 \ 未知); H_1: X \ 不服从正态分布.$$

由于参数 μ 和 σ 未知,分别用它们的最大似然估计 $\hat{\mu} = \overline{X}$,$\hat{\sigma}^2 = S^2$ 来代替,$\hat{\mu} = 209$,$\hat{\sigma}^2 = 6.5^2$.当 H_0 为真时,对于服从 $N(209, 6.5^2)$ 的随机变量 X,计算它落入表 8-3 中每个区间上的概率 $p_i(\hat{\theta})$.例如:

$$p_1(\hat{\theta}) = P(X < 198.5) = \Phi\left(\frac{198.5 - 209}{6.5}\right) = 0.0526,$$

$$p_2(\hat{\theta}) = P(198.5 \leqslant X < 201.5)$$

$$= \Phi\left(\frac{201.5-209}{6.5}\right) - \Phi\left(\frac{198.5-209}{6.5}\right) = 0.0725,$$

等等. 并且计算 χ^2 统计量的值

$$c = \sum_{i=1}^{9} \frac{[n_i - np_i(\hat{\theta})]^2}{np_i(\hat{\theta})} = 0.785,$$

由于 $r=9, k=2$，所以 χ^2 统计量的自由度为 $9-2-1=6$，对于 $\alpha=0.05$，查附表 5 χ^2 分布表，得 $\chi_\alpha^2(r-k-1) = \chi_{0.05}^2(6) = 12.592$. 因为 $c=0.785 < 12.592 = \chi_\alpha^2(r-k-1)$，故接受 H_0，即认为该种灯泡的光通量服从正态分布.

【例 8.11】 在一次豌豆杂交的试验中，孟德尔同时考虑豌豆的颜色和形状，一共有四种组合：(黄，圆)、(黄，非圆)、(绿，圆)、(绿，非圆)，分别记为 A，B，C 和 D. 按照孟德尔的遗传学说，这四类比例应为 $9:3:3:1$. 在试验中，他发现这四类观测到的数目分别为 111，30，33 和 15，试在 $\alpha=0.05$ 下，检验这个结果与孟德尔的遗传学说是否一致？

解 按照孟德尔的遗传学说，杂交结果为 A，B，C，D 的概率分别为 $\frac{9}{16}, \frac{3}{16}, \frac{3}{16}, \frac{1}{16}$. 定义随机变量

$$X = \begin{cases} 1, & \text{杂交结果为 A}, \\ 2, & \text{杂交结果为 B}, \\ 3, & \text{杂交结果为 C}, \\ 4, & \text{杂交结果为 D}. \end{cases}$$

记 $p_1 = P(X=1)$，$p_2 = P(X=2)$，$p_3 = P(X=3)$，$p_4 = P(X=4)$，我们要检验假设

$$H_0: p_1 = \frac{9}{16}, p_2 = \frac{3}{16}, p_3 = \frac{3}{16}, p_4 = \frac{1}{16}.$$

将 $(-\infty, +\infty)$ 划分成四个区间：$I_1 = (-\infty, 1.5]$，$I_2 = (1.5, 2.5]$，$I_3 = (2.5, 3.5]$，$I_4 = (3.5, +\infty)$，计算各区间上的理论频数，并求 χ^2 统计量的观察值，计算结果列于表 8-4.

表 8-4

杂交结果	n_i	p_i	np_i	$\frac{(n_i - np_i)^2}{np_i}$
A	111	9/16	106.3	0.174
B	30	3/16	35.4	0.824
C	33	3/16	35.4	0.231
D	15	1/16	11.8	0.868
合 计	189	1	188.9	$c=3.097$

对于 $\alpha=0.05$，查附表 5 χ^2 分布表，可得临界值 $\chi_\alpha^2(3) = \chi_{0.05}^2(3) = 7.815$.

由于 $c=3.097 < 7.815 = \chi_\alpha^2(3)$，故接受 H_0，即认为试验结果与孟德尔的遗传学说一致.

8.4.2 列联表数据的独立性检验

本段是上面所述的皮尔逊拟合优度检验的一个应用. 设总体的诸个体均可以按两种不

同的因素或标志来分类. 现从总体中抽取容量为 n 的样本, 我们希望利用样本来检验这两种因素是否相互独立. 例如, 某市调查了 520 名中老年脑力劳动者, 其中有 136 人有高血压史, 其余 384 人无高血压史, 在有高血压史的 136 人中经诊断为冠心病者有 48 人, 在无高血压史的 384 人中, 经诊断为冠心病者有 36 人, 将这些数据列于表 8-5 中.

表 8-5 2×2 列联表

	患高血压	无高血压	合计
患冠心病	48	36	84
无冠心病	88	348	436
合 计	136	384	520

人们称这样的表格为 2×2 的列联表. 我们希望考察高血压与冠心病之间是否有关系, 即欲考虑列联表中的两个因素是否独立. 一般地, 设总体内诸个体可以按因素 A 划分成 u 类, 或者说因素 A 有 u 个水平; 因素 B 有 v 个水平, 问题是要检验因素 A 和因素 B 是否相互独立.

记 $p_{ij} = P\{$ 因素 A 在水平 i 上, 因素 B 在水平 j 上 $\}$. 其中 $i = 1, 2, \cdots, u; j = 1, 2, \cdots, v$, 则

$$p_{i \cdot} = \sum_{j=1}^{v} p_{ij} = P\{\text{因素 } A \text{ 在水平 } i \text{ 上}\}, i = 1, 2, \cdots, u,$$

$$p_{\cdot j} = \sum_{i=1}^{u} p_{ij} = P\{\text{因素 } B \text{ 在水平 } j \text{ 上}\}, j = 1, 2, \cdots, v.$$

若因素 A 和 B 相互独立, 则应有 $p_{ij} = p_{i \cdot} \cdot p_{\cdot j}, i = 1, 2, \cdots, u; j = 1, 2, \cdots, v$. 因此检验 A 与 B 的独立性等价于检验假设

$$H_0: p_{ij} = p_{i \cdot} \cdot p_{\cdot j}, i = 1, 2, \cdots, u; j = 1, 2, \cdots, v.$$

为了检验这一假设, 随机观察了 n 个对象, 其中有 n_{ij} 个对象的因素 A 和因素 B 分别处于水平 i 和 j 上, 见表 8-6.

表 8-6 $u \times v$ 列联表

A ＼ B	1	2	$\cdots$	v	行合计
1	n_{11}	n_{12}	$\cdots$	n_{1v}	$n_{1 \cdot}$
2	n_{21}	n_{22}	$\cdots$	n_{2v}	$n_{2 \cdot}$
$\cdots$	$\cdots$	$\cdots$	$\cdots$	$\cdots$	$\cdots$
u	n_{u1}	n_{u2}	$\cdots$	n_{uv}	$n_{u \cdot}$
列合计	$n_{\cdot 1}$	$n_{\cdot 2}$	$\cdots$	$n_{\cdot v}$	n

人们称表 8-6 为 $u \times v$ 列联表. 我们可以利用皮尔逊统计量 χ^2 来完成对 H_0 的检验. 将表 8-5 中的 uv 个格子, 视作 uv 个区间, 从而 n_{ij} 就是各区间的实际频数. 如果 H_0 成立, 则可通过 $np_{ij} = np_{i \cdot} \cdot p_{\cdot j}$ 计算理论频数. 但这里的 $p_{i \cdot}$ 及 $p_{\cdot j}$ 均未知, 需先求出它们的最大似然估计. 由于"概率的最大似然估计为频率", 因此

$$\hat{p}_{i\cdot}=\frac{n_{i\cdot}}{n},\hat{p}_{\cdot j}=\frac{n_{\cdot j}}{n},i=1,2,\cdots,u;j=1,2,\cdots,v.$$

另一方面,由于 $\sum\limits_{i=1}^{u}p_{i\cdot}=1,\sum\limits_{j=1}^{v}p_{\cdot j}=1$,因此统计假设中独立的未知参数个数为 $(u+v-2)$ 个.构造统计量

$$\chi^2=\sum_{i=1}^{u}\sum_{j=1}^{v}\frac{(n_{ij}-n\hat{p}_{i\cdot}\cdot\hat{p}_{\cdot j})^2}{n\hat{p}_{i\cdot}\cdot\hat{p}_{\cdot j}}=\sum_{i=1}^{u}\sum_{j=1}^{v}\frac{(nn_{ij}-n_{i\cdot}n_{\cdot j})^2}{nn_{i\cdot}n_{\cdot j}}. \tag{8-13}$$

若 H_0 为真,当 n 很大时,它服从 χ^2 分布,自由度为

$$r-k-1=uv-(u+v-2)-1=(u-1)(v-1).$$

于是,对给定的显著性水平 α,查自由度为 $(u-1)(v-1)$ 的附表 5 χ^2 分布表,得临界值 $\chi_\alpha^2[(u-1)(v-1)]$,当统计量 (8-13) 式的观察值 $c\geqslant\chi_\alpha^2[(u-1)(v-1)]$ 时,拒绝 H_0,即认为因素 A 与 B 不独立,否则接受 H_0,即认为 A 与 B 独立.

【例 8.12】 利用表 8-5 中的数据,检验高血压对冠心病的发生有否影响 $(\alpha=0.05)$.

解　$n=520,n_{11}=48,n_{12}=36,n_{21}=88,n_{22}=348$,而

$$n_{1\cdot}=84,n_{2\cdot}=436,n_{\cdot 1}=136,n_{\cdot 2}=384,$$

于是统计量 χ^2 的观测值

$$c=\sum_{i=1}^{2}\sum_{j=1}^{2}\frac{(nn_{ij}-n_{i\cdot}n_{\cdot j})^2}{nn_{i\cdot}n_{\cdot j}}=\frac{(520\times48-84\times136)^2}{520\times84\times136}+\frac{(520\times36-84\times384)^2}{520\times84\times384}+$$

$$\frac{(520\times88-436\times136)^2}{520\times436\times136}+\frac{(520\times348-436\times384)^2}{520\times436\times384}=49.8.$$

对显著性水平 $\alpha=0.05$,查自由度为 $(2-1)(2-1)=1$ 的附表 5 χ^2 分布表,得 $\chi_\alpha^2(1)=3.842$,由于 $c=49.8>3.843=\chi_\alpha^2(1)$,故拒绝 H_0,即认为高血压对冠心病的发生有显著影响.

练习 8.4　封面扫码查看参考答案 🔍

1. 在非参数假设检验中,欲检验假设 $H_0:F(x)=F_0(x;\theta)$ (θ 未知),$F_0(x;\theta)$ 为已知分布,可用_____检验,检验的统计量为_____,对于未知参数 θ 应用_____估计.

2. 在使用 χ^2 检验法进行列联表检验所使用的自由度为_____.

3. 列联表检验是通过_____,而不是通过相对频数的比较进行的.

4. 对引例提出假设 $H_0:X$ 服从参数为 λ 的泊松分布,并运用样本检验之.

5. 将一颗骰子掷 120 次,所得数据见下表.

点数 i	1	2	3	4	5	6
出现次数 n_i	23	26	21	20	15	16

问:这颗骰子是否均匀、对称?(取 $\alpha=0.05$)

6. 一位遗传学家想知道某种紫花的颜色是否符合孟德尔隐性遗传规律,按照这种规律两种粉色杂交后,后代将以白:粉:红=1:2:1 的比例出现.他做了一项杂交实验,植株了 100 株后代,结果发现:21 株白,61 株粉,18 株红.试问,在给定显著性水平 α 为 0.05 下,

植株后代是否以白粉红三者比例 $=1 : 2 : 1$ 出现.

7. 某中学想知道城市学生家长和农村学生家长对延长学生在校时间是否持不同看法. 研究者随机抽出来自农村和城市的两个家长样本,调查结果表明:在来自城市的 200 位家长中,123 人支持,36 人反对,41 人没有看法;在来自农村的 300 位家长中,145 人支持,85 人反对,70 人没有看法.试问,家长对学生延长在校时间的看法是否与其居住在城市或农村有关?(α 取 0.01)

知识结构图

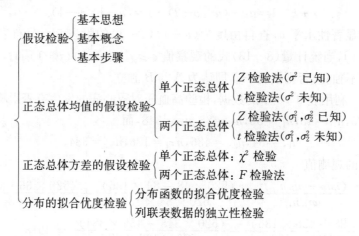

习题 八

封面扫码查看参考答案 🔍

一、选择题

1. 在假设检验中,显著性水平 α 表示   (   )
   A. $P\{接受\ H_0 | H_0\ 为假\}$ B. $P\{拒绝\ H_0 | H_0\ 为真\}$
   C. 置信水平为 α D. 无具体意义

2. 在假设检验中,原假设和备选假设   (   )
   A. 都有可能成立
   B. 都有可能不成立
   C. 只有一个成立而且必有一个成立
   D. 原假设一定成立,备选假设不一定成立

3. 一种零件的标准长度 5 cm,要检验某天生产的零件是否符合标准要求,建立的原假设和备择假设为   (   )
   A. $H_0 : \mu = 5 ; H_1 : \mu \neq 5$ B. $H_0 : \mu \neq 5 ; H_1 : \mu > 5$
   C. $H_0 : \mu \leqslant 5 ; H_1 : \mu > 5$ D. $H_0 : \mu \geqslant 5 ; H_1 : \mu < 5$

4. 考察假设检验问题 $H_0 : \mu = \mu_0 ; H_1 : \mu \neq \mu_0$.抽出一个样本,其均值 $\bar{x} = \mu_0$,则   (   )
   A. 肯定接受原假设   B. 有可能接受原假设

C. 肯定拒绝原假设　　　　　　　　　　D. 有可能拒绝原假设

5. 考察假设检验问题 $H_0:\mu\leqslant\mu_0$；$H_1:\mu>\mu_0$. 抽出一个样本，其均值 $\bar{x}<\mu_0$，则 （　　　）

A. 肯定拒绝原假设　　　　　　　　　　B. 有可能拒绝原假设

C. 肯定接受原假设　　　　　　　　　　D. 有可能接受原假设

6. 若一批零件的直径 $X\sim N(\mu,\sigma^2)$，若从总体中随机抽取 100 个，测得零件的直径平均值 $\bar{x}=5.2\,\mathrm{cm}$，若 σ^2 已知，假设检验 $H_0:\mu=5$；$H_1:\mu\neq5$，则在显著性水平 α 下，当下列（　　　）成立时，拒绝 H_0.

A. $|z|\geqslant z_{\frac{\alpha}{2}}$　　　　B. $|t|\geqslant t_{\frac{\alpha}{2}}(99)$　　　　C. $|z|\geqslant z_\alpha$　　　　D. $|t|\geqslant t_{\frac{\alpha}{2}}(100)$

二、填空题

1. ＿＿＿＿＿＿＿＿＿＿＿是研究者想收集证据予以反对的假设.

2. 若一个事件发生的概率很小，就称其为＿＿＿＿＿＿＿.

3. 假设检验中确定的显著性水平 α 越小，原假设为真而被拒绝的概率就＿＿＿＿＿＿＿.

4. 某种产品以往的废品率为 5%，采用某种技术革新措施后，对产品的样本进行检验，这种产品的废品率是否有所不同，显著性水平 α 取 0.01，则此问题的假设检验 H_0:＿＿＿＿＿＿＿；H_1:＿＿＿＿＿＿＿，犯第一类错误的概率为＿＿＿＿＿＿＿.

5. 在假设检验问题中，原假设为 H_0，备择假设为 H_1，拒绝域为 W，取得的样本值为 $(x_1, x_2,\cdots,x_n)$，则假设检验的第一类错误的概率 $\alpha=$＿＿＿＿＿＿＿，第二类错误的概率 $\beta=$＿＿＿＿＿＿＿.

6. 对于正态总体均值的假设检验，σ 已知，如果假设检验问题为 $H_0:\mu\leqslant\mu_0$；$H_1:\mu>\mu_0$，则拒绝域为＿＿＿＿＿＿＿，此时称为＿＿＿＿＿＿＿检验.

7. 设总体 $X\sim N(\mu_1,\sigma_1^2)$，$Y\sim N(\mu_2,\sigma_2^2)$，$\mu_1$，$\mu_2$ 未知，$(X_1,X_2,\cdots,X_n)$ 与 $(Y_1,Y_2,\cdots,Y_m)$ 分别是来自总体 X 与 Y 的样本，且两样本独立，则检验假设 $H_0:\sigma_1^2=\sigma_2^2$；$H_1:\sigma_1^2\neq\sigma_2^2$ 的检验统计量 $F=$＿＿＿＿＿＿＿，其拒绝域 $W=$＿＿＿＿＿＿＿.

8. 设总体 $X\sim N(\mu,\sigma^2)$，μ 未知，而 $X_1,X_2,\cdots,X_n$ 为来自总体 X 的样本，则检验假设 $H_0:\sigma^2=\sigma_0^2$；$H_1:\sigma^2\neq\sigma_0^2$ 的统计量是＿＿＿＿＿＿＿＿＿，当 H_0 成立时，服从＿＿＿＿＿＿＿＿＿分布.

三、解答题

1. 某机床厂加工一种零件，根据经验知道，该厂加工零件的椭圆度渐近服从正态分布，其总体均值为 0.075 mm，总体标准差为 0.014 mm. 今另换一种新机床进行加工，取 400 个零件进行检验，测得椭圆度均值为 0.071 mm. 问：新机床加工零件的椭圆度总体均值与以前有无显著差别？（α 取 0.05）

2. 某地区为了使干部年轻化，对现任职的处以上干部的年龄进行抽样调查. 在过去的 10 年里，处以上干部的平均年龄为 48 岁，标准差为 5 岁（看作是总体的均值和标准差）. 最近调整了干部班子后，随机抽取 100 名处以上干部，他们的平均年龄为 42 岁，问：处以上干部的平均年龄是否有明显的下降？（α 取 0.01）

3. 下面列出的是某工厂随机选取的 20 只部件的装配时间（min）：

9.8　10.4　10.6　9.6　9.7　9.9　10.9　11.1　9.6　10.2

10.3　9.6　9.9　11.2　10.6　9.8　10.5　10.1　10.5　9.7

设装配时间的总体服从正态分布 $N(\mu,\sigma^2)$，μ，σ^2 均未知. 是否可以认为装配时间的均值显著大于 10？（α 取 0.05）

4. 按规定,100 g 罐头番茄汁中的平均维生素 C 含量不得少于 21 mg/g. 现从工厂的产品中抽取 17 个罐头,其 100 g 番茄汁中,测得维生素 C 含量(mg/g)记录如下:

    16　25　21　20　23　21　19　15　13　23　17　20　29　18　22　16　22

设维生素含量服从正态分布 $N(\mu,\sigma^2)$,μ,σ^2 均未知. 问:这批罐头是否符合要求.(显著性水平 α 取 0.05)

5. 某电器零件的平均电阻一直保持在 2.64 Ω,标准差保持在 0.06 Ω,改变加工工艺后,测得 100 个零件,其平均电阻为 2.62 Ω,标准差不变,问使用新工艺后此零件的电阻与原先相比有无显著差异?(显著性水平 α 取 0.01)

6. 随机地选了 8 个人,分别测量了他们在早晨起床时和晚上就寝时的身高(cm),得到下表中的数据.

序　号	1	2	3	4	5	6	7	8
早上(x_i)	172	168	180	181	160	163	165	177
晚上(y_i)	172	167	177	179	159	161	166	175

设 X_i 与 Y_i 是来自正态总体 $N(\mu_1,\sigma^2)$ 和 $N(\mu_2,\sigma^2)$(σ^2 未知)的样本. 问:是否可以认为早晨的身高比晚上的身高要高?(α 取 0.05)

7. 为了试验两种不同的某谷物的种子的优劣,选取了 10 块土质不同的土地,并将每块土地分为面积相同的两部分,分别种植这两种种子,设在每块土地的两部分人工管理等条件完全一样. 下表给出各块土地上的单位面积产量.

土地编号 i	1	2	3	4	5	6	7	8	9	10
种子 $A(x_i)$	23	35	29	42	39	29	37	34	35	28
种子 $B(y_i)$	26	39	35	40	38	24	36	27	41	27

设 $D_i=X_i-Y_i$,$i=1,2,\cdots,10$,是来自正态总体 $N(\mu_D,\sigma_D^2)$ 的样本,μ_D,σ_D^2 均未知. 问:这两种种子种植的谷物的产量是否有显著的差异?(α 取0.05)

8. 有甲、乙两个检验员,对同样的实验进行分析,各人实验分析的结果如下表.

实验号	1	2	3	4	5	6	7	8
甲	4.3	3.2	8	3.5	3.5	4.8	3.3	3.9
乙	3.7	4.1	3.8	3.8	4.6	3.9	2.8	4.4

试问:甲、乙两人的实验分析之间有无显著差异?

9. 下表分别给出两位文学家马克·吐温的 8 篇小品文以及斯诺特格拉斯的 10 篇小品文中由 3 个字母组成的单字的比例(见下表).

马克·吐温	0.225	0.262	0.217	0.240	0.230	0.229	0.235	0.217		
斯诺特格拉斯	0.209	0.205	0.196	0.210	0.202	0.207	0.224	0.223	0.220	0.201

设两组数据分别来自正态总体,且两总体方差相等,但参数均未知,两样本互相独立.问两位作家所写的小品文中包含由三个字母组成的单字的比例是否有显著的差异?(α 取 0.05)

10. 测定某种溶液中的水分,它的 10 个测定值给出 $s = 0.037\%$,设测定值总体为正态分布,σ^2 为总体方差,σ^2 未知.试在显著性水平 α 取 0.05 下检验假设

$$H_0 : \sigma^2 \geqslant 0.04\% ; H_1 : \sigma^2 < 0.04\%.$$

11. 某保健品生产部为了检验某种减肥茶的效果,在用户中抽取了 15 人,调查得到他们饮用某种减肥茶前后的体重数据(单位:kg)见下表.

编 号	1	2	3	4	5	6	7	8	9	10	11	12	13	14	15
饮用前 X	66	70	83	82	62	93	79	85	78	75	61	89	61	94	91
饮用后 Y	74	54	88	80	68	91	63	75	70	65	44	77	42	94	91

X 与 Y 分别服从正态分布 $N(\mu_1, \sigma^2)$ 和 $N(\mu_2, \sigma_2)$,试以 α 取 0.05 的显著性水平,检验该种减肥茶的效果是否显著.

12. 某种导线,要求其电阻的标准差不得超过 0.005 Ω,今在生产的一批导线中取样品 9 根,测得 $s = 0.007$ Ω,设总体为正态分布,参数均未知.问:在显著性水平 α 取 0.05 下,能否认为这批导线的标准差显著地偏大?

13. 有甲、乙两台机床,加工同样产品,从这两台机床加工的产品中随机地抽取若干产品,测得产品直径为(单位:mm):

甲　20.5　19.8　19.7　20.4　20.1　20 0　19.6　19.9

乙　19.7　20.8　20.5　19.8　19.4　20.6　19.2

试比较甲、乙两台机床加工的精度有无显著差异?(显著性水平 α 取 0.05)

14. 电池在货架上滞留的时间不能太长.下面给出某商店随机选取的 8 只电池的货架滞留时间(以天计):

108　124　124　106　138　163　159　134

设数据来自正态总体 $N(\mu, \sigma^2)$ 的样本,μ, σ 均未知.试检验假设 $H_0 : \mu \leqslant 125 ; H_1 : \mu > 125$($\alpha$ 取 0.05).

15. 一位社会学家想知道私立本科大学每年的生源是否呈均匀分布.为此,他在某校随机抽取了 4500 个本科生,这些学生的分布是:一年级 1200 人,二年级 1100 人,三年级 1150 人,四年级 1050 人.试问,在给定显著性水平 α 取 0.05 下,四个年级学生人数构成是否均匀?

16. 有一个组织在其成员中提倡通过自修提高水平,目前正考虑帮助成员中未曾高中毕业者通过自修达到高中毕业的水平.该组织的会长认为成员中未读完高中的人少于 25%,并且想通过适当的假设检验来支持这一看法.他从该组织成员中抽选 200 人组成一个随机样本,发现其中有 42 人没有高中毕业.试问:这些数据是否支持这个会长的看法?(α 取 0.05)

伊根·皮尔逊(Egon Sharpe Pearson,1895—1980)

附　　录

附表 1　几种常用的概率分布表

分　布	参　数	分布律或概率密度	数学期望	方　差
(0 - 1)分布	$0<p<1$	$P\{X=k\}=p^k(1-p)^{1-k},k=0,1$	p	$p(1-p)$
二项分布	$n\geqslant 1$ $0<p<1$	$P\{X=k\}=\binom{n}{k}p^k(1-p)^{n-k}$ $k=0,1,\cdots,n$	np	$np(1-p)$
负二项分布 (巴斯卡分布)	$r\geqslant 1$ $0<p<1$	$P\{X=k\}=\binom{k-1}{r-1}p^r(1-p)^{k-r}$ $k=r,r+1,\cdots$	$\dfrac{r}{p}$	$\dfrac{r(1-p)}{p^2}$
几何分布	$0<p<1$	$P\{X=k\}=(1-p)^{k-1}p$ $k=1,2,\cdots$	$\dfrac{1}{p}$	$\dfrac{1-p}{p^2}$
超几何分布	N,M,n $(M\leqslant N)$ $(n\leqslant N)$	$P\{X=k\}=\dfrac{\binom{M}{k}\binom{N-M}{n-k}}{\binom{N}{k}}$ k 为整数,$\max\{0,n-N+M\}\leqslant k\leqslant\min\{n,M\}$	$\dfrac{nM}{N}$	$\dfrac{nM}{N}\left(1-\dfrac{M}{N}\right)\left(\dfrac{N-n}{N-1}\right)$
泊松分布	$\lambda>0$	$P\{X=k\}=\dfrac{\lambda^k\mathrm{e}^{-\lambda}}{k!}$ $k=0,1,2,\cdots$	λ	λ
均匀分布	$a<b$	$f(x)=\begin{cases}\dfrac{1}{b-a},a<x<b\\0,\quad\text{其他}\end{cases}$	$\dfrac{a+b}{2}$	$\dfrac{(b-a)^2}{12}$
正态分布	μ $\sigma>0$	$f(x)=\dfrac{1}{\sqrt{2\pi}\sigma}\mathrm{e}^{-(x-\mu)^2/(2\sigma^2)}$	μ	σ^2
Γ分布	$\alpha>0$ $\beta>0$	$f(x)=\begin{cases}\dfrac{1}{\beta^\alpha\Gamma(\alpha)}x^{\alpha-1}\mathrm{e}^{-x/\beta},x>0\\0,\quad\quad\quad\text{其他}\end{cases}$	$\alpha\beta$	$\alpha\beta^2$

续 表

分 布	参 数	分布律或概率密度	数学期望	方 差
指数分布 （负指数分布）	$\theta > 0$	$f(x) = \begin{cases} \dfrac{1}{\theta}\mathrm{e}^{-x/\theta}, & x > 0 \\ 0, & \text{其他} \end{cases}$	θ	θ^2
χ^2 分布	$n \geqslant 1$	$f(x) = \begin{cases} \dfrac{1}{2^{n/2}\Gamma(n/2)}x^{n/2-1}\mathrm{e}^{-x/2}, & x > 0 \\ 0, & \text{其他} \end{cases}$	n	$2n$
韦布尔分布	$\eta > 0$ $\beta > 0$	$f(x) = \begin{cases} \dfrac{\beta}{\eta}\left(\dfrac{x}{\eta}\right)^{\beta-1}\mathrm{e}^{-\left(\frac{x}{\eta}\right)^{\beta}}, & x > 0 \\ 0, & \text{其他} \end{cases}$	$\eta\Gamma\left(\dfrac{1}{\beta}+1\right)$	$\eta^2\left\{\Gamma\left(\dfrac{2}{\beta}+1\right)-\left[\Gamma\left(\dfrac{1}{\beta}+1\right)\right]^2\right\}$
瑞利分布	$\sigma > 0$	$f(x) = \begin{cases} \dfrac{x}{\sigma^2}\mathrm{e}^{-x^2/(2\sigma^2)}, & x > 0 \\ 0, & \text{其他} \end{cases}$	$\sqrt{\dfrac{\pi}{2}}\sigma$	$\dfrac{4-\pi}{2}\sigma^2$
β 分布	$\alpha > 0$ $\beta > 0$	$f(x) = \begin{cases} \dfrac{\Gamma(\alpha+\beta)}{\Gamma(\alpha)\Gamma(\beta)}x^{\alpha-1}(1-x)^{\beta-1}, & 0 < x < 1 \\ 0, & \text{其他} \end{cases}$	$\dfrac{\alpha}{\alpha+\beta}$	$\dfrac{\alpha\beta}{(\alpha+\beta)^2(\alpha+\beta+1)}$
对数 正态分布	μ $\sigma > 0$	$f(x) = \begin{cases} \dfrac{1}{\sqrt{2\pi}\sigma x}\mathrm{e}^{-(\ln x-\mu)^2/(2\sigma^2)}, & x > 0 \\ 0, & \text{其他} \end{cases}$	$\mathrm{e}^{\mu+\frac{\sigma^2}{2}}$	$\mathrm{e}^{2\mu+\sigma^2}(\mathrm{e}^{\sigma^2}-1)$
柯西分布	a $\lambda > 0$	$f(x) = \dfrac{1}{\pi}\dfrac{1}{\lambda^2+(x-a)^2}$	不存在	不存在
t 分布	$n \geqslant 1$	$f(x) = \dfrac{\Gamma\left(\dfrac{n+1}{2}\right)}{\sqrt{n\pi}\Gamma(n/2)}\left(1+\dfrac{x^2}{n}\right)^{-(n+1)/2}$	$0, n > 1$	$\dfrac{n}{n-2}, n > 2$
F 分布	n_1, n_2	$f(x) = \begin{cases} \dfrac{\Gamma[(n_1+n_2)/2]}{\Gamma(n_1/2)\Gamma(n_2/2)}\left(\dfrac{n_1}{n_2}\right)\left(\dfrac{n_1}{n_2}x\right)^{n/2-1} \\ \times\left(1+\dfrac{n_1}{n_2}x\right)^{-(n_1+n_2)/2}, & x > 0 \\ 0, & \text{其他} \end{cases}$	$\dfrac{n_2}{n_2-2}$ $n_2 > 2$	$\dfrac{2n_2^2(n_1+n_2-2)}{n_1(n_2-2)^2(n_2-4)}$ $n_2 > 4$

附表 2 标准正态分布表

$$\Phi(x) = \int_{-\infty}^{x} \frac{1}{\sqrt{2\pi}} e^{-t^2/2} dt$$

x	0.00	0.01	0.02	0.03	0.04	0.05	0.06	0.07	0.08	0.09
0.0	0.5000	0.5040	0.5080	0.5120	0.5160	0.5199	0.5239	0.5279	0.5319	0.5359
0.1	0.5398	0.5438	0.5478	0.5517	0.5557	0.5596	0.5636	0.5675	0.5714	0.5753
0.2	0.5793	0.5832	0.5871	0.5910	0.5948	0.5987	0.6026	0.6064	0.6103	0.6141
0.3	0.6179	0.6217	0.6255	0.6293	0.6331	0.6368	0.6406	0.6443	0.6480	0.6517
0.4	0.6554	0.6591	0.6628	0.6664	0.6700	0.6736	0.6772	0.6808	0.6844	0.6879
0.5	0.6915	0.6950	0.6985	0.7019	0.7054	0.7088	0.7123	0.7157	0.7190	0.7224
0.6	0.7257	0.7291	0.7324	0.7357	0.7389	0.7422	0.7454	0.7486	0.7517	0.7549
0.7	0.7580	0.7611	0.7642	0.7673	0.7704	0.7734	0.7764	0.7794	0.7823	0.7852
0.8	0.7881	0.7910	0.7939	0.7967	0.7995	0.8023	0.8051	0.8078	0.8106	0.8133
0.9	0.8159	0.8186	0.8212	0.8238	0.8264	0.8289	0.8315	0.8340	0.8365	0.8389
1.0	0.8413	0.8438	0.8461	0.8485	0.8508	0.8531	0.8554	0.8577	0.8599	0.8621
1.1	0.8643	0.8665	0.8686	0.8708	0.8729	0.8749	0.8770	0.8790	0.8810	0.8830
1.2	0.8849	0.8869	0.8888	0.8907	0.8925	0.8944	0.8962	0.8980	0.8997	0.9015
1.3	0.9032	0.9049	0.9066	0.9082	0.9099	0.9115	0.9131	0.9147	0.9162	0.9177
1.4	0.9192	0.9207	0.9222	0.9236	0.9251	0.9265	0.9278	0.9292	0.9306	0.9319
1.5	0.9332	0.9345	0.9357	0.9370	0.9382	0.9394	0.9406	0.9418	0.9429	0.9441
1.6	0.9452	0.9463	0.9474	0.9484	0.9495	0.9505	0.9515	0.9525	0.9535	0.9545
1.7	0.9554	0.9564	0.9573	0.9582	0.9591	0.9599	0.9608	0.9616	0.9625	0.9633
1.8	0.9641	0.9649	0.9656	0.9664	0.9671	0.9678	0.9686	0.9693	0.9699	0.9706
1.9	0.9713	0.9719	0.9726	0.9732	0.9738	0.9744	0.9750	0.9756	0.9761	0.9767
2.0	0.9772	0.9778	0.9783	0.9788	0.9793	0.9798	0.9803	0.9808	0.9812	0.9817
2.1	0.9821	0.9826	0.9830	0.9834	0.9838	0.9842	0.9846	0.9850	0.9854	0.9857
2.2	0.9861	0.9864	0.9868	0.9871	0.9875	0.9878	0.9881	0.9884	0.9887	0.9890
2.3	0.9893	0.9896	0.9898	0.9901	0.9904	0.9906	0.9909	0.9911	0.9913	0.9916
2.4	0.9918	0.9920	0.9922	0.9925	0.9927	0.9929	0.9931	0.9932	0.9934	0.9936
2.5	0.9938	0.9940	0.9941	0.9943	0.9945	0.9946	0.9948	0.9949	0.9951	0.9952
2.6	0.9953	0.9955	0.9956	0.9957	0.9959	0.9960	0.9961	0.9962	0.9963	0.9964
2.7	0.9965	0.9966	0.9967	0.9968	0.9969	0.9970	0.9971	0.9972	0.9973	0.9974
2.8	0.9974	0.9975	0.9976	0.9977	0.9977	0.9978	0.9979	0.9979	0.9980	0.9981
2.9	0.9981	0.9982	0.9982	0.9983	0.9984	0.9984	0.9985	0.9985	0.9986	0.9986
3.0	0.9987	0.9987	0.9987	0.9988	0.9988	0.9989	0.9989	0.9989	0.9990	0.9990
3.1	0.9990	0.9991	0.9991	0.9991	0.9992	0.9992	0.9992	0.9992	0.9993	0.9993
3.2	0.9993	0.9993	0.9994	0.9994	0.9994	0.9994	0.9994	0.9995	0.9995	0.9995
3.3	0.9995	0.9995	0.9995	0.9996	0.9996	0.9996	0.9996	0.9996	0.9996	0.9997
3.4	0.9997	0.9997	0.9997	0.9997	0.9997	0.9997	0.9997	0.9997	0.9997	0.9998

附表3 泊松分布表

$$P(X \leqslant x) = \sum_{k=0}^{x} \frac{\lambda^k e^{-\lambda}}{k!}$$

x	λ								
	0.1	0.2	0.3	0.4	0.5	0.6	0.7	0.8	0.9
0	0.9048	0.8187	0.7408	0.6730	0.6065	0.5488	0.4966	0.4493	0.4066
1	0.9953	0.9825	0.9631	0.9384	0.9098	0.8781	0.8442	0.8088	0.7725
2	0.9998	0.9989	0.9964	0.9921	0.9856	0.9769	0.9659	0.9526	0.9371
3	1.0000	0.9999	0.9997	0.9992	0.9982	0.9966	0.9942	0.9909	0.9865
4		1.0000	1.0000	0.9999	0.9998	0.9996	0.9992	0.9986	0.9977
5				1.0000	1.0000	1.0000	0.9999	0.9998	0.9997
6							1.0000	1.0000	1.0000

x	λ								
	1.0	1.5	2.0	2.5	3	3.5	4.0	4.5	5.0
0	0.3679	0.2231	0.1353	0.0821	0.0498	0.0302	0.0183	0.0111	0.0067
1	0.7358	0.5578	0.4060	0.2873	0.1991	0.1359	0.0916	0.0611	0.0404
2	0.9197	0.8088	0.6767	0.5438	0.4232	0.3208	0.2381	0.1736	0.1247
3	0.9810	0.9344	0.8571	0.7576	0.6472	0.5366	0.4335	0.3423	0.2650
4	0.9963	0.9814	0.9473	0.8912	0.8153	0.7254	0.6288	0.5321	0.4405
5	0.9994	0.9955	0.9834	0.9580	0.9161	0.8576	0.7851	0.7029	0.6160
6	0.9999	0.9991	0.9955	0.9858	0.9665	0.9347	0.8893	0.8311	0.7622
7	1.0000	0.9998	0.9989	0.9958	0.9881	0.9733	0.9489	0.9134	0.8666
8		1.0000	0.9998	0.9989	0.9962	0.9901	0.9786	0.9597	0.9319
9			1.0000	0.9997	0.9989	0.9967	0.9919	0.9829	0.9682
10				0.9999	0.9997	0.9990	0.9972	0.9933	0.9863
11				1.0000	0.9999	0.9997	0.9991	0.9976	0.9945
12					1.0000	0.9999	0.9997	0.9992	0.9980

x	λ								
	5.5	6.0	6.5	7.0	7.5	8.0	8.5	9.0	9.5
0	0.0041	0.0025	0.0015	0.0009	0.0006	0.0003	0.0002	0.0001	0.0001
1	0.0266	0.0174	0.0113	0.0073	0.0047	0.0030	0.0019	0.0012	0.0008
2	0.0884	0.0620	0.0430	0.0296	0.0203	0.0138	0.0093	0.0062	0.0042
3	0.2017	0.1512	0.1118	0.0818	0.0591	0.0424	0.0301	0.0212	0.0149
4	0.3575	0.2851	0.2237	0.1730	0.1321	0.0996	0.0744	0.0550	0.0403
5	0.5289	0.4457	0.3690	0.3007	0.2414	0.1912	0.1496	0.1157	0.0885
6	0.6860	0.6063	0.5265	0.4497	0.3782	0.3134	0.2562	0.2068	0.1649
7	0.8095	0.7440	0.6728	0.5987	0.5246	0.4530	0.3856	0.3239	0.2687
8	0.8944	0.8472	0.7916	0.7291	0.6620	0.5925	0.5231	0.4557	0.3918
9	0.9462	0.9161	0.8774	0.8305	0.7764	0.7166	0.6530	0.5874	0.5218
10	0.9747	0.9574	0.9332	0.9015	0.8622	0.8159	0.7634	0.7060	0.6453
11	0.9890	0.9799	0.9661	0.9466	0.9208	0.8881	0.8487	0.8030	0.7520
12	0.9955	0.9912	0.9840	0.9730	0.9573	0.9362	0.9091	0.8758	0.8364
13	0.9983	0.9964	0.9929	0.9872	0.9784	0.9658	0.9486	0.9261	0.8981
14	0.9994	0.9986	0.9970	0.9943	0.9897	0.9827	0.9726	0.9585	0.9400
15	0.9998	0.9995	0.9988	0.9976	0.9954	0.9918	0.9862	0.9780	0.9665
16	0.9999	0.9998	0.9996	0.9990	0.9980	0.9963	0.9934	0.9889	0.9823
17	1.0000	0.9999	0.9998	0.9996	0.9992	0.9984	0.9970	0.9947	0.9911
18		1.0000	0.9999	0.9999	0.9997	0.9994	0.9987	0.9976	0.9957
19			1.0000	1.0000	0.9999	0.9997	0.9995	0.9989	0.9980
20					1.0000	0.9999	0.9998	0.9996	0.9991

x	λ								
	10.0	11.0	12.0	13.0	14.0	15.0	16.0	17.0	18.0
0	0.0000	0.0000	0.0000						
1	0.0005	0.0002	0.0001	0.0000	0.0000				
2	0.0028	0.0012	0.0005	0.0002	0.0001	0.0000	0.0000		
3	0.0103	0.0049	0.0023	0.0010	0.0005	0.0002	0.0001	0.0000	0.0000
4	0.0293	0.0151	0.0076	0.0037	0.0018	0.0009	0.0004	0.0002	0.0001
5	0.0671	0.0375	0.0203	0.0107	0.0055	0.0028	0.0014	0.0007	0.0003
6	0.1301	0.0786	0.0458	0.0259	0.0142	0.0076	0.0040	0.0021	0.0010
7	0.2202	0.1432	0.0895	0.0540	0.0316	0.0180	0.0100	0.0054	0.0029
8	0.3328	0.2320	0.1550	0.0998	0.0621	0.0374	0.0220	0.0126	0.0071
9	0.4579	0.3405	0.2424	0.1658	0.1094	0.0699	0.0433	0.0261	0.0154
10	0.5830	0.4599	0.3472	0.2517	0.1757	0.1185	0.0774	0.0491	0.0304
11	0.6968	0.5793	0.4616	0.3532	0.2600	0.1848	0.1270	0.0847	0.0549
12	0.7916	0.6887	0.5760	0.4631	0.3585	0.2676	0.1931	0.1350	0.0917
13	0.8645	0.7813	0.6815	0.5730	0.4644	0.3632	0.2745	0.2009	0.1426
14	0.9165	0.8540	0.7720	0.6751	0.5704	0.4657	0.3675	0.2808	0.2081
15	0.9513	0.9074	0.8444	0.7636	0.6694	0.5681	0.4667	0.3715	0.2867
16	0.9730	0.9441	0.8987	0.8355	0.7559	0.6641	0.5660	0.4677	0.3750
17	0.9857	0.9678	0.9370	0.8905	0.8272	0.7489	0.6593	0.5640	0.4686
18	0.9928	0.9823	0.9626	0.9302	0.8826	0.8195	0.7423	0.6550	0.5622
19	0.9965	0.9907	0.9787	0.9573	0.9235	0.8752	0.8122	0.7363	0.6509
20	0.9984	0.9953	0.9884	0.9750	0.9521	0.9170	0.8682	0.8055	0.7307
21	0.9993	0.9977	0.9939	0.9859	0.9712	0.9469	0.9108	0.8615	0.7991
22	0.9997	0.9990	0.9970	0.9924	0.9833	0.9673	0.9418	0.9047	0.8551
23	0.9999	0.9995	0.9985	0.9960	0.9907	0.9805	0.9633	0.9367	0.8989
24	1.0000	0.9998	0.9993	0.9980	0.9950	0.9888	0.9777	0.9594	0.9317
25		0.9999	0.9997	0.9990	0.9974	0.9938	0.9869	0.9748	0.9554
26		1.0000	0.9999	0.9995	0.9987	0.9967	0.9925	0.9848	0.9718
27			0.9999	0.9998	0.9994	0.9983	0.9959	0.9912	0.9827
28			1.0000	0.9999	0.9997	0.9991	0.9978	0.9950	0.9897
29				1.0000	0.9999	0.9996	0.9989	0.9973	0.9941
30					0.9999	0.9998	0.9994	0.9986	0.9967
31					1.0000	0.9999	0.9997	0.9993	0.9982
32						1.0000	0.9999	0.9996	0.9990
33							0.9999	0.9998	0.9995
34							1.0000	0.9999	0.9998
35								1.0000	0.9999
36									0.9999
37									1.0000

附表 4 t 分布表

$$P\{t(n)>t_\alpha(n)\}=\alpha$$

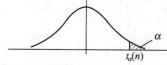

n \ α	0.20	0.15	0.10	0.05	0.025	0.01	0.005
1	1.376	1.963	3.0777	6.3138	12.7062	31.8207	63.6574
2	1.061	1.386	1.8856	2.9200	4.3027	6.9646	9.9248
3	0.978	1.250	1.6377	2.3534	3.1824	4.5407	5.8409
4	0.941	1.190	1.5332	2.1318	2.7764	3.7469	4.6041
5	0.920	1.156	1.4759	2.0150	2.5706	3.3649	4.0322
6	0.906	1.134	1.4398	1.9432	2.4469	3.1427	3.7074
7	0.896	1.119	1.4149	1.8946	2.3646	2.9980	3.4995
8	0.889	1.108	1.3968	1.8595	2.3060	2.8965	3.3554
9	0.883	1.100	1.3830	1.8331	2.2622	2.8214	3.2498
10	0.879	1.093	1.3722	1.8125	2.2281	2.7638	3.1693
11	0.876	1.088	1.3634	1.7959	2.2010	2.7181	3.1058
12	0.873	1.083	1.3562	1.7823	2.1788	2.6810	3.0545
13	0.870	1.079	1.3502	1.7709	2.1604	2.6503	3.0123
14	0.868	1.076	1.3450	1.7613	2.1448	2.6245	2.9768
15	0.866	1.074	1.3406	1.7531	2.1315	2.6025	2.9467
16	0.865	1.071	1.3368	1.7459	2.1199	2.5835	2.9208
17	0.863	1.069	1.3334	1.7396	2.1098	2.5669	2.8982
18	0.862	1.067	1.3304	1.7341	2.1009	2.5524	2.8784
19	0.861	1.066	1.3277	1.7291	2.0930	2.5395	2.8609
20	0.860	1.064	1.3253	1.7247	2.0860	2.5280	2.8453
21	0.859	1.063	1.3232	1.7207	2.0796	2.5177	2.8314
22	0.858	1.061	1.3212	1.7171	2.0739	2.5083	2.8188
23	0.858	1.060	1.3195	1.7139	2.0687	2.4999	2.8073
24	0.857	1.059	1.3178	1.7109	2.0639	2.4922	2.7969
25	0.856	1.058	1.3163	1.7081	2.0595	2.4851	2.7874
26	0.856	1.058	1.3150	1.7056	2.0555	2.4786	2.7787
27	0.855	1.057	1.3137	1.7033	2.0518	2.4727	2.7707
28	0.855	1.056	1.3125	1.7011	2.0484	2.4671	2.7633
29	0.854	1.055	1.3114	1.6991	2.0452	2.4620	2.7564
30	0.854	1.055	1.3104	1.6973	2.0423	2.4573	2.7500
31	0.8535	1.0541	1.3095	1.6955	2.0395	2.4528	2.7440
32	0.8531	1.0536	1.3086	1.6939	2.0369	2.4487	2.7385
33	0.8527	1.0531	1.3077	1.6924	2.0345	2.4448	2.7333
34	0.8524	1.0526	1.3070	1.6909	2.0322	2.4411	2.7284
35	0.8521	1.0521	1.3062	1.6896	2.0301	2.4377	2.7238
36	0.8518	1.0516	1.3055	1.6883	2.0281	2.4345	2.7195
37	0.8515	1.0512	1.3049	1.6871	2.0262	2.4314	2.7154
38	0.8512	1.0508	1.3042	1.6860	2.0244	2.4286	2.7116
39	0.8510	1.0504	1.3036	1.6849	2.0227	2.4258	2.7079
40	0.8507	1.0501	1.3031	1.6839	2.0211	2.4233	2.7045
41	0.8505	1.0498	1.3025	1.6829	2.0195	2.4208	2.7012
42	0.8503	1.0494	1.3020	1.6820	2.0181	2.4185	2.6981
43	0.8501	1.0491	1.3016	1.6811	2.0167	2.4163	2.6951
44	0.8499	1.0488	1.3011	1.6802	2.0154	2.4141	2.6923
45	0.8497	1.0485	1.3006	1.6794	2.0141	2.4121	2.6896

附表 5　χ^2 分布表

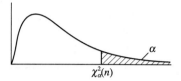

$$P\{\chi^2(n) > \chi^2_\alpha(n)\} = \alpha$$

n \ α	0.995	0.99	0.975	0.95	0.90	0.10	0.05	0.025	0.01	0.005
1	0.000	0.000	0.001	0.004	0.016	2.706	3.843	5.025	6.637	7.882
2	0.010	0.020	0.051	0.103	0.211	4.605	5.992	7.378	9.210	10.597
3	0.072	0.115	0.216	0.352	0.584	6.251	7.815	9.348	11.344	12.837
4	0.207	0.297	0.484	0.711	1.064	7.779	9.488	11.143	13.277	14.860
5	0.412	0.554	0.831	1.145	1.610	9.236	11.070	12.832	15.085	16.748
6	0.676	0.872	1.237	1.635	2.204	10.645	12.592	14.440	16.812	18.548
7	0.989	1.239	1.690	2.167	2.833	12.017	14.067	16.012	18.474	20.276
8	1.344	1.646	2.180	2.733	3.490	13.362	15.507	17.534	20.090	21.954
9	1.735	2.088	2.700	3.325	4.168	14.684	16.919	19.022	21.665	23.587
10	2.156	2.558	3.247	3.940	4.865	15.987	18.307	20.483	23.209	25.188
11	2.603	3.053	3.816	4.575	5.578	17.275	19.675	21.920	24.724	26.755
12	3.074	3.571	4.404	5.226	6.304	18.549	21.026	23.337	26.217	28.300
13	3.565	4.107	5.009	5.892	7.041	19.812	22.362	24.735	27.687	29.817
14	4.075	4.660	5.629	6.571	7.790	21.064	23.685	26.119	29.141	31.319
15	4.600	5.229	6.262	7.261	8.547	22.307	24.996	27.488	30.577	32.799
16	5.142	5.812	6.908	7.962	9.312	23.542	26.296	28.845	32.000	34.267
17	5.697	6.407	7.564	8.682	10.085	24.769	27.587	30.190	33.408	35.716
18	6.265	7.015	8.231	9.390	10.865	25.989	28.869	31.526	34.805	37.156
19	6.843	7.632	8.906	10.117	11.651	27.203	30.143	32.852	36.190	38.580
20	7.434	8.260	9.591	10.851	12.443	28.412	31.410	34.170	37.566	39.997
21	8.033	8.897	10.283	11.591	13.240	29.615	32.670	35.478	38.930	41.399
22	8.643	9.542	10.982	12.338	14.042	30.813	33.924	36.781	40.289	42.796
23	9.260	10.195	11.688	13.090	14.848	32.007	35.172	38.075	41.637	44.179
24	9.886	10.856	12.401	13.848	15.659	33.196	36.415	39.364	42.980	45.558
25	10.519	11.523	13.120	14.611	16.473	34.381	37.652	40.646	44.313	46.925
26	11.160	12.198	13.844	15.379	17.292	35.563	38.885	41.923	45.642	48.290
27	11.807	12.878	14.573	16.151	18.114	36.741	40.113	43.194	46.962	49.642
28	12.461	13.565	15.308	16.928	18.939	37.916	41.337	44.461	48.278	50.993
29	13.120	14.256	16.147	17.708	19.768	39.087	42.557	45.772	49.586	52.333
30	13.787	14.954	16.791	18.493	20.599	40.256	43.773	46.979	50.892	53.672
31	14.457	15.655	17.538	19.280	21.433	41.422	44.985	48.231	52.190	55.000
32	15.134	16.362	18.291	20.072	22.271	42.585	46.194	49.480	53.486	56.328
33	15.814	17.073	19.046	20.866	23.110	43.745	47.400	50.724	54.774	57.646
34	16.501	17.789	19.806	21.664	23.952	44.903	48.602	51.966	56.061	58.964
35	17.191	18.508	20.569	22.465	24.796	46.059	49.802	53.203	57.340	60.272
36	17.887	19.233	21.336	23.269	25.643	47.212	50.998	54.437	58.619	61.581
37	18.584	19.960	22.105	24.075	26.492	48.363	52.192	55.667	59.891	62.880
38	19.289	20.691	22.878	24.884	27.343	49.513	53.384	56.896	61.162	64.181
39	19.994	21.425	23.654	25.695	28.196	50.660	54.572	58.119	62.426	65.473
40	20.706	22.164	24.433	26.509	29.050	51.805	55.758	59.342	63.691	66.766

当 $n > 40$ 时，$\chi^2_\alpha(n) \approx \frac{1}{2}(z_\alpha + \sqrt{2n-1})^2$.

附表 6   F 分布表

$$P\{F(n_1,n_2) > F_\alpha(n_1,n_2)\} = \alpha \quad (\alpha = 0.10)$$

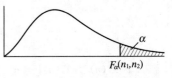

n_2＼n_1	1	2	3	4	5	6	7	8	9	10	12	15	20	24	30	40	60	120	∞
1	39.86	49.50	53.59	55.83	57.24	58.20	58.91	59.44	59.86	60.19	60.71	61.22	61.74	62.00	62.26	62.53	62.79	63.06	63.33
2	8.53	9.00	9.16	9.24	9.29	9.33	9.35	9.37	9.38	9.39	9.41	9.42	9.44	9.45	9.46	9.47	9.47	9.48	9.49
3	5.54	5.46	5.39	5.34	5.31	5.28	5.27	5.25	5.24	5.23	5.22	5.20	5.18	5.18	5.17	5.16	5.15	5.14	5.13
4	4.54	4.32	4.19	4.11	4.05	4.01	3.98	3.95	3.94	3.92	3.90	3.87	3.84	3.83	3.82	3.80	3.79	3.78	3.76
5	4.06	3.78	3.62	3.52	3.45	3.40	3.37	3.34	3.32	3.30	3.27	3.24	3.21	3.19	3.17	3.16	3.14	3.12	3.10
6	3.78	3.46	3.29	3.18	3.11	3.05	3.01	2.98	2.96	2.94	2.90	2.87	2.84	2.82	2.80	2.78	2.76	2.74	2.72
7	3.59	3.26	3.07	2.96	2.88	2.83	2.78	2.75	2.72	2.70	2.67	2.63	2.59	2.58	2.56	2.54	2.51	2.49	2.47
8	3.46	3.11	2.92	2.81	2.73	2.67	2.62	2.59	2.56	2.54	2.50	2.46	2.42	2.40	2.38	2.36	2.34	2.32	2.29
9	3.36	3.01	2.81	2.69	2.61	2.55	2.51	2.47	2.44	2.42	2.38	2.34	2.30	2.28	2.25	2.23	2.21	2.18	2.16
10	3.29	2.92	2.73	2.61	2.52	2.46	2.41	2.38	2.35	2.32	2.28	2.24	2.20	2.18	2.16	2.13	2.11	2.08	2.06
11	3.23	2.86	2.66	2.54	2.45	2.39	2.34	2.30	2.27	2.25	2.21	2.17	2.12	2.10	2.08	2.05	2.03	2.00	1.97
12	3.18	2.81	2.61	2.48	2.39	2.33	2.28	2.24	2.21	2.19	2.15	2.10	2.06	2.04	2.01	1.99	1.96	1.93	1.90
13	3.14	2.76	2.56	2.43	2.35	2.28	2.23	2.20	2.16	2.14	2.10	2.05	2.01	1.98	1.96	1.93	1.90	1.88	1.85
14	3.10	2.73	2.52	2.39	2.31	2.24	2.19	2.15	2.12	2.10	2.05	2.01	1.96	1.94	1.91	1.89	1.86	1.83	1.80
15	3.07	2.70	2.49	2.36	2.27	2.21	2.16	2.12	2.09	2.06	2.02	1.97	1.92	1.90	1.87	1.85	1.82	1.79	1.76
16	3.05	2.67	2.46	2.33	2.24	2.18	2.13	2.09	2.06	2.03	1.99	1.94	1.89	1.87	1.84	1.81	1.78	1.75	1.72
17	3.03	2.64	2.44	2.31	2.22	2.15	2.10	2.06	2.03	2.00	1.96	1.91	1.86	1.84	1.81	1.78	1.75	1.72	1.69
18	3.01	2.62	2.42	2.29	2.20	2.13	2.08	2.04	2.00	1.98	1.93	1.89	1.84	1.81	1.78	1.75	1.72	1.69	1.66
19	2.99	2.61	2.40	2.27	2.18	2.11	2.06	2.02	1.98	1.96	1.91	1.86	1.81	1.79	1.76	1.73	1.70	1.67	1.63
20	2.97	2.59	2.38	2.25	2.16	2.09	2.04	2.00	1.96	1.94	1.89	1.84	1.79	1.77	1.74	1.71	1.68	1.64	1.61
21	2.96	2.57	2.36	2.23	2.14	2.08	2.02	1.98	1.95	1.92	1.87	1.83	1.78	1.75	1.72	1.69	1.66	1.62	1.59
22	2.95	2.56	2.35	2.22	2.13	2.06	2.01	1.97	1.93	1.90	1.86	1.81	1.76	1.73	1.70	1.67	1.64	1.60	1.57
23	2.94	2.55	2.34	2.21	2.11	2.05	1.99	1.95	1.92	1.89	1.84	1.80	1.74	1.72	1.69	1.66	1.62	1.59	1.55
24	2.93	2.54	2.33	2.19	2.10	2.04	1.98	1.94	1.91	1.88	1.83	1.78	1.73	1.70	1.67	1.64	1.61	1.57	1.53
25	2.92	2.53	2.32	2.18	2.09	2.02	1.97	1.93	1.89	1.87	1.82	1.77	1.72	1.69	1.66	1.63	1.59	1.56	1.52
26	2.91	2.52	2.31	2.17	2.08	2.01	1.96	1.92	1.88	1.86	1.81	1.76	1.71	1.68	1.65	1.61	1.58	1.54	1.50
27	2.90	2.51	2.30	2.17	2.07	2.00	1.95	1.91	1.87	1.85	1.80	1.75	1.70	1.67	1.64	1.60	1.57	1.53	1.49
28	2.89	2.50	2.29	2.16	2.06	2.00	1.94	1.90	1.87	1.84	1.79	1.74	1.69	1.66	1.63	1.59	1.56	1.52	1.48
29	2.89	2.50	2.28	2.15	2.06	1.99	1.93	1.89	1.86	1.83	1.78	1.73	1.68	1.65	1.62	1.58	1.55	1.51	1.47
30	2.88	2.49	2.28	2.14	2.05	1.98	1.93	1.88	1.85	1.82	1.77	1.72	1.67	1.64	1.61	1.57	1.54	1.50	1.46
40	2.84	2.44	2.23	2.09	2.00	1.93	1.87	1.83	1.79	1.76	1.71	1.66	1.61	1.57	1.54	1.51	1.47	1.42	1.38
60	2.79	2.39	2.18	2.04	1.95	1.87	1.82	1.77	1.74	1.71	1.66	1.60	1.54	1.51	1.48	1.44	1.40	1.35	1.29
120	2.75	2.35	2.13	1.99	1.90	1.82	1.77	1.72	1.68	1.65	1.60	1.55	1.48	1.45	1.41	1.37	1.32	1.26	1.19
∞	2.71	2.30	2.08	1.94	1.85	1.77	1.72	1.67	1.63	1.60	1.55	1.49	1.42	1.38	1.34	1.30	1.24	1.17	1.00

（α＝0.05）

n_1 / n_2	1	2	3	4	5	6	7	8	9	10	12	15	20	24	30	40	60	120	∞
1	161	200	216	225	230	234	237	239	241	242	244	246	248	249	250	251	252	253	254
2	18.5	19.0	19.2	19.2	19.3	19.3	19.4	19.4	19.4	19.4	19.4	19.4	19.4	19.5	19.5	19.5	19.5	19.5	19.5
3	10.1	9.55	9.28	9.12	9.01	8.94	8.89	8.85	8.81	8.79	8.74	8.70	8.66	8.64	8.62	8.59	8.57	8.55	8.53
4	7.71	6.94	6.59	6.39	6.26	6.16	6.09	6.04	6.00	5.96	5.91	5.86	5.80	5.77	5.75	5.72	5.69	5.66	5.63
5	6.61	5.79	5.41	5.19	5.05	4.95	4.88	4.82	4.77	4.74	4.68	4.62	4.56	4.53	4.50	4.46	4.43	4.40	4.36
6	5.99	5.14	4.76	4.53	4.39	4.28	4.21	4.15	4.10	4.06	4.00	3.94	3.87	3.84	3.81	3.77	3.74	3.70	3.67
7	5.59	4.74	4.35	4.12	3.97	3.87	3.79	3.73	3.68	3.64	3.57	3.51	3.44	3.41	3.38	3.34	3.30	3.27	3.23
8	5.32	4.46	4.07	3.84	3.69	3.58	3.50	3.44	3.39	3.35	3.28	3.22	3.15	3.12	3.08	3.04	3.01	2.97	2.93
9	5.12	4.26	3.86	3.63	3.48	3.37	3.29	3.23	3.18	3.14	3.07	3.01	2.94	2.90	2.86	2.83	2.79	2.75	2.71
10	4.96	4.10	3.71	3.48	3.33	3.22	3.14	3.07	3.02	2.98	2.91	2.85	2.77	2.74	2.70	2.66	2.62	2.58	2.54
11	4.84	3.98	3.59	3.36	3.20	3.09	3.01	2.95	2.90	2.85	2.79	2.72	2.65	2.61	2.57	2.53	2.49	2.45	2.40
12	4.75	3.89	3.49	3.26	3.11	3.00	2.91	2.85	2.80	2.75	2.69	2.62	2.54	2.51	2.47	2.43	2.38	2.34	2.30
13	4.67	3.81	3.41	3.18	3.03	2.92	2.83	2.77	2.71	2.67	2.60	2.53	2.46	2.42	2.38	2.34	2.30	2.25	2.21
14	4.60	3.74	3.34	3.11	2.96	2.85	2.76	2.70	2.65	2.60	2.53	2.46	2.39	2.35	2.31	2.27	2.22	2.18	2.13
15	4.54	3.68	3.29	3.06	2.90	2.79	2.71	2.64	2.59	2.54	2.48	2.40	2.33	2.29	2.25	2.20	2.16	2.11	2.07
16	4.49	3.63	3.24	3.01	2.85	2.74	2.66	2.59	2.54	2.49	2.42	2.35	2.28	2.24	2.19	2.15	2.11	2.06	2.01
17	4.45	3.59	3.20	2.96	2.81	2.70	2.61	2.55	2.49	2.45	2.38	2.31	2.23	2.19	2.15	2.10	2.06	2.01	1.96
18	4.41	3.55	3.16	2.93	2.77	2.66	2.58	2.51	2.46	2.41	2.34	2.27	2.19	2.15	2.11	2.06	2.02	1.97	1.92
19	4.38	3.52	3.13	2.90	2.74	2.63	2.54	2.48	2.42	2.38	2.31	2.23	2.16	2.11	2.07	2.03	1.98	1.93	1.88
20	4.35	3.49	3.10	2.87	2.71	2.60	2.51	2.45	2.39	2.35	2.28	2.20	2.12	2.08	2.04	1.99	1.95	1.90	1.84
21	4.32	3.47	3.07	2.84	2.68	2.57	2.49	2.42	2.37	2.32	2.25	2.18	2.10	2.05	2.01	1.96	1.92	1.87	1.81
22	4.30	3.44	3.05	2.82	2.66	2.55	2.46	2.40	2.34	2.30	2.23	2.15	2.07	2.03	1.98	1.94	1.89	1.84	1.78
23	4.28	3.42	3.03	2.80	2.64	2.53	2.44	2.37	2.32	2.27	2.20	2.13	2.05	2.01	1.96	1.91	1.86	1.81	1.76
24	4.26	3.40	3.01	2.78	2.62	2.51	2.42	2.36	2.30	2.25	2.18	2.11	2.03	1.98	1.94	1.89	1.84	1.79	1.73
25	4.24	3.39	2.99	2.76	2.60	2.49	2.40	2.34	2.28	2.24	2.16	2.09	2.01	1.96	1.92	1.87	1.82	1.77	1.71
26	4.23	3.37	2.98	2.74	2.59	2.47	2.39	2.32	2.27	2.22	2.15	2.07	1.99	1.95	1.90	1.85	1.80	1.75	1.69
27	4.21	3.35	2.96	2.73	2.57	2.46	2.37	2.31	2.25	2.20	2.13	2.06	1.97	1.93	1.88	1.84	1.79	1.73	1.67
28	4.20	3.34	2.95	2.71	2.56	2.45	2.36	2.29	2.24	2.19	2.12	2.04	1.96	1.91	1.87	1.82	1.77	1.71	1.65
29	4.18	3.33	2.93	2.70	2.55	2.43	2.35	2.28	2.22	2.18	2.10	2.03	1.94	1.90	1.85	1.81	1.75	1.70	1.64
30	4.17	3.32	2.92	2.69	2.53	2.42	2.33	2.27	2.21	2.16	2.09	2.01	1.93	1.89	1.84	1.79	1.74	1.68	1.62
40	4.08	3.23	2.84	2.61	2.45	2.34	2.25	2.18	2.12	2.08	2.00	1.92	1.84	1.79	1.74	1.69	1.64	1.58	1.51
60	4.00	3.15	2.76	2.53	2.37	2.25	2.17	2.10	2.04	1.99	1.92	1.84	1.75	1.70	1.65	1.59	1.53	1.47	1.39
120	3.92	3.07	2.68	2.45	2.29	2.17	2.09	2.02	1.96	1.91	1.83	1.75	1.66	1.61	1.55	1.50	1.43	1.35	1.25
∞	3.84	3.00	2.60	2.37	2.21	2.10	2.01	1.94	1.88	1.83	1.75	1.67	1.57	1.52	1.46	1.39	1.32	1.22	1.00

$(\alpha=0.025)$

n_1 / n_2	1	2	3	4	5	6	7	8	9	10	12	15	20	24	30	40	60	120	∞
1	648	800	864	900	922	937	948	957	963	969	977	985	993	997	1000	1010	1010	1010	1020
2	38.5	39.0	39.2	39.2	39.3	39.3	39.4	39.4	39.4	39.4	39.4	39.4	39.4	39.5	39.5	39.5	39.5	39.5	39.5
3	17.4	16.0	15.4	15.1	14.9	14.7	14.6	14.5	14.5	14.4	14.3	14.3	14.2	14.1	14.1	14.0	14.0	13.9	13.9
4	12.2	10.6	9.98	9.60	9.36	9.20	9.07	8.98	8.90	8.84	8.75	8.66	8.56	8.51	8.46	8.41	8.36	8.31	8.26
5	10.0	8.43	7.76	7.39	7.15	6.98	6.85	6.76	6.68	6.62	6.52	6.43	6.33	6.28	6.23	6.18	6.12	6.07	6.02
6	8.81	7.26	6.60	6.23	5.99	5.82	5.70	5.60	5.52	5.46	5.37	5.27	5.17	5.12	5.07	5.01	4.96	4.90	4.85
7	8.07	6.54	5.89	5.52	5.29	5.12	4.99	4.90	4.82	4.76	4.67	4.57	4.47	4.42	4.36	4.31	4.25	4.20	4.14
8	7.57	6.06	5.42	5.05	4.82	4.65	4.53	4.43	4.36	4.30	4.20	4.10	4.00	3.95	3.89	3.84	3.78	3.73	3.67
9	7.21	5.71	5.08	4.72	4.48	4.32	4.20	4.10	4.03	3.96	3.87	3.77	3.67	3.61	3.56	3.51	3.45	3.39	3.33
10	6.94	5.46	4.83	4.47	4.24	4.07	3.95	3.85	3.78	3.72	3.62	3.52	3.42	3.37	3.31	3.26	3.20	3.14	3.08
11	6.72	5.26	4.63	4.28	4.04	3.88	3.76	3.66	3.59	3.53	3.43	3.33	3.23	3.17	3.12	3.06	3.00	2.94	2.88
12	6.55	5.10	4.47	4.12	3.89	3.73	3.61	3.51	3.44	3.37	3.28	3.18	3.07	3.02	2.96	2.91	2.85	2.79	2.72
13	6.41	4.97	4.35	4.00	3.77	3.60	3.48	3.39	3.31	3.25	3.15	3.05	2.95	2.89	2.84	2.78	2.72	2.66	2.60
14	6.30	4.86	4.24	3.89	3.66	3.50	3.38	3.29	3.21	3.15	3.05	2.95	2.84	2.79	2.73	2.67	2.61	2.55	2.49
15	6.20	4.77	4.15	3.80	3.58	3.41	3.29	3.20	3.12	3.06	2.96	2.86	2.76	2.70	2.64	2.59	2.52	2.46	2.40
16	6.12	4.69	4.08	3.73	3.50	3.34	3.22	3.12	3.05	2.99	2.89	2.79	2.68	2.63	2.57	2.51	2.45	2.38	2.32
17	6.04	4.62	4.01	3.66	3.44	3.28	3.16	3.06	2.98	2.92	2.82	2.72	2.62	2.56	2.50	2.44	2.38	2.32	2.25
18	5.98	4.56	3.95	3.61	3.38	3.22	3.10	3.01	2.93	2.87	2.77	2.67	2.56	2.50	2.44	2.38	2.32	2.26	2.19
19	5.92	4.51	3.90	3.56	3.33	3.17	3.05	2.96	2.88	2.82	2.72	2.62	2.51	2.45	2.39	2.33	2.27	2.20	2.13
20	5.87	4.46	3.86	3.51	3.29	3.13	3.01	2.91	2.84	2.77	2.68	2.57	2.46	2.41	2.35	2.29	2.22	2.16	2.09
21	5.83	4.42	3.82	3.48	3.25	3.09	2.97	2.87	2.80	2.73	2.64	2.53	2.42	2.37	2.31	2.25	2.18	2.11	2.04
22	5.79	4.38	3.78	3.44	3.22	3.05	2.93	2.84	2.76	2.70	2.60	2.50	2.39	2.33	2.27	2.21	2.14	2.08	2.00
23	5.75	4.35	3.75	3.41	3.18	3.02	2.90	2.81	2.73	2.67	2.57	2.47	2.36	2.30	2.24	2.18	2.11	2.04	1.97
24	5.72	4.32	3.72	3.38	3.15	2.99	2.87	2.78	2.70	2.64	2.54	2.44	2.33	2.27	2.21	2.15	2.08	2.01	1.94
25	5.69	4.29	3.69	3.35	3.13	2.97	2.85	2.75	2.68	2.61	2.51	2.41	2.30	2.24	2.18	2.12	2.05	1.98	1.91
26	5.66	4.27	3.67	3.33	3.10	2.94	2.82	2.73	2.65	2.59	2.49	2.39	2.28	2.22	2.16	2.09	2.03	1.95	1.88
27	5.63	4.24	3.65	3.31	3.08	2.92	2.80	2.71	2.63	2.57	2.47	2.36	2.25	2.19	2.13	2.07	2.00	1.93	1.85
28	5.61	4.22	3.63	3.29	3.06	2.90	2.78	2.69	2.61	2.55	2.45	2.34	2.23	2.17	2.11	2.05	1.98	1.91	1.83
29	5.59	4.20	3.61	3.27	3.04	2.88	2.76	2.67	2.59	2.53	2.43	2.32	2.21	2.15	2.09	2.03	1.96	1.89	1.81
30	5.57	4.18	3.59	3.25	3.03	2.87	2.75	2.65	2.57	2.51	2.41	2.31	2.20	2.14	2.07	2.01	1.94	1.87	1.79
40	5.42	4.05	3.46	3.13	2.90	2.74	2.62	2.53	2.45	2.39	2.29	2.18	2.07	2.01	1.94	1.88	1.80	1.72	1.64
60	5.29	3.93	3.34	3.01	2.79	2.63	2.51	2.41	2.33	2.27	2.17	2.06	1.94	1.88	1.82	1.74	1.67	1.58	1.48
120	5.15	3.80	3.23	2.89	2.67	2.52	2.39	2.30	2.22	2.16	2.05	1.94	1.82	1.76	1.69	1.61	1.53	1.43	1.31
∞	5.02	3.69	3.12	2.79	2.57	2.41	2.29	2.19	2.11	2.05	1.94	1.83	1.71	1.64	1.57	1.48	1.39	1.27	1.00

$(\alpha=0.01)$

n_2\ n_1	1	2	3	4	5	6	7	8	9	10	12	15	20	24	30	40	60	120	∞
1	4050	5000	5400	5620	5760	5860	5930	5980	6020	6060	110	6160	6210	6230	6260	6290	6310	6340	6370
2	98.5	99.0	99.2	99.2	99.3	99.3	99.4	99.4	99.4	99.4	99.4	99.4	99.4	99.5	99.5	99.5	99.5	99.5	99.5
3	34.1	30.8	29.5	28.7	28.2	27.9	27.7	27.5	27.3	27.2	27.1	26.9	26.7	26.6	26.5	26.4	26.3	26.2	26.1
4	21.2	18.0	16.7	16.0	15.5	15.2	15.0	14.8	14.7	14.5	14.4	14.2	14.0	13.9	13.8	13.7	13.7	13.6	13.5
5	16.3	13.3	12.1	11.4	11.0	10.7	10.5	10.3	10.2	10.1	9.89	9.72	9.55	9.47	9.38	9.29	9.20	9.11	9.02
6	13.7	10.9	9.78	9.15	8.75	8.47	8.26	8.10	7.98	7.87	7.72	7.56	7.40	7.31	7.23	7.14	7.06	6.97	6.88
7	12.2	9.55	8.45	7.85	7.46	7.19	6.99	6.84	6.72	6.62	6.47	6.31	6.16	6.07	5.99	5.91	5.82	5.74	5.65
8	11.3	8.65	7.59	7.01	6.63	6.37	6.18	6.03	5.91	5.81	5.67	5.52	5.36	5.28	5.20	5.12	5.03	4.95	4.86
9	10.6	8.02	6.99	6.42	6.06	5.80	5.61	5.47	5.35	5.26	5.11	4.96	4.81	4.73	4.65	4.57	4.48	4.40	4.31
10	10.0	7.56	6.55	5.99	5.64	5.39	5.20	5.06	4.94	4.85	4.71	4.56	4.41	4.33	4.25	4.17	4.08	4.00	3.91
11	9.65	7.21	6.22	5.67	5.32	5.07	4.89	4.74	4.63	4.54	4.40	4.25	4.10	4.02	3.94	3.86	3.78	3.69	3.60
12	9.33	6.93	5.95	5.41	5.06	4.82	4.64	4.50	4.39	4.30	4.16	4.01	3.86	3.78	3.70	3.62	3.54	3.45	3.36
13	9.07	6.70	5.74	5.21	4.86	4.62	4.44	4.30	4.19	4.10	3.96	3.82	3.66	3.59	3.51	3.43	3.34	3.25	3.17
14	8.86	6.51	5.56	5.04	4.69	4.46	4.28	4.14	4.03	3.94	3.80	3.66	3.51	3.43	3.35	3.27	3.18	3.09	3.00
15	8.68	6.36	5.42	4.89	4.56	4.32	4.14	4.00	3.89	3.80	3.67	3.52	3.37	3.29	3.21	3.13	3.05	2.96	2.87
16	8.53	6.23	5.29	4.77	4.44	4.20	4.03	3.89	3.78	3.69	3.55	3.41	3.26	3.18	3.10	3.02	2.93	2.84	2.75
17	8.40	6.11	5.18	4.67	4.34	4.10	3.93	3.79	3.68	3.59	3.46	3.31	3.16	3.08	3.00	2.92	2.83	2.75	2.65
18	8.29	6.01	5.09	4.58	4.25	4.01	3.84	3.71	3.60	3.51	3.37	3.23	3.08	3.00	2.92	2.84	2.75	2.66	2.57
19	8.18	5.93	5.01	4.50	4.17	3.94	3.77	3.63	3.52	3.43	3.30	3.15	3.00	2.92	2.84	2.76	2.67	2.58	2.49
20	8.10	5.85	4.94	4.43	4.10	3.87	3.70	3.56	3.46	3.37	3.23	3.09	2.94	2.86	2.78	2.69	2.61	2.52	2.42
21	8.02	5.78	4.87	4.37	4.04	3.81	3.64	3.51	3.40	3.31	3.17	3.03	2.88	2.80	2.72	2.64	2.55	2.46	2.36
22	7.95	5.72	4.82	4.31	3.99	3.76	3.59	3.45	3.35	3.26	3.12	2.98	2.83	2.75	2.67	2.58	2.50	2.40	2.31
23	7.88	5.66	4.76	4.26	3.94	3.71	3.54	3.41	3.30	3.21	3.07	2.93	2.78	2.70	2.62	2.54	2.45	2.35	2.26
24	7.82	5.61	4.72	4.22	3.90	3.67	3.50	3.36	3.26	3.17	3.03	2.89	2.74	2.66	2.58	2.49	2.40	2.31	2.21
25	7.77	5.57	4.68	4.18	3.85	3.63	3.46	3.32	3.22	3.13	2.99	2.85	2.70	2.62	2.54	2.45	2.36	2.27	2.17
26	7.72	5.53	4.64	4.14	3.82	3.59	3.42	3.29	3.18	3.09	2.96	2.81	2.66	2.58	2.50	2.42	2.33	2.23	2.13
27	7.68	5.49	4.60	4.11	3.78	3.56	3.39	3.26	3.15	3.06	2.93	2.78	2.63	2.55	2.47	2.38	2.29	2.20	2.10
28	7.64	5.45	4.57	4.07	3.75	3.53	3.36	3.23	3.12	3.03	2.90	2.75	2.60	2.52	2.44	2.35	2.26	2.17	2.06
29	7.60	5.42	4.54	4.04	3.73	3.50	3.33	3.20	3.09	3.00	2.87	2.73	2.57	2.49	2.41	2.33	2.23	2.14	2.03
30	7.56	5.39	4.51	4.02	3.70	3.47	3.30	3.17	3.07	2.98	2.84	2.70	2.55	2.47	2.39	2.30	2.21	2.11	2.01
40	7.31	5.18	4.31	3.83	3.51	3.29	3.12	2.99	2.89	2.80	2.66	2.52	2.37	2.29	2.20	2.11	2.02	1.92	1.80
60	7.08	4.98	4.13	3.65	3.34	3.12	2.95	2.82	2.72	2.63	2.50	2.35	2.20	2.12	2.03	1.94	1.84	1.73	1.60
120	6.85	4.79	3.95	3.48	3.17	2.96	2.79	2.66	2.56	2.47	2.34	2.19	2.03	1.95	1.86	1.76	1.66	1.53	1.38
∞	6.63	4.61	3.78	3.32	3.02	2.80	2.64	2.51	2.41	2.32	2.18	2.04	1.88	1.79	1.70	1.59	1.47	1.32	1.00

$(\alpha=0.005)$

n_2＼n_1	1	2	3	4	5	6	7	8	9	10	12	15	20	24	30	40	60	120	∞
1	16200	20000	21600	22500	23100	23400	23700	23900	24100	24200	24400	24600	24800	24900	25000	25100	25300	25400	25500
2	199	199	199	199	199	199	199	199	199	199	199	199	199	199	199	199	199	199	200
3	55.6	49.8	47.5	46.2	45.4	44.8	44.4	44.1	43.9	43.7	43.4	43.1	42.8	42.6	42.5	42.3	42.1	42.0	41.8
4	31.3	26.3	24.3	23.2	22.5	22.0	21.6	21.4	21.1	21.0	20.7	20.4	20.2	20.0	19.9	19.8	19.6	19.5	19.3
5	22.8	18.3	16.5	15.6	14.9	14.5	14.2	14.0	13.8	13.6	13.4	13.1	12.9	12.8	12.7	12.5	12.4	12.3	12.1
6	18.6	14.5	12.9	12.0	11.5	11.1	10.8	10.6	10.4	10.3	10.0	9.81	9.59	9.47	9.36	9.24	9.12	9.00	8.88
7	16.2	12.4	10.9	10.1	9.52	9.16	8.89	8.68	8.51	8.38	8.18	7.97	7.75	7.65	7.53	7.42	7.31	7.19	7.08
8	14.7	11.0	9.60	8.81	8.30	7.95	7.69	7.50	7.34	7.21	7.01	6.81	6.61	6.50	6.40	6.29	6.18	6.06	5.95
9	13.6	10.1	8.72	7.96	7.47	7.13	6.88	6.69	6.54	6.42	6.23	6.03	5.83	5.73	5.62	5.52	5.41	5.30	5.19
10	12.8	9.43	8.08	7.34	6.87	6.54	6.30	6.12	5.97	5.85	5.66	5.47	5.27	5.17	5.07	4.97	4.86	4.75	4.64
11	12.2	8.91	7.60	6.88	6.42	6.10	5.86	5.68	5.54	5.42	5.24	5.05	4.86	4.76	4.65	4.55	4.44	4.34	4.23
12	11.8	8.51	7.23	6.52	6.07	5.76	5.52	5.35	5.20	5.09	4.91	4.72	4.53	4.43	4.33	4.23	4.12	4.01	3.90
13	11.4	8.19	6.93	6.23	5.79	5.48	5.25	5.08	4.94	4.82	4.64	4.46	4.27	4.17	4.07	3.97	3.87	3.76	3.65
14	11.1	7.92	6.68	6.00	5.56	5.26	5.03	4.86	4.72	4.60	4.43	4.25	4.06	3.96	3.86	3.76	3.66	3.55	3.44
15	10.8	7.70	6.48	5.80	5.37	5.07	4.85	4.67	4.54	4.42	4.25	4.07	3.88	3.79	3.69	3.58	3.48	3.37	3.26
16	10.6	7.51	6.30	5.64	5.21	4.91	4.69	4.52	4.38	4.27	4.10	3.92	3.73	3.64	3.54	3.44	3.33	3.22	3.11
17	10.4	7.35	6.16	5.50	5.07	4.78	4.56	4.39	4.25	4.14	3.97	3.79	3.61	3.51	3.41	3.31	3.21	3.10	2.98
18	10.2	7.21	6.03	5.37	4.96	4.66	4.44	4.28	4.14	4.03	3.86	3.68	3.50	3.40	3.30	3.20	3.10	2.99	2.87
19	10.1	7.09	5.92	5.27	4.85	4.56	4.34	4.18	4.04	3.93	3.76	3.59	3.40	3.31	3.21	3.11	3.00	2.89	2.78
20	9.94	6.99	5.82	5.17	4.76	4.47	4.26	4.09	3.96	3.85	3.68	3.50	3.32	3.22	3.12	3.02	2.92	2.81	2.69
21	9.83	6.89	5.73	5.09	4.68	4.39	4.18	4.01	3.88	3.77	3.60	3.43	3.24	3.15	3.05	2.95	2.84	2.73	2.61
22	9.73	6.81	5.65	5.02	4.61	4.32	4.11	3.94	3.81	3.70	3.54	3.36	3.18	3.08	2.98	2.88	2.77	2.66	2.55
23	9.63	6.73	5.58	4.95	4.54	4.26	4.05	3.88	3.75	3.64	3.47	3.30	3.12	3.02	2.92	2.82	2.71	2.60	2.48
24	9.55	6.66	5.52	4.89	4.49	4.20	3.99	3.83	3.69	3.59	3.42	3.25	3.06	2.97	2.87	2.77	2.66	2.55	2.43
25	9.48	6.60	5.46	4.84	4.43	4.15	3.94	3.78	3.64	3.54	3.37	3.20	3.01	2.92	2.82	2.72	2.61	2.50	2.38
26	9.41	6.54	5.41	4.79	4.38	4.10	3.89	3.73	3.60	3.49	3.33	3.15	2.97	2.87	2.77	2.67	2.56	2.45	2.33
27	9.34	6.49	5.36	4.74	4.34	4.06	3.85	3.69	3.56	3.45	3.28	3.11	2.93	2.83	2.73	2.63	2.52	2.41	2.29
28	9.28	6.44	5.32	4.70	4.30	4.02	3.81	3.65	3.52	3.41	3.25	3.07	2.89	2.79	2.69	2.59	2.48	2.37	2.25
29	9.23	6.40	5.28	4.66	4.26	3.98	3.77	3.61	3.48	3.38	3.21	3.04	2.86	2.76	2.66	2.56	2.45	2.33	2.21
30	9.18	6.35	5.24	4.62	4.23	3.95	3.74	3.58	3.45	3.34	3.18	3.01	2.82	2.73	2.63	2.52	2.42	2.30	2.18
40	8.83	6.07	4.98	4.37	3.99	3.71	3.51	3.35	3.22	3.12	2.95	2.78	2.60	2.50	2.40	2.30	2.18	2.06	1.93
60	8.49	5.79	4.73	4.14	3.76	3.49	3.29	3.13	3.01	2.90	2.74	2.57	2.39	2.29	2.19	2.08	1.96	1.83	1.69
120	8.18	5.54	4.50	3.92	3.55	3.28	3.09	2.93	2.81	2.71	2.54	2.37	2.19	2.09	1.98	1.87	1.75	1.61	1.43
∞	7.88	5.30	4.28	3.72	3.35	3.09	2.90	2.74	2.62	2.52	2.36	2.19	2.00	1.90	1.79	1.67	1.53	1.36	1.00

参 考 文 献

[1] 威廉·费勒. 概率论及其应用(第3版). 北京:人民邮电出版社,2006.

[2] 李贤平. 概率论基础(第2版). 北京:高等教育出版社,2004.

[3] 盛骤,谢式千,潘承毅. 概率论与数理统计(第4版). 北京:高等教育出版社,2008.

[4] 茆诗松,周纪芗. 概率论与数理统计(第3版). 北京:中国统计出版社,2007.

[5] 陈希孺. 概率论与数理统计. 北京:科学出版社,2005.

[6] Sheldon Ross. 概率论基础教程(第6版). 北京:机械工业出版社,2006.

[7] 贾俊平. 统计学. 北京:清华大学出版社,Springer,2004.

[8] 同济大学应用数学系. 概率统计简明教程. 北京:高等教育出版社,2003.

[9] 陈希孺. 数理统计学简史. 长沙:湖南教育出版社,2002.

[10] 林正炎,苏中根. 概率论(第2版). 杭州:浙江大学出版社,2008.

[11] 林正炎,陆传荣,苏中根. 概率极限理论基础. 北京:高等教育出版社,2006.

[12] 刘思峰,吴和成,菅利荣. 应用统计学. 北京:高等教育出版社,2007.

[13] David salsburg. 女士品茶. 北京:中国统计出版社,2004.

[14] Gudmund R. Iversen,Mary Gergen. Statistics. Springer,2002.

[15] David Freedman, Robert Pisani, Roger Purves, Ani Adhikari. Statistics (2ed ed.). W. W. Norton,2007.

[16] YuriSuhov. Probability and statistics by example. Cambridge University Press, 2005.

[17] Wiebe R. Pestman. Mathematical statistics. Walter de Gruyter,1998.

[18] Heinz Kohler. Essentials of statistics. Scott,Foresman and company,1998.